SHUILI SHUIDIAN SHIGONG

水利水电施工

2020年第6辑

中国电力建设集团有限公司
中国水力发电工程学会施工专业委员会　主编
全国水利水电施工技术信息网

中国水利水电出版社
www.waterpub.com.cn
·北京·

图书在版编目（CIP）数据

水利水电施工. 2020年. 第6辑 / 中国电力建设集团有限公司，中国水力发电工程学会施工专业委员会，全国水利水电施工技术信息网主编. -- 北京 : 中国水利水电出版社，2021.5
ISBN 978-7-5170-9606-1

Ⅰ. ①水… Ⅱ. ①中… ②中… ③全… Ⅲ. ①水利水电工程－工程施工－文集 Ⅳ. ①TV5-53

中国版本图书馆CIP数据核字(2021)第097420号

书　　名	水利水电施工　2020 年第 6 辑 SHUILI SHUIDIAN SHIGONG 2020 NIAN DI 6 JI
作　　者	中国电力建设集团有限公司 中国水力发电工程学会施工专业委员会　主编 全国水利水电施工技术信息网
出版发行	中国水利水电出版社 （北京市海淀区玉渊潭南路 1 号 D 座　100038） 网址：www.waterpub.com.cn E-mail：sales@waterpub.com.cn 电话：(010) 68367658（营销中心）
经　　售	北京科水图书销售中心（零售） 电话：(010) 88383994、63202643、68545874 全国各地新华书店和相关出版物销售网点
排　　版	中国水利水电出版社微机排版中心
印　　刷	清淞永业（天津）印刷有限公司
规　　格	210mm×285mm　16 开本　11.25 印张　451 千字　4 插页
版　　次	2021 年 5 月第 1 版　2021 年 5 月第 1 次印刷
印　　数	0001—2500 册
定　　价	36.00 元

四川省甘孜藏族自治州长河坝水电站进水塔工程，由中国水利水电第十四工程局有限公司（以下简称水电十四局）承建

重庆市巴南区观景口水库拦河坝护坡工程，由水电十四局承建

云南省滇中引水工程香炉山 1# 施工支洞工程，由水电十四局承建

云南省滇中引水工程 3-1# 隧洞工程，由水电十四局承建

山西省中部引黄项目 01 标消防水泵房工程，由水电十四局承建

四川省成都市地铁19#线2#风井成型隧道工程，由水电十四局承建

四川省成都市地铁4#线来龙站机房工程，由水电十四局承建

四川省成都市地铁19#线首台盾构下井

四川省成都市地铁18#线海昌路站—福州路站1#风井左线顺利贯通

广东省深圳市地铁12#线会展南站工程，由水电十四局承建

四川宜宾至彝良至昭通（川滇界）高速公路北闸互通工程，由水电十四局承建

四川宜宾至彝良至昭通（川滇界）高速公路海子 1# 特大桥工程，由水电十四局承建

四川宜宾至彝良至昭通（川滇界）高速公路洛泽河特大桥工程，由水电十四局承建

四川宜宾至彝良至昭通（川滇界）高速公路上寨大桥工程，由水电十四局承建

四川宜宾至彝良至昭通（川滇界）高速公路窄路沟 2# 特大桥工程，由水电十四局承建

四川宜宾至彝良至昭通（川滇界）高速公路榨坊隧道工程，由水电十四局承建

云南省红河哈尼族彝族自治州建水（个旧）至元阳高速公路 1# 斜井工程，由水电十四局承建

云南省红河哈尼族彝族自治州建水（个旧）至元阳高速公路 TJ5 标 1# 大桥工程，由水电十四局承建

云南省红河哈尼族彝族自治州建水（个旧）至元阳高速公路 TJ8 标红河特大桥工程，由水电十四局承建

云南省红河哈尼族彝族自治州建水（个旧）至元阳高速公路阿白寺隧道出口联系洞工程，由水电十四局承建

云南省红河哈尼族彝族自治州建水（个旧）至元阳高速公路咪的村隧道工程，由水电十四局承建

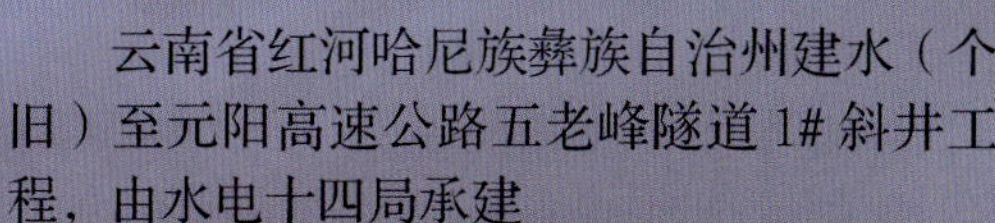

云南省红河哈尼族彝族自治州建水（个旧）至元阳高速公路五老峰隧道 1# 斜井工程，由水电十四局承建

云南省红河哈尼族彝族自治州建水（个旧）至元阳高速公路新寨 1#、2# 大桥下部结构工程，由水电十四局承建

云南省红河哈尼族彝族自治州建水（个旧）至元阳高速公路庄子河枢纽工程，由水电十四局承建

河北省石家庄市至天津市界内的津石高速公路北三王枢纽互通工程，由水电十四局承建

云南省晋红高速公路北城立交桥工程，由水电十四局承建

云南省玉溪市江通高速公路雄关收费站，由水电十四局承建

本书封面、封底、插页照片均由中国水利水电第十四工程局有限公司提供

《水利水电施工》编审委员会

前　言

《水利水电施工》是全国水利水电施工技术信息网的网刊，是全国水利水电施工行业内刊载水利水电工程施工前沿技术、创新科技成果、科技情报资讯和工程建设管理经验的综合性技术刊物。本刊以总结水利水电工程前沿施工技术、推广应用创新科技成果、促进科技情报交流、推动中国水电施工技术和品牌走向世界为宗旨。《水利水电施工》自2008年在北京公开出版发行以来，至2019年年底，已累计编撰发行72期（其中正刊48期，增刊和专辑24期）。刊载文章精彩纷呈，不乏上乘之作，深受行业内广大工程技术人员的欢迎和有关部门的认可。

为进一步提高《水利水电施工》刊物的质量，增强刊物的学术性、可读性、价值性，自2017年起，对刊物进行了版式调整，由杂志型调整为丛书型。调整后的刊物继承和保留了原刊物国际流行大16开本，每辑刊载精美彩页，内文黑白印刷的原貌。

本书为《水利水电施工》2020年第6辑（中国水利水电第十四工程局有限公司专辑），全书共分7个栏目，分别为：地下工程、混凝土工程、地基与基础工程、机电与金属结构工程、试验与研究、路桥市政与火电工程、企业经营与项目管理，共刊载各类技术文章和管理文章40篇。

本书可供从事水利水电施工、设计以及有关建筑行业、金属结构制造行业的相关技术人员和企业管理人员学习、借鉴和参考。

编者

2020年12月

目　录

试验与研究

路桥市政与火电工程

企业经营与项目管理

Contents

Foundation and Ground Engineering

Electromechanical and Metal Structure Engineering

Test and Research

Road & Bridge Engineering, Municipal Engineering and Thermal Power Engineering

Enterprise Operation and Project Management

地下工程

本栏目审稿人：常焕生

跨既有运营铁路隧道施工技术

王稀田　詹祥明　梅日新/中国水利水电第十四工程局有限公司

【摘　要】 在既有铁路隧道上新建公路隧道时，势必会对既有铁路隧道结构以及正常运营带来威胁。只有强化相关施工技术，科学掌控爆破设计，减少爆破振动，才能保证既有隧道安全，并使新建公路隧道顺利施工。

【关键词】 上跨隧道　爆破设计　施工技术

1　工程概况

宜昭高速公路A1项目闸上隧道为一座分离式隧道，右幅桩号为K229+725～K232+360，分界段长2635m；左幅桩号为ZK229+695～ZK232+394，分界段长2699m。隧道主洞建筑限界净高5.0m，净宽0.75+0.5+2×3.75+0.75+0.75=10.25(m)。左、右幅隧道均位于圆曲线上。隧道区属于脊状中山地貌区，出口端自然坡度较陡，有一定的砂砾石覆盖层，最大埋深约210m。

闸上公路隧道上跨内六铁路闸上隧道，交叉角度约35°，交叉里程左洞ZK232+193，相应铁路里程为K358+259，距铁路隧道出口约425m；交叉里程右洞K232+149，相应铁路里程为K358+214，距铁路隧道出口约462m。左线影响范围：ZK232+394～ZK231+193，长度1201m（其中ZK232+243～ZK232+143共计100m为禁止爆破区域）；右线影响范围：K232+360～K231+149，长度1211m（其中K232+199～K232+099共计100m为禁止爆破区域）。

闸上隧道交叉处地质穿越地层为峨眉玄武岩组玄武岩，风化强烈；地表覆盖3～15m碎石土。下伏基岩以强风化为主，受地质构造影响较重，岩体破碎—完整。内六铁路隧道所通过地层岩性主要为第四季砂黏土；三叠系砂岩，页岩，煤层，灰岩，白云岩，泥页岩；二叠系砂页岩夹煤，玄武岩夹泥质灰岩，灰岩，白云岩，页岩；志留系页岩及砂岩等。闸上隧道与铁路交叉处围岩级别为Ⅴ级，采用单侧壁导坑法衬砌支护。

2　施工方案及施工技术

宜昭高速闸上隧道上跨内六铁路闸上隧道涉铁施工，采用监管施工，监管单位为内江工务段与成都供电段。在交叉点两侧50m范围内，隧道采用机械开挖。在交叉点两侧50～1000m范围，采用控制爆破。项目部与四川交大工程检测咨询有限公司建立合作关系，由四川交大工程检测咨询有限公司收集闸上隧道控制爆破施工对内六铁路隧道施工影响数据，并进行数据分析、总结，优化控制爆破施工方案。

2.1　监管方案

上跨铁路段隧道施工应贯彻“动态设计、信息化施工”的原则，施工期间应根据地质情况、围岩状况，结合监控量测反馈信息，及时调整支护方案及施工措施，以列车安全运营为首要保证条件。根据铁路相关安全管理法律法规要求，闸上隧道上跨铁路闸上隧道施工应不直接影响列车安全通行，属于C类监管施工。

在交叉点两侧50～1000m范围，采用控制爆破，确认两端车站未向施工区间闭塞列车、施工区间无在途列车，方可实施爆破作业。爆破作业主要控制指标为爆破振速不大于2cm/s。现场施工时，对既有结构物开展爆破振动测试，及时反馈测试结果以优化爆破设计方案，严格按设计爆破振动速度执行。项目部委派具有相关经验的人员驻站（昭通北站），与现场施工管理人员保持联系，及时通报列车来往情况，确保爆破作业在列车运营的间隔时段内进行。每次爆破作业完成后，由项目部与内江工务、成都供电段相关专业人员共同对铁路闸上隧道交叉点两侧各50m范围线路设备、构筑物进行检查，检查的目的是查看爆破振动对铁路隧道的影响情况，确保爆破后列车通行不会出现安全隐患。检查方法为在铁路隧道内埋设相关监测仪器，对铁路隧道的衬砌应力、隧道周边收敛、裂缝、隧道与爆破点最近处的爆破振速进行全天候24h监测。爆破完成之后相关人员及时进洞进行检查，上述指标通过仪器进行数据收集与分析，掉块、局部变形、锚栓松脱等隐患则采用肉眼观察。在确保不出现掉块、局部变形、锚栓松脱情况以及隧道衬砌应力、隧道变形、振动速度在安全允许范围内的条件下方可通知驻站管理人员，允许列车通行。否则联络相关人员，拦停区间在途列车，启动应急预案，将安全隐患消除完毕之后方可允许列车通行。

项目部的合作单位四川交大工程检测咨询有限公司进行闸上隧道施工对内六铁路隧道影响的监测，监测控制基准值指标详见表1，根据报告爆破振速1.5cm/s小于2cm/s，满足监控要求。

表1　　监测控制基准值指标

序号	监测项目	判定内容	控制基准
1	衬砌应力	累计值	拉应力的容许增加值为0.5MPa，压应力的容许增加值为2.0MPa
2	衬砌变形（水平及拱顶）	累计值	3mm
3	振动速度监测	振动速度	X、Y、Z方向2cm/s

根据不同的预警级别分别采取不同的响应措施，监测控制基准及预（报）警值指标详见表2，预警级别（含处理措施）：①安全，正常监测；②Ⅰ级预警（黄色综合预警），加强组织分析，加强监测和巡视；③Ⅱ级预警（橙色综合预警），应组织四方制定专项风险处理方案，启动应急预案，加强监测和巡视，并设专人不间断值守；④Ⅲ级预警（红色综合预警），立即停止施工，并组织各相关单位及专家研究处理方案。

表2　　监测控制基准及预（报）警值指标

序号	监测项目	判定内容	控制基准
1	衬砌应力	累计增加值	（1）累计增加值≤控制值70%时，为安全（正常，蓝色） （2）控制值70%＜累计增加值≤控制值80%时，为Ⅰ级预警（异常，黄色） （3）控制值80%＜累计增加值≤控制值100%时，为Ⅱ级预警（异常，橙色） （4）累计增加值＞控制值100%时，为Ⅲ级预警（危险，红色）
2	衬砌变形	累计值	（1）累计值≤3mm时，为安全（正常，蓝色） （2）3mm＜累计值≤4mm时，为Ⅰ级预警（异常，黄色） （3）4mm＜累计值≤5mm时，为Ⅱ级预警（异常，橙色） （4）累计值＞5mm时，为Ⅲ级预警（危险，红色）
3	振动速度	测试值	（1）测试值≤2cm/s时，为安全（正常，蓝色） （2）3cm/s≥测试值＞2cm/s，为Ⅰ级预警（异常，黄色） （3）5cm/s≥测试值＞3cm/s，为Ⅱ级预警（异常，橙色） （4）测试值＞5cm/s，为Ⅲ级预警（危险，红色）

2.2　上跨铁路施工技术

在宜昭高速闸上隧道上跨内六铁路闸上隧道段里程左线ZK232＋143～ZK232＋243（100m）及右线K232＋099～K232＋199（100m）范围内采用机械开挖施工，总计长度200m。隧道开挖采用“单侧壁导坑＋临时仰拱法”。上跨铁路影响段内左右线不可同时开挖。闸上隧道其他里程段采用控制爆破进行施工，总计长度2212m，该部分段落根据围岩情况采用不同的开挖方法：Ⅲ级围岩采用全断面开挖方法，Ⅳ级围岩采用上下台阶法开挖，Ⅴ级围岩采用环形预留核心土法开挖。先行洞开挖面距后行洞开挖面不小于30m。交叉点两侧50～1000m范围采用自制凿岩台架配合气腿凿岩机打眼，采用光面爆破技术，以最大限度保护围岩稳定性，减少超挖量，提高初期支护的承载力。初期支护：Ⅴ级围岩段采用工字钢拱架挂钢筋网喷锚联合支护，Ⅳ级围岩段采用钢格栅拱架挂钢筋网喷锚联合支护，Ⅲ级围岩段采用锚喷支护。严格控制隧道施工各项安全步距，后行洞掌子面落后先行洞二次衬砌封闭成环距离不小于20m。闸上隧道按照机械开挖进尺2m/d；爆破开挖进尺：Ⅲ级围岩6m/d，Ⅳ级围岩4.5m/d，Ⅴ级围岩3m/d，加宽段SJ3围岩2.4m/d。涉铁闸上隧道开挖支护工期298d。

施工中由测量队负责按照图纸及规范要求做好洞口浅埋段地表下沉观测、洞内监控量测等工作。隧道防排水采用防、排、堵、截相结合的综合治理措施，以满足隧道施工要求。

2.3　洞身开挖施工

闸上隧道与内六铁路隧道交叉点洞身两侧50m范围采用“单侧壁导坑＋临时仰拱法”进行施工。后行洞左洞采用“单侧壁导坑＋临时仰拱法”，施工工艺与先行洞相同，但需满足后行洞掌子面与先行洞二次衬砌封闭成环距离不小于20m。距交叉点50～1000m范围采用控制爆破施工。

2.3.1 非爆破施工

（1）液压破碎锤开挖。对围岩硬度低、较软弱、岩体破碎的岩层，采用液压破碎锤开挖，辅以人工风镐修边处理。先中间、再两边，从上向下槽型开挖。将掌子面大面积进尺挖好后修整支护部位，掌子面修整平顺后再进行初期支护施工。每循环开挖进尺大于支护进尺20～30cm，便于支护施工操作和控制支护的超欠。

（2）液压分裂机开挖。较硬岩体采用液压式分裂机掏槽、液压破碎锤开挖修边施工。首先在开挖掌子面中部用风动凿岩机钻一排竖向掏槽眼，深度120～130cm，孔距40～50cm（根据围岩硬度调整孔距）。掏槽眼采用密集布眼，根据围岩情况调整孔距，较坚硬加密，反之，适当加大孔距，满足分裂要求即可。若分裂效果不佳，增加掏槽眼数量，缩小孔距。在掏槽眼左、右方向上各钻出两排倾斜孔，孔距40～50cm，第一排倾斜角度40°～50°且与掏槽眼贯通相交；第二排斜孔角度50°～70°。钻眼过程中，每排孔应在同一平面内，避免出现犬齿孔，影响分裂效果。

在开始分裂前，先将一个或多台分裂机插入钻好的第一排斜孔内，分裂方向指向掏槽孔，在分裂力的作用下使岩石形成V形模块，与岩体分离后，再用同样方法分裂第二排斜孔，可在断面上形成一个槽沟，产生一个分裂自由面。然后按照孔距40～50cm的要求，在左、右两个方向上竖向钻出垂直于掏槽区掌子面、深度70～80cm的钻孔，注意保持每排孔在同一平面内，插入分裂机分裂，液压泵站工作产生高压，驱动分裂机楔形块组的中间楔块向前运动，将反向楔块两边撑开，产生巨大分裂力（可达500～600t）。岩石在此分裂力作用下，沿设定的位置根据实际情况需要分裂。重复上述步骤，直至开挖完掏槽区岩体。

2.3.2 爆破设计和施工

在距离两隧道交叉点两侧50～1000m范围内，采用浅孔微差控制爆破法开挖，严格控制最大同段装药量和单次起爆炸药总量。局部地质结构较软弱松动处，结合机械开挖进行施工。采用气腿凿岩机钻凿孔径42mm浅炮孔，在孔内和孔外采用设计段别的非电毫秒延期雷管进行起爆网络连接，起到减弱松动爆破的效果。在距离两隧道交叉点1000m范围外，采用浅孔爆破开挖，严格控制最大同段装药量和单次起爆炸药总量，确保隧道施工安全。

采用光面爆破方法，减轻对隧道围岩稳定性的破坏，取得理想规整的隧道设计轮廓。隧道光面爆破要求周边眼爆破既能将岩石爆落下来，又能形成规整的轮廓，尽可能保留半孔痕迹，减小爆破对围岩的扰动，减少超挖量。

（1）钻孔参数。

1）炮孔直径 d：42mm。

2）炮孔间距 E：$E=(8\sim18)d$，mm。

3）光爆层厚度 $W_{光}$：$W_{光}=(10\sim15)d$，mm。

4）周边孔密集系数 m：$m=E/W_{光}$，取值 $m=0.7\sim1.0$。

5）不耦合系数 D：$D=d_{孔}/d_{药}$，取值 $D=1.25\sim2.0$；本设计 $D=42/32=1.31$。

6）线装药密度 q：$q=0.1\sim0.3$kg/m，本设计取值0.2kg/m。

（2）掏槽孔设计。采用直孔掏槽，循环进尺：在距离两隧道交叉点两侧50～1000m范围内采用浅孔微差控制爆破，每次循环进尺经爆破安全验算后，随距离隧道交叉点越远，可逐渐加深炮孔，增加每次循环进尺；在距离两隧道交叉点50～1000m范围外采用普通浅孔控制爆破，隧道围岩稳固性好每次循环进尺可达3.0m，炮孔利用率80%。炮孔直径为42mm，与掌子面垂直。

距离两隧道交叉点近距离范围控制爆破时，控制每次循环进尺小于1.5m（见图1）。①辅助孔设计深度 L：掏槽孔设计钻孔深度较辅助孔加深20cm，$L=1.7$m，垂直于掌子面钻孔；②孔距：参照图1；③单孔装药量 Q：$Q=1.2$kg；④装药结构：$\phi32$连续装药，堵塞长度0.4m。

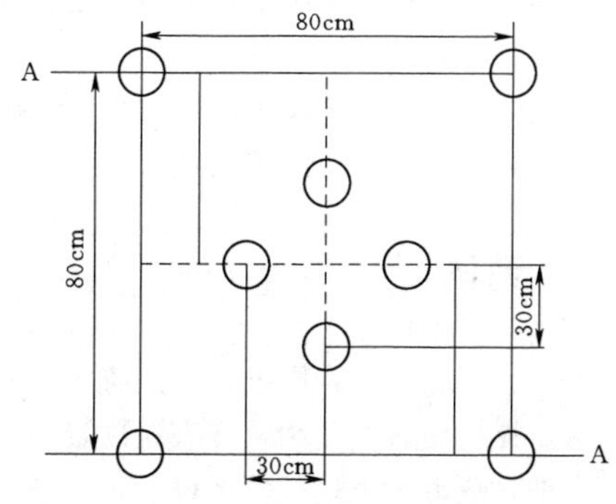

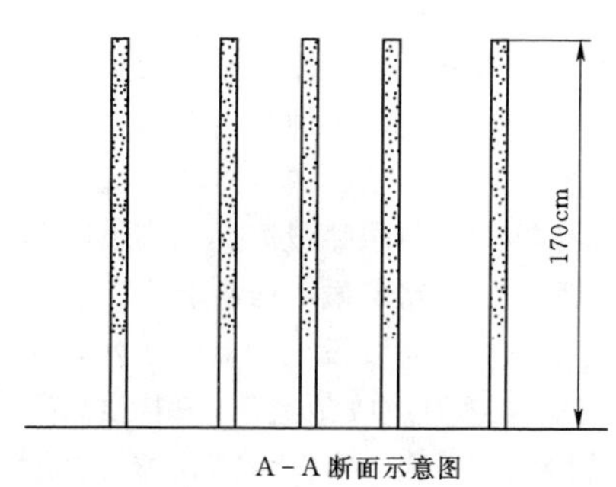

A－A断面示意图

图1 掏槽孔示意图

(3) 周边孔设计。①周边孔设计深度 L：$L=1.5$m；②不耦合系数 D：$D=42/32=1.31$；③周边眼间距：$E=(8\sim18)d=33\sim75$cm，适当加密周边孔，本设计取 50cm；④光爆层厚度 $W_{光}$：$W_{光}=(10\sim15)d=42\sim63$cm，取 55cm；⑤线装药密度 q：$q=0.2$kg/m；⑥单孔装药量 Q：$Q=qL\eta=0.2\times1.5\times0.8=0.24$(kg)，$\eta$ 为炮孔利用率；⑦堵塞长度：20cm。

周边炮孔装药采用低爆速、低猛度直径为 32mm 的炸药，不耦合装药，用竹片、导爆索将小直径药卷间隔绑扎的装药结构。

(4) 辅助孔设计。①辅助孔设计深度 L：$L=1.5$m，辅助孔垂直于掌子面；②辅助孔孔距 a：$a=(8\sim12)d=70$cm，排距 $b=60$cm；③单孔装药量 Q：$Q=qaWL\lambda$；式中 q 为炸药单耗，kg/m^3；a 为炮孔间距，m；W 为最小抵抗线，m；L 为炮孔深度，m；λ 为炮孔所在部位系数，参照规范选取。本设计 $Q=1.5\times0.7\times0.6\times1.5\times0.95=0.9$(kg)；④装药结构：$\phi32$ 连续装药，堵塞长度 0.3m。

根据炮孔所处位置的设计药量，要求每个装药炮孔口必须进行堵塞。

(5) 爆破参数表。根据掏槽孔、辅助孔、周边孔控制爆破设计，制定全断面爆破参数表（见表 3），并根据现场实施效果，进行动态调整。

表 3　　全断面爆破参数表

循环进尺/m	名称	孔深/m	孔距/m	排距/m	单孔装药量/kg	填塞长度/m	装药结构
1.0～1.5	掏槽孔	1.7	0.4	0.3	1.2	0.4	连续装药
	辅助孔	1.5	0.7	0.6	0.9	0.5	连续装药
	周边孔	1.5	0.5	0.5	0.24	0.2	不耦合装药
3.0	掏槽孔	3.7	0.5	0.5	3.0	0.5	连续装药
	辅助孔	3.5	0.8	0.7	2.8	0.7	连续装药
	周边孔	3.5	0.6	0.6	0.6	0.5	不耦合装药

2.4 监控量测

2.4.1 监控方案

隧道超前地质预报采用长期、中期、短期、临时相结合的综合地质超前预报技术，以中短期手段为主、其他手段为辅的地质预报方法，主要有地质复查法、掌子面地质描述、地质分析法、水平钻探法等方法。隧道监控量测包括拱顶下沉量测、周边位移量测、地表下沉量测等。铁路闸上隧道委托有铁路资质的四川交大工程检测咨询有限公司负责对既有铁路线设施的监测工作，主要包含衬砌应力监测、隧道周边收敛监测、裂缝监测、振动速度监测等，监测设备采用 4 点式多点位移计。考虑现场的测量条件，拱顶测点采用钢弦式 4 点位移计（1.5m、2.0m、2.5m、3.0m），边墙测点采用机械式 4 点位移计（0.9m、1.8m、2.7m、3.5m）。测点应布设在具有代表性断面的关键部位上（如拱顶、边墙），每个断面布设 3 组测点。

2.4.2 监控量测数据总结

根据对既有运营线铁路隧道监控量测方案，对宜昭高速上跨内六铁路闸上隧道 K358＋295～K358＋175（120m）影响范围进行多方面监测，历时累计监测 316d。根据观测数据：12 个测点拱顶沉降累计最大值在 K358＋260 测点，其值为－1.3mm；12 个测点水平收敛累计最大值在 K358＋250 测点，其值为 1.3mm；8 个测点衬砌拉应力累计最大值在 K358＋260 左下侧点，其值为 0.6MPa；8 个测点衬砌压应力累计最大值在 K358＋260 右下侧点，其值为：－0.60MPa；2 处裂缝最大累计值在 K358＋215 测点，其值为－0.02mm；2 处振动速度最大累计值在 K358＋215 通道 Y 测点，其值为 1.11cm/s。所有数据对比分析均未超过控制值，整体数据比较稳定，表明铁路隧道衬砌基本稳定，上跨施工作业并未对铁路闸上隧道造成较大影响。

2.4.3 监控量测成果应用

(1) 由掌子面地质素描图可分析判断围岩变化趋势，采用地质和支护状况观察收集的施工实际地质资料与设计的地质资料相对比，结合现场量测的位移与设计的允许位移值相比，判断是否对支护级别进行调整，确保施工安全。

(2) 由周边位移量测成果，可分析初期支护是否已稳定，是否具备做二次衬砌的条件。由位移收敛速度确定围岩稳定时间，当收敛速度 $V<0.2$mm/d 时，认为围岩已基本稳定，达到施作二次支护的条件。同时由实测的位移值调整开挖时的预留变形量，保证施工的科学性和合理性。

3　实施效果评价

闸上隧道与内六铁路隧道交叉点洞身两侧 50m 范围内采用非爆破施工，50～1000m 范围采用控制爆破施工，开挖支护工期 298d，工期可控。通过监控量测数据指导、优化现场施工方案。闸上隧道涉铁施工对既有运营线铁路隧道无安全性影响，既有运营线铁路运营安全环境处于可控范围。同时通过机械施工和控制爆破施工，有效地控制了隧道超挖，提高了施工效率。

4　结语

宜昭高速公路闸上隧道上跨内六铁路隧道施工，根据监控量测数据，结合隧道地勘资料，对上跨既有运营线铁路隧道施工进行动态设计，提高了工效，保证了内六铁路隧道在施工期的运营安全。

关于公路分离式隧道“变断面中导洞-全断面”法的初步应用

肖小伟　陈　波　曾林涛/中国水利水电第十四工程局有限公司

【摘　要】 本文以宜昭高速公路核桃树隧道群快速施工导洞为例，简述了“变断面中导洞-全断面”法的初步设计和应用效果。以经验类比法及经验公式估算，快速确定了导洞的开挖方法及临时支护形式的初步设计，并应用在施工当中。保证了施工安全，缩短了工期，取得了较好的经济效益。同时，也为高山峡谷地区便道修建，保证后续单位工程施工进度，提供了有力的技术参考及方法借鉴。

【关键词】 分离式隧道　变断面导洞-全断面法　施工进度

1　引言

高速公路隧道群导洞作为临时性结构，多用于连拱隧道的施工，主要在地质较差处利用导洞先行施工以确保隧道整体施工的安全以及导洞的施工工序、施工质量控制和力学的初步分析等。国内外对分离式隧道中以节约工期、成本及作为交通洞利用为目的的快速单线施工导洞的设计与施工暂未有系统的研究。在宜昭高速公路核桃树隧道出口段→新厂隧道（垭口中桥）→孟家梁隧道进口段（垭口大桥）为隧道群施工，中间无施工便道到达其中任一施工工作面，施工便道修筑较为困难，而隧道群为关键线路。为缩短工期，避免难度大的高陡坡地形条件下便道施工，节约施工成本，对分离式隧道快速施工技术进行研究。采取先中导洞施工、后续进行主洞全断面扩挖的方法进行施工，采用的“变断面中导洞-全断面”法已取得的阶段性成功。本文简要介绍该方法的初步设计及所带来的经济效益。

2　工程概况

核桃树隧道出口在ZK205＋431（K205＋297）处设置施工斜井，斜井承担着核桃树隧道出口段（垭口中桥）→新厂隧道（垭口大桥）→孟家梁隧道进口段隧道群的施工通道任务并规划7＃进场公路作为垭口中桥及新厂隧道施工连接线路。核桃树隧道右线斜井至出口总长506m（Ⅳ级围岩402m，Ⅴ级围岩104m），隧道埋深为158～15m，且在Ⅳ级围岩段K205＋296～K205＋346段布置紧急停车带。隧道群平面布置如图1所示。

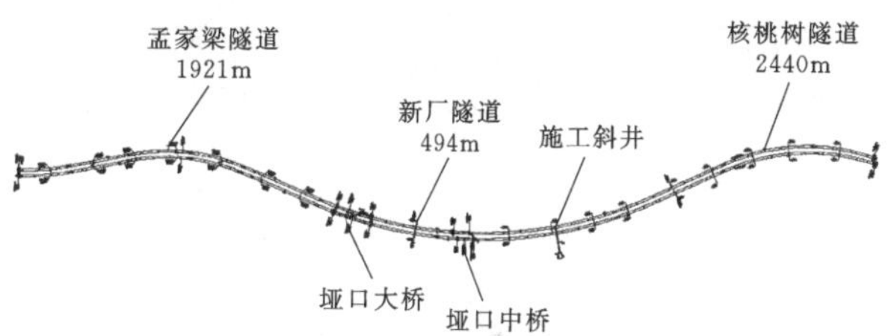

图1　隧道群平面布置图

隧道区岩体主要为强—中风化砂岩，夹薄层泥岩。砂岩呈中厚层状，为10～50cm，强风化带岩层节理、裂隙发育，强度低，自稳能力差，受水浸润后极易加剧松散破坏；中风化带岩层节理裂隙稍发育，结构完整，自稳能力较强，地层结合紧密，总体稳定性好，但局部遇软弱夹层、岩性接触带等薄弱结构面，围岩稳定性差。地下水主要为碎屑岩类孔隙裂隙水且主要分布于三叠系下统飞仙关组（T_1f）岩层中，受大气降水补给，泥岩为相对隔水岩层，地下水力联系差，水量小。隧址区不良地质现象主要为危岩，未见滑坡、崩塌等不良地质现象。根据施工斜井围岩揭露情况，围岩未见张裂塌落现象和离层现象，地下水未见滴状渗出。隧址区主要为Ⅴ级围岩及Ⅳ级围岩，Ⅴ级围岩主要为强风化砂岩及泥岩，强风化砂岩重度为25.7kN/m^3，强风化泥岩重度为25.5kN/m^3；Ⅳ级围岩主要为中风化砂岩及泥岩，中风化砂岩重度为26.5kN/m^3，中风化泥岩重度为26.0kN/m^3。

3 导洞初步设计

导洞为临时性结构，由于导洞需作为后续施工工作面的通道，所以导洞断面需满足施工机具、人员和设备的通行净空要求，导洞断面过大会造成施工成本的增加和加大安全风险，断面过小会制约施工进度，合理的导洞断面设计是加快施工进度及节约施工成本的关键。另外，导洞的支护参数设计需根据隧道围岩进行设计，在施工过程中依据现场围岩揭露情况进行动态调整，在确保施工安全的前提下节约施工成本及加快施工进度。

3.1 导洞位置及断面形式

基于对现场施工机械设备的宽度及高度统计与分析，为满足施工车辆的正常安全行驶，同时为减少开挖量及加快施工循环速度，根据隧道地质情况，初步拟定右线导洞宽度为 4.5～7m（单车道—双车道），高度为5～6.5m（单车道—双车道）。中导洞开挖断面标准段为 7m×6.5m（宽×高），因出口段围岩相对较差，中导洞在洞口 50m 范围内开挖断面调整为 4.5m×5m（宽×高）；为确保中导洞运行安全，导洞断面由7m 宽度至 4.5m 宽度时设置渐变段。为了较好地承受拱顶围岩压力与岩层产生的剪应力，同时为了方便施工，参考原斜井及连拱隧道导洞形式，确定导洞断面形式为城门洞形。

基于对导洞扩挖炮孔的对称布置考虑及减少主洞仰拱扩挖超挖量，且导洞位于中上部时，开挖引起建筑物及左线洞室质点合成峰值振动速度较小。导洞位置初步拟定为主洞中上部，为了保证主洞测设基线与导洞的一致，主洞加宽段导洞拟定于中部偏左的位置。导洞不同断面形式及位置示意图见图 2。

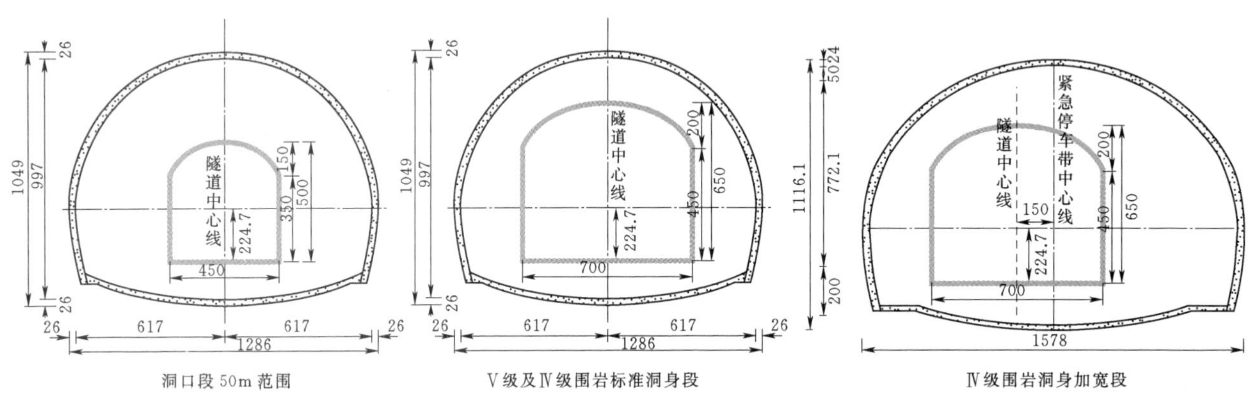

图 2 导洞不同断面形式及位置示意图（单位：cm）

3.2 光面爆破初步设计

（1）利用萨道夫斯基公式，使用规范中的参数结合斜井揭露的围岩地质情况，以不损伤左洞衬砌结构为原则，计算爆破振动允许最大段药量 Q 值为 97.91kg。

$$Q=R^3\times(V/K)^{3/\alpha} \quad (1)$$

式中 Q——一次（响）爆破振动允许药量，kg；

R——自爆源中心至保护建筑物的距离，取值 22m；

V——保护对象所在地质点振动安全允许速度，取值 15cm/s；

K——介质系数，取值 250；

α——衰减系数，取值 2.0。

（2）依据核桃树隧道斜井及相似地质条件下的本标段 4＃交通洞的开挖经验，采用全断面法，可较好地加快施工进度，降低施工成本并保证施工安全。

（3）根据公路隧道爆破施工经验，开挖Ⅳ级、Ⅴ级围岩时，将循环进尺控制在 2.0m 左右较为合适。

（4）依据核桃树隧道斜井的开挖时间及主洞所用的药卷，在《路桥施工计算手册》中选取相应参数，根据如下两式初步确定炮眼深度及炮眼数目范围。

$$N=\frac{qsm}{\alpha G}\eta \quad (2)$$

$$l=\frac{T-\left(\dfrac{Nt_1}{n}+t_2+t_3\right)}{\dfrac{N}{cv}+\dfrac{\eta s}{\rho}} \quad (3)$$

式中 N——炮眼数目；

q——炸药单位消耗量，kg/m^3；

s——掘进断面面积，m^2；

m——每个药卷长度，m；

α——装药系数；

η——炮眼利用系数；

ρ——按实方计算的装渣生产率，m^3/min；

l——炮眼深度；

T——开挖及装渣总时间；

t_1——一个炮眼装药时间；

t_2——起爆及通风时间；

t_3——其他时间；

c——同时使用的钻机台数；

v——钻眼速度，m/min。

导洞炮眼数目及深度见表1。

表1　　导洞炮眼数目及深度表

围岩级别	导洞类型	炮眼数目/个	炮眼深度/m
Ⅳ	7m×6.5m（宽×高），双车道	82～114	1.4～2.1
Ⅴ	7m×6.5m（宽×高），双车道	67～92	1.3～1.9
Ⅴ	4.5m×5m（宽×高），单车道	25～42	1.2～1.5

（5）利用主洞现有的手风钻钻直径50mm的孔，辅助孔选用ϕ32乳化炸药进行连续装药，周边眼选用ϕ25乳化炸药进行间隔装药，炮孔堵塞长度须满足规范要求。起爆雷管选用非电毫秒雷管，为避免爆破振动叠加，低段雷管跳段使用，其时差控制在100ms左右。导洞全断面法光面爆破炮眼布置示意图见图3。

根据导洞断面大小、围岩级别，依据计算公式，确定导洞钻孔数量、炸药单耗等爆破参数（见表2）。

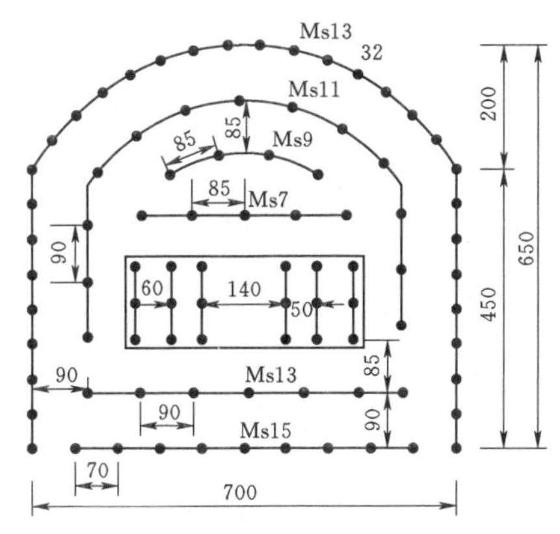

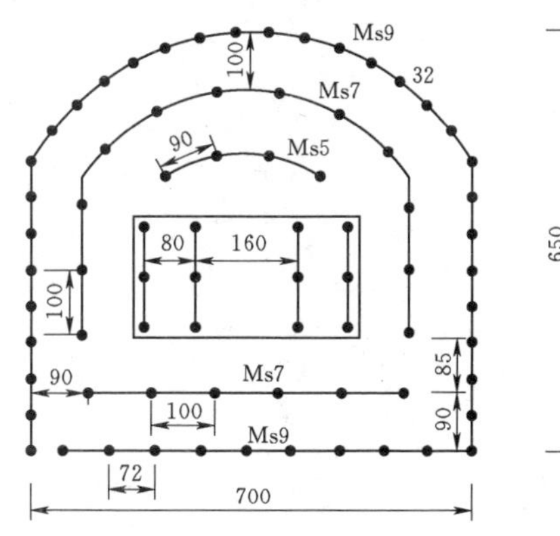

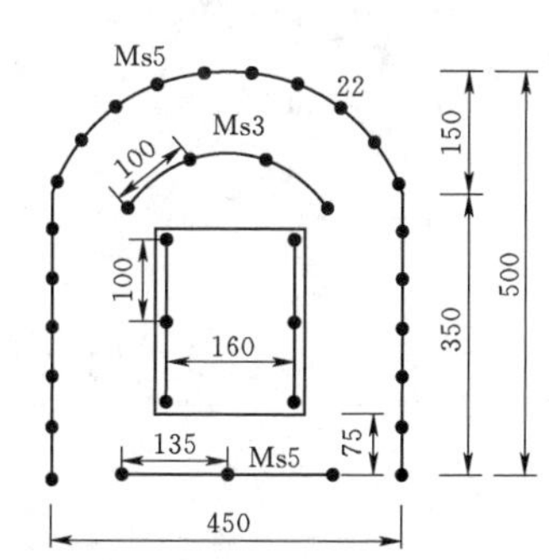

图3　导洞全断面法光面爆破炮眼布置示意图（单位：cm）

表2　　导洞光面爆破初步设计参数表

围岩级别	导洞类型	开挖断面/m²	钻孔总数/个	钻孔密集系数/(孔/m²)	预期进尺/m	爆破方量/m³	总装药量/kg	炸药单耗/(kg/m³)	爆破效率/%
Ⅳ	7m×6.5m（宽×高），双车道	41.41	88	2.1	1.8	74.54	84.23	1.13	90
Ⅴ	7m×6.5m（宽×高），双车道	41.41	75	1.8	1.2	49.69	49.47	1.00	86
Ⅴ	4.5m×5m（宽×高），单车道	20.63	35	1.7	1.2	24.76	22.11	0.89	86

3.3　导洞临时支护

参照主洞及其他双连拱隧道导洞支护形式，同时考虑到导洞的扩挖，初步拟定如下支护参数：

（1）当围岩为Ⅳ级时，隧道开挖后围岩整体稳定性较好，采用ϕ25，L=3.0m@1.5m×1.5m的系统玻璃纤维锚杆+10cm厚C25喷射混凝土的形式进行支护，局部根据现场实际情况可挂设ϕ8@20cm×20cm钢筋网。

（2）当围岩为Ⅴ级时，隧道开挖后围岩稳定性较差，采用ϕ25，L=3.0m@1.5m×1.5m的系统玻璃纤维锚杆+ϕ8@20cm×20cm钢筋网+［18钢拱架+15cm厚C25喷射混凝土的形式进行支护，局部根据现场实际情况增设ϕ25，L=3.0m的超前玻璃纤维锚杆或采用蜘蛛网状系统锚固技术。

（3）如开挖揭露的围岩节理裂隙不发育，岩体较为完整，地下水较少，围岩整体稳定性较好时，可考虑采用ϕ25，L=3.0m@1.5m×1.5m的随机玻璃纤维锚杆+10cm厚C25喷射混凝土的形式进行支护，局部增设ϕ8@20cm×20cm钢筋网。导洞临时支护设计见图4。

（4）注意事项。施工工序严格按“测量放线→炮孔布置→钻孔、清孔（先周边光爆后中间辅助孔）→装药及联网→清场及起爆→通风、散烟→安全处理及出渣→支护施工→工作面清理→延伸风水电管（线）路→下一循环作业”的形式控制。在开挖后及时判定围岩并进行“开挖后弱找顶”工作，锚杆施作要及时，方向正确，保证长度，严格按设计施作到位。洞身开挖后及时进行洞身支护，禁止开挖岩体长期裸露于空气中，加速裸露岩体的风化。在系统支护前，初喷一层5cm厚的混凝土，避免掉块，然后根据设计进行系统支护。对于遇局部滴漏水，如2.0m³/h≤水量Q<10m³/h和0.2MPa≤水压p<0.5MPa，且泥沙含量不大，采用径向注浆或补充注浆等方法进行封堵。

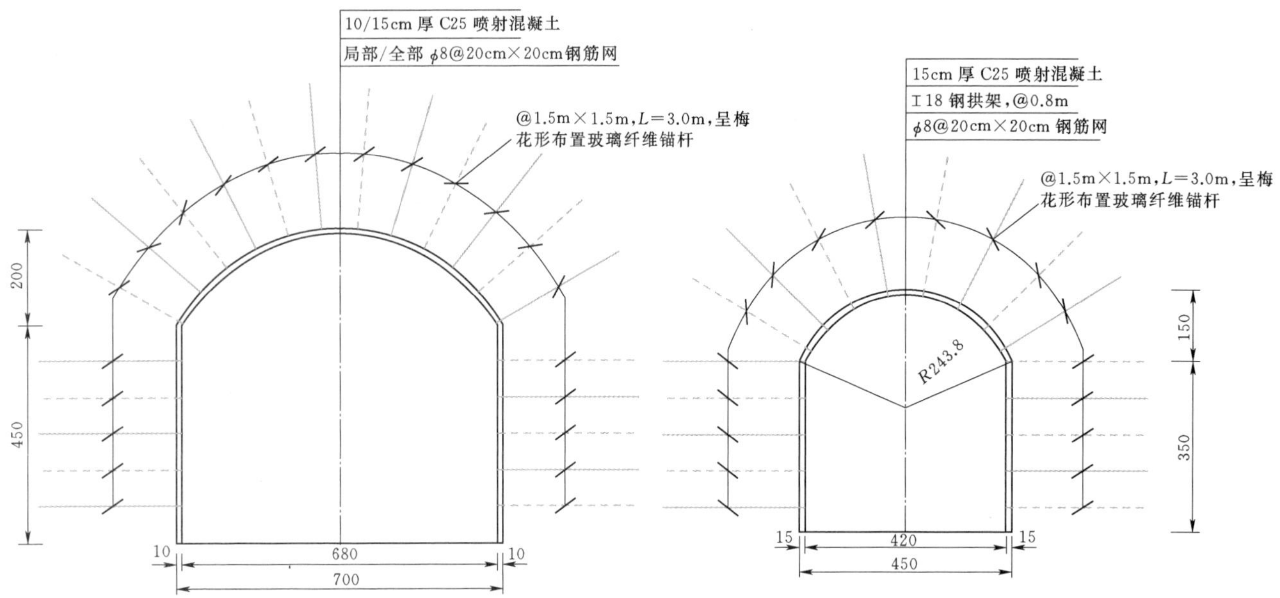

图 4　导洞临时支护示意图（单位：cm）

4　效益分析及应用效果

（1）核桃树隧道出口段（斜井至出口段）隧道群采用“变断面中导洞-全断面”法，导洞施工用时 4.2 个月，平均进尺 120m/月，最高达到 150m/月，提前约 4 个月进入后续剩余施工工作面的施工。导洞的设置避免了原规划的 7＃进场公路的修建，减小了便道开挖对地表环境的影响。

（2）原规划 7＃进场公路新建长度约 1.0km，改扩建长度约 2.7km，而快速导洞的成功应用后，取消了原规划的 7＃进场公路，产生了良好的经济效益。

（3）洞身初支采用钢支撑-系统锚杆（超前锚杆）-钢筋网片进行临时联合支护，采用玻璃纤维锚杆作为洞身初支的系统锚杆及超前锚杆使用情况较好，施工完成后投入使用期间中导洞洞身无开裂、掉块及坍塌等情况发生，中导洞运行及使用情况良好。

5　结语

“变断面中导洞-全断面”法为高山峡谷区域高速公路隧道群工期较紧、无施工便道的类似工程提供了借鉴，缩短了工期，其采用经验类比法及经验公式估算的断面初步设计方法及临时支护参数设计在保证施工安全的前提下节约了设计时间、成本及施工成本，为后续类似工程的施工提供了借鉴。

参考文献

[1] 周文建. 中导洞——正台阶法施工连拱隧道技术[J]. 四川建筑，2011，31（4）：197-201，204.

[2] 王晓放，李存德，宋玉香. 双跨连拱隧道侧导洞扩挖动力分析［J］. 石家庄铁道学院学报，2002，15（Z1）：5-7.

[3] 王振学. 分离式双连拱隧道中导洞-短台阶法快速施工［J］. 企业技术开发，2012，31（5）：16-18.

[4] 姜家斌，王军，张永红. 高速公路连体隧道单导洞施工技术［J］. 铁道标准设计，2003（3）：23-25.

[5] 王梦恕. 中国铁路、隧道与地下空间发展概况［J］. 隧道建设，2010，30（4）：351-364.

[6] 佘诗刚，林鹏. 中国岩土工程若干进展与挑战［J］. 岩石力学与工程学报，2014（3）：433-457.

[7] 许建，张小强. 青岛海底隧道导洞扩挖法导洞位置比选研究［J］. 山西建筑，2019，45（6）：148-150.

[8] 刘庭金，朱合华，唐春安. 围岩卸载损伤演化及应力场调整有限元分析［J］. 地下空间，2002，22（4）：310-313，319.

[9] 洪开荣. 山区高速公路隧道施工关键技术［M］. 北京：人民交通出版社，2011：151-164.

[10] 周水兴. 路桥施工计算手册［M］. 北京：人民交通出版社，2001：55-59.

[11] 关宝树. 矿山法隧道关键技术［M］. 北京：人民交通出版社，2016：56-108.

下穿铁路隧道安全影响分析

缪买和　刘龙宁　梁许波/中国水利水电第十四工程局有限公司

【摘　要】 宜昭高速公路谭家隧道与已有内昆铁路垭口隧道斜交，交角约 46°，交叉部位覆盖层厚度右线 143.24m，左线 161.27m。垭口隧道与谭家隧道右线交叉部位距离内江端洞口约 70m。下穿铁路隧道采用有限元模型计算以及监测衬砌应力、沉降观测、采集数据、对比分析，介绍了下穿铁路隧道施工安全影响因素，为施工方案选择提供了可靠的信息支撑，可供类似工程借鉴。

【关键词】 下穿铁路　模型　数据分析　安全防护

1　概况

宜昭高速公路谭家隧道与已有内昆铁路垭口隧道斜交，交角约 46°。铁路隧道路面高程为 1329.981～1330.621m，谭家隧道右线下穿点位处路面设计高程为 1256.473m，高差 73.497m（路面至既有隧道拱顶高差 66.507m）；谭家隧道左线下穿点位处路面设计高程为 1256.544m，高差 74.077m（路面至既有隧道拱顶高差 67.095m）。

谭家隧道与铁路垭口隧道交叉部位覆盖层厚度右线 143.24m，左线 161.27m，垭口隧道与谭家隧道右线交叉部位距离内江端洞口约 70m。

该段隧道施工前，首先在垭口隧道布置相关监控措施。在施工期间，重视铁路运行，安全第一。

2　下穿铁路隧道模型建立及分析

为了更好地保证宜昭高速公路谭家隧道安全施工，采用有限元软件建模分析，根据实体情况建立模型。从原内六铁路建模分析受力、位移变化，到谭家隧道开挖左、右洞施工对内六铁路受力影响、位移变化相对比，对现场施工作业进行指导。

2.1　计算模型

根据宜昭高速公路平面设计图，谭家公路隧道下穿内六铁路垭口隧道，左线交叉角度约 45°，右线交叉角度 46°。谭家隧道左洞与铁路隧道交叉点距铁路隧道出口约 115m，右洞与铁路隧道交叉点距铁路隧道出口约 82m。交叉里程处公路隧道设计标高较既有铁路隧道轨顶低约 66.507m，公路隧道拱顶较既有铁路隧道轨顶低约 59.407m。

综合考虑谭家隧道与内六铁路垭口隧道建筑限界与衬砌情况，利用有限元计算分析软件 Midas 建立谭家隧道下穿垭口隧道三维模型，模型长 70m，宽 60m。为了模拟地形对结构的影响，建立了高低起伏的地面线，模型高 145～165m（见图 1）。上部设置内六铁路的垭口隧道，下部设置双洞双线的谭家隧道。为了简化分析上下隧道，统一交叉角度 45°；结构忽略初期支护的作用，只考虑结构二次衬砌的作用。

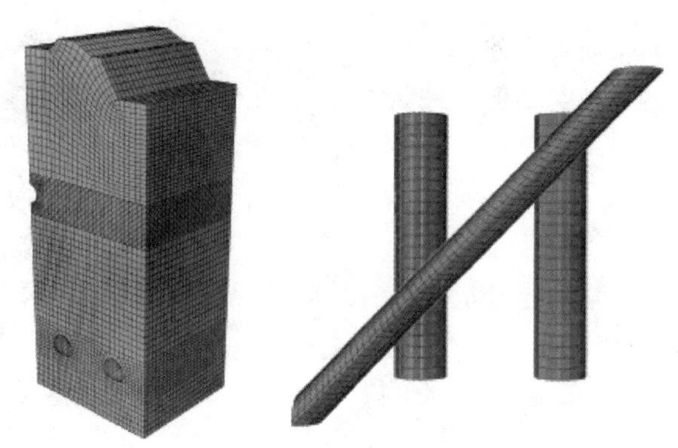

图 1　模型结构图

新建公路隧道为双洞分离式隧道，隧道中心间距 33m。采用新建公路隧道左线开挖 60m 后，再进行隧道右线开挖。为了简化模型，考虑左线、右线开挖进尺为 15m、10m、10m、10m、15m，隧道开挖后立即进行隧道的二次衬砌支护，确保开挖后上部形成稳定的拱圈受力结构。由于计算较多，因此计算结果中分别提取交叉隧道结构初始阶段（未修建宜昭高速公路隧道情况）和宜昭高速公路隧道左线、右线开挖深度

60m 的计算结果。

2.2 初始阶段

针对还未修建宜昭高速公路隧道、仅有内六铁路垭口隧道的情况，消除地层与结构的初始位移，分析内六铁路垭口隧道的应力情况。

对交叉隧道模型进行地应力平衡阶段求解，可以得到结构初始竖向位移云图。由结构初始竖向位移云图可知，地层与结构的竖向位移最大值仅为 2.315×10^{-3}m，说明在地应力平衡阶段，地层与结构位移已基本消除。

经过相应参数模型计算，提取既有隧道结构的竖向应力云图（见图 2）。

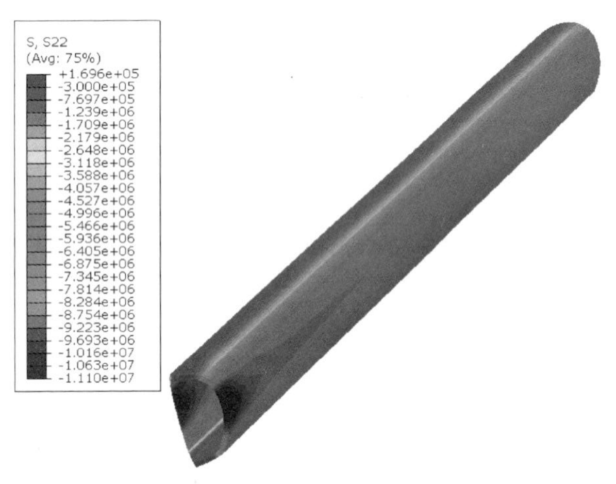

图 2　既有隧道初始阶段竖向应力云图（单位：Pa）

由初始阶段模型的竖向应力可知，由于衬砌刚度远比地层刚度大得多，模型的竖向应力主要集中在既有隧道的衬砌上，最大应力达到 11.10MPa。由图 2 可知，最大应力集中在洞口位置边墙，且拱顶最大竖向应力仅为 169.6kPa。

2.3 谭家隧道左、右洞开挖过程中既有铁路竖向位移数值分析

结合现场地形地貌建立了谭家隧道下穿铁路模型，该模型模拟了下穿段施工工况，针对左、右洞开挖情况分别开挖深度 25m、35m、45m、60m，每个长度作为应力研究对象，通过控制变量进行对比分析，选取合理的台阶开挖长度，既能保证安全施工，又能保证施工效率。

研究对象为开挖的 4 个隧道节段，左、右幅每个对应节段选相同长度。为了更好地分析新建公路隧道施工过程中既有隧道结构的竖向位移情况，提取不同开挖深度既有隧道中部拱底位置的竖向位移值，左、右幅开挖 60m 对应竖向位移见图 3。

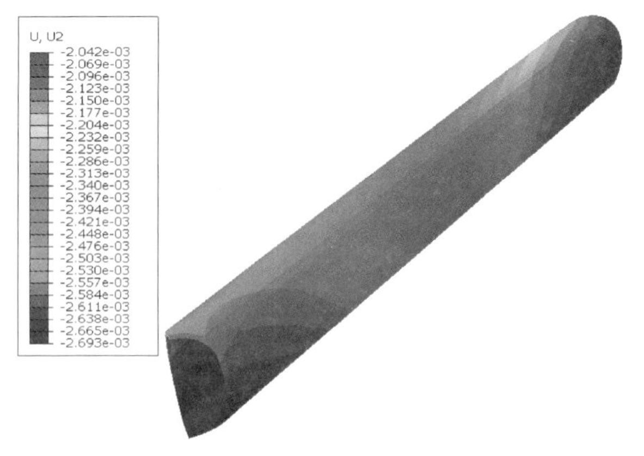

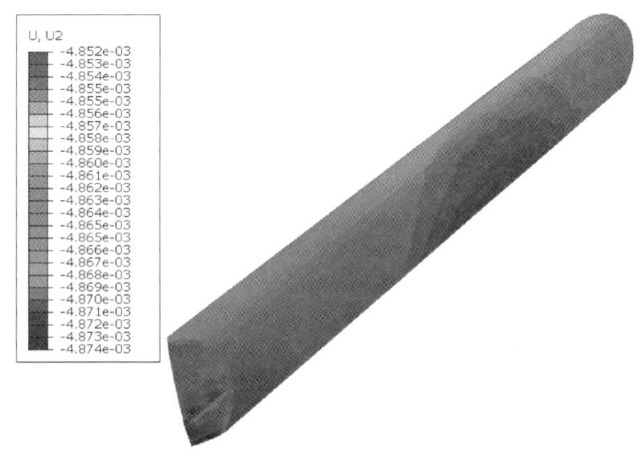

图 3　左、右幅开挖 60m 既有隧道对应竖向位移图（单位：m）

经过三维模型计算，分别获得谭家隧道开挖 25m、35m、45m、60m 时相对应既有隧道节段竖向位移（见表 1）。

表 1　　既有隧道竖向位移　　单位：mm

项目	最大值	最小值	项目	最大值	最小值
左洞 25m 总位移	−1.212	−0.747	右洞 25m 总位移	−3.586	−2.988
左洞 35m 总位移	−1.651	−1.074	右洞 35m 总位移	−3.938	−3.430
左洞 45m 总位移	−2.052	−1.418	右洞 45m 总位移	−4.281	−3.923
左洞 60m 总位移	−2.693	−2.042	右洞 60m 总位移	−4.874	−4.852

为了更好地分析新建公路隧道施工过程中既有隧道结构的竖向位移情况，提取不同开挖深度既有隧道中部拱底位置的竖向位移值，并绘制施工过程中隧道中部拱底位置的竖向位移值变化曲线（见图 4）。

由图 4 可知，随着新建公路隧道开挖深度的不断增加，既有隧道沉降不断增加，且左线施工 60m 后施工隧道右线，新建公路隧道沉降继续增加，最后达到 4.874mm，在既有隧道沉降控制标准 5mm 以内，满足要求。

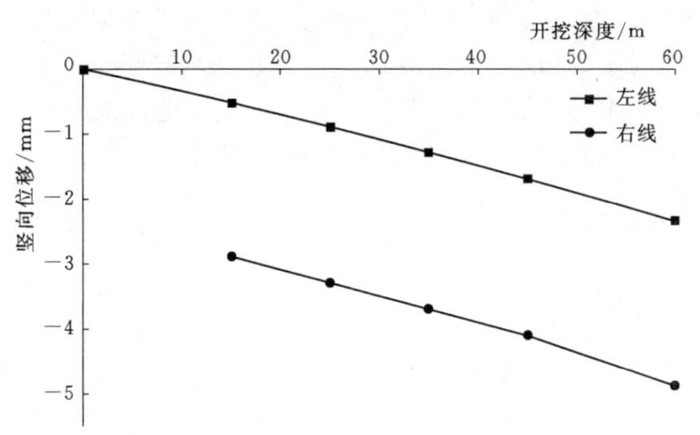

图4 施工过程中隧道中部拱底位置的竖向位移曲线

2.4 谭家隧道左、右洞开挖过程中既有隧道水平位移数值分析

谭家隧道左幅、右幅开挖深度到60m时，利用有限元计算分析软件Midas建立谭家隧道下穿垭口隧道三维模型，开挖60m时既有隧道对应水平位移见图5。

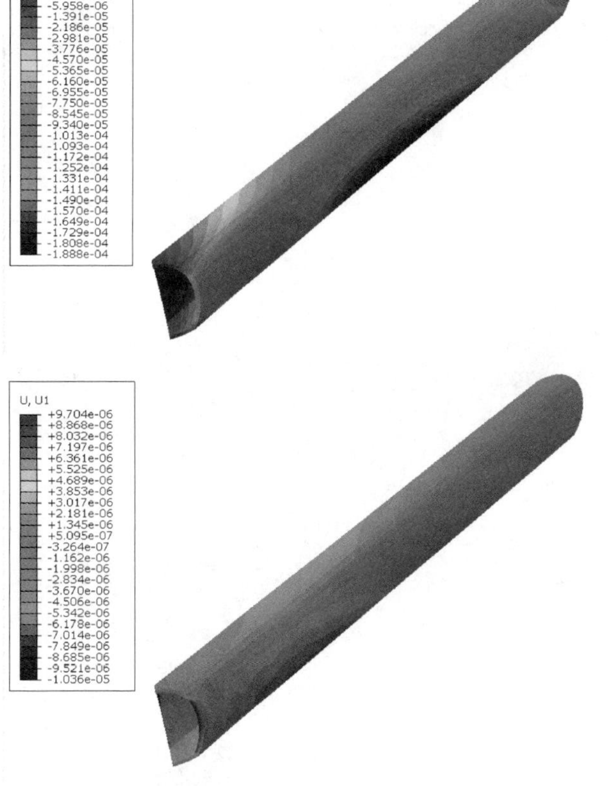

图5 既有隧道水平位移（单位：m）

经过三维模型计算，分别获得谭家隧道开挖25m、35m、45m、60m时相对应既有隧道节段水平位移值（见表2）。

由既有隧道水平位移图可知，结构最大水平位移位置主要集中在既有隧道中部拱底位置。随着新建隧道左线开挖深度的不断增加，既有隧道水平位移最大值不断变大。在开挖深度60m（左线）时，隧道水平位移最大值达到最大，约为0.189mm。随后，进行新建隧道右线开挖，随着开挖深度的不断增加，既有隧道水平位移最大值不断减小。

表2 既有隧道水平位移 单位：mm

项目	最大值	最小值	项目	最大值	最小值
左洞25m总位移	−0.0691	0.0026	右洞25m总位移	−0.1247	0.0026
左洞35m总位移	−0.0981	0.0024	右洞35m总位移	−0.0956	0.0027
左洞45m总位移	−0.1294	0.0023	右洞45m总位移	−0.0634	0.0029
左洞60m总位移	−0.1889	0.0020	右洞60m总位移	−0.0103	−0.0097

3 监测数据分析

衬砌应力监测是为掌握施工对铁路隧道衬砌应力的影响程度，为铁路运营安全提供参考依据，判断下方隧道施工措施的合理性，用以指导设计和施工。拟采用振弦式表面应变计布设在混凝土结构物或其他材料结构物的表面上，长期测量结构物的应变量，并可同步测量布设点的温度。衬砌应力监测结果见表3。

表3 衬砌应力监测结果

测点位置	累计最大值/MPa	预警值/MPa	测试结果
K315+046左上	0.27	拉应力0.7	基本稳定
	−0.20	压应力−3.5	基本稳定
K315+046右下	0.47	拉应力0.7	基本稳定
	−0.34	压应力−3.5	基本稳定
K315+014左上	0.08	拉应力0.7	基本稳定
	−0.38	压应力−3.5	基本稳定
K315+014右下	0.19	拉应力0.7	基本稳定
	−0.19	压应力−3.5	基本稳定

观测数据汇总统计显示：测点沉降累计最大值在K315+035/2#测点，其值为−1.23mm；8个测点衬砌拉应力累计最大值在K315+046右下测点，其值为0.47MPa；测点衬砌压应力累计最大值在K315+014左上测点，其值为−0.38MPa。结合《铁路线路修理规则》（铁运〔2006〕146号）、《爆破安全规程》（GB 6722—2014）、《建筑基坑工程监测技术规范》（GB 50497—2009）、《城市轨道交通结构安全保护技术规范》（CJJ/T 202—2013）等相关监测规范要求，拉应力的容许增加值为1.0MPa，压应力的容许增加值为5.0MPa，隧道衬砌累计沉降不超过5mm，表明铁路隧

道衬砌基本稳定，下穿施工作业未对内六铁路垭口隧道造成较大影响。

4 结语

利用Midas软件对小净距偏压隧道开挖建立数值模型，分析了不同施工工况下的受力特点及位移变形情况，并在施工中采取了针对性措施，成功限制了位移变形，保证了隧道施工安全及结构稳定。主要研究成果如下：

（1）建立了谭家隧道下穿内六铁路垭口隧道数值模型。结果表明：公路隧道左洞开挖60m后，竖向位移达到2.35mm；再进行右洞开挖，竖向位移不断加大，最后达到4.874mm。左洞开挖60m后水平位移不断变大，最大达到0.189mm；然后开挖右洞，水平位移逐渐减小，最后至0.152mm。整个开挖阶段位移最大值小于5mm控制值，表明理论上施工方式是可行的，不会影响既有铁路隧道的安全运营。但开挖过程中应合理安排新建公路隧道施工组织，先行洞二次衬砌超前后行洞开挖掌子面距离建议不小于3倍新建隧道开挖跨度。

（2）通过实时监测衬砌应力、隧道沉降，所有观测数据汇总统计显示：测点沉降累计最大值为－1.23mm；测点衬砌拉应力累计最大值为0.62MPa；测点衬砌压应力累计最大值为－0.38MPa。所有数据均未超过控制标准，下穿施工作业未对内六铁路垭口隧道造成较大影响，表明在施工过程中的安全防护控制得当。

参考文献

[1] 中国铁路总公司. 铁路隧道监控量测技术规程：Q/CR 9218—2015 [S]. 北京：中国铁道出版社，2015.

[2] 马志国. 软弱围岩隧道施工监控量测及数据处理 [J]. 工程建设与设计，2017 (5)：108-110.

[3] 刘高峰. 隧道施工的质量以及安全防护措施 [J]. 工程建设与设计，2017 (6)：158-159.

[4] 任在栋. 浅埋大跨度小净距隧道群进洞施工技术 [J]. 安徽建筑，2011，18 (3)：113-116.

[5] 王常才，毕升. 浅埋偏压双连拱隧道施工技术探讨 [J]. 安徽建筑，2007，14 (5)：34-36.

[6] 陈大鹏. 浅埋偏压隧道施工技术 [J]. 北方交通，2011 (4)：109-112.

[7] 安静. 小净距隧道施工技术研究 [J]. 山东交通科技，2014 (4)：17-18，27.

[8] 方荣才. 小净距隧道群施工技术 [J]. 公路与汽运，2013 (3)：223-226.

隧道施工中超挖、超喷、超填数据的采集方式及处理方法探索

路　飞　杨再润　杨嘉民/中国水利水电第十四工程局有限公司

【摘　要】 隧道施工开挖、衬砌工艺的好坏，可以从测量其断面看出，分析隧道断面数据对成本的计算以及指导施工有重要意义，而隧道断面数据的采集存在数据量巨大、处理耗费时间长等问题，运用全站仪免棱镜测量模式结合手机测量软件采集外业数据，配合南方 Cass 软件和 Excel 表格工具处理内业能提高工作效率，节约作业时间。

【关键词】 全站仪免棱镜测量　手机测量软件　南方 Cass 软件隧道断面绘制

高速公路隧道施工的成本控制要做的精细，隧道的每个施工环节就要严格制定施工方案，以最经济有效的方式来开展。在施工过程中还需即时测量隧道断面、分析数据，来判断所用的施工方法效果如何，各个施工环节控制是否达到预期。通过这些分析出来的数据，可以指导现场改进施工工艺，处理不满足要求的部位，在保证质量要求的前提下，以最节约的方法来完成整个施工，从而来实现成本控制的目的。因此，在大量测量数据外业采集和内业分析工作中，给传统测量方法的工作效率带来了挑战。

1　针对项目特点探索新的工作方式

宜昭高速 A3 项目隧道占比较多，标段内左右幅隧道合计长度 21.6km，占比 90%以上，对整个项目的施工成本影响较大，隧道超挖、超喷、超填的数据分析显得尤为重要。高峰期同时开展的隧道洞口达到 18 个，根据事业部要求，需要实测开挖断面、初支断面以及二衬断面，每间隔 5m 测量一个断面，每个断面中，采集点间隔 1～2m，每个断面需要测 20～30 个点，还需要在施工现场及时反馈超欠挖情况，指导现场施工。按照此要求，本标段需要测量 12969 个断面，处理 260 万～390 万个点，数据量巨大。如果按照传统测量方法，需要三人配合，全站仪测量数据，用编程计算器逐个手动输入计算，再抄到外业记录纸上，测量一个断面花费时间要在 10min 以上，外业测量投入人力物力较大；内业处理需要将全站仪测量的数据导出到电脑上，根据桩号、设计高程逐个绘制断面，整理分析数据，比较费时间。在实际工作中使用了将手机测量软件带入实际测量工作的方式，在外业测量采集数据时，两人配合作业，全站仪测量的数据传输到手机测量软件，测量软件即可马上计算出桩号、偏距超欠挖等数据并记录保存在手机里，自动形成表格及图形文件。内业处理时将保存的文件整理成相对应的验收测量断面资料，整个过程可以不用作业人员进行二次计算，只需要通过南方 Cass 软件结合 Excel 工具统计分析数据即可。

2　全站仪免棱镜测量下手机测量软件的优点

全站仪免棱镜测量在地下工程施工中已经得到广泛运用，其测量方式快捷简便，随着仪器设备技术进步，免棱镜测量的精确度和反射距离也大幅提升，现在已经可以适应大部分高速公路隧道施工环境的正常观测作业，其采集的数据真实可靠。本标段的石板地隧道，全长 1940m，隧道净高 5m，净宽 10.25m，双向四车道道路，施工循环紧凑且时间较短，在实际操作中，使用的仪器是徕卡 TS09plus，其测角精度能达到 2″，无棱镜距离测量的精度 2mm+2ppm（1km 的测距误差为±2mm+2ppm×1km=±4mm），满足采集精度要求。

在测量数据的处理上，可编程计算器以其精确稳定的性能被广泛运用在各个领域的施工测量数据处理当中，计算器也逐步更新，功能较多。但是对于初学者来说，其编程语言也是一项较难学习的知识，掌握了编程语言才能较好地了解并开发功能。而且在内业处理上，需要通过 CAD 绘制断面，逐个量取断面面

积，录入表格中计算，花费时间也较多。在本项目的施工中，引入一款手机测量软件“测量员”，跟大多数手机软件一样，其操作简单，具备公路施工需要的各项功能；自带编辑管理系统，不需要掌握编程原理，学习操作流程以后将道路曲线要素、断面数据库等输入软件，隧道数据计算只需将三维坐标输入即可得到桩号偏距超欠挖情况等信息。为了验证计算成果的准确性，分别运用两种计算工具对同一组数据进行计算，首先用编程计算器（型号 Casio FX－CG50）计算，计算的断面数据见表1。

表1　编程计算器计算成果表

放样点	桩　号	坐　标			隧中偏距/m	偏差	备注
		X/m	Y/m	Z/m			
1	ZK191＋030.258	3052032.934	497312.323	1224.031	－5.939	欠0.000m	S4b
2	ZK191＋030.241	3052033.010	497312.664	1225.805	－5.591	超0.034m	
3	ZK191＋030.260	3052033.967	497316.065	1229.309	－2.057	超0.055m	
4	ZK191＋030.208	3052034.962	497319.865	1229.260	1.872	欠0.052m	
5	ZK191＋030.228	3052035.716	497322.527	1227.390	4.638	欠0.002m	
6	ZK191＋030.319	3052036.107	497323.600	1225.113	5.777	超0.003m	
7	ZK191＋030.242	3052036.060	497323.724	1222.957	5.883	欠0.024m	

再用编好参数的手机“测量员”软件计算相同的数据，其断面数据结果见表2。

表2　手机“测量员”计算成果表

放样点	桩　号	坐　标			隧中偏距/m	偏差	备注
		X/m	Y/m	Z/m			
1	ZK191＋030.259	3052032.934	497312.323	1224.031	－5.939	欠0.000m	S4b
2	ZK191＋030.242	3052033.010	497312.664	1225.805	－5.590	超0.035m	
3	ZK191＋030.260	3052033.967	497316.065	1229.309	－2.057	超0.055m	
4	ZK191＋030.209	3052034.962	497319.865	1229.260	1.871	欠0.051m	
5	ZK191＋030.228	3052035.716	497322.527	1227.390	4.638	欠0.002m	
6	ZK191＋030.320	3052036.107	497323.600	1225.113	5.776	超0.004m	
7	ZK191＋030.242	3052036.060	497323.724	1222.957	5.883	欠0.024m	

对比两组成果表可看出，两种计算方法在桩号、偏距、偏差上的数值基本无误差，可验证其成果准确，能投入使用。

实际测量过程中可以通过蓝牙传输器，将实时采集到的数据传到手机软件里，软件即可处理出结果，并能保存生成断面图，数据传输可外加一个蓝牙传输器。在石板地隧道施工中使用的徕卡 TS09plus 全站仪自带蓝牙传输功能，能直接将测量数据传输至手机软件上。采集断面数据时，全站仪免棱镜测量的数据在手机上处理记录，可以存储三维坐标、隧道桩号、偏距、超欠挖等信息，并能自动生成表格。然后将数据导入电脑上，整理成电子版统一格式的记录表。使用手机“测量员”上的“断面扫描出图”这一功能，能直接生成隧道断面，每个断面都能直接生成 CAD 断面图，在测量记录完成后可导出图形文件（见图1），从图上信息即可获取计算所需的超挖面积。

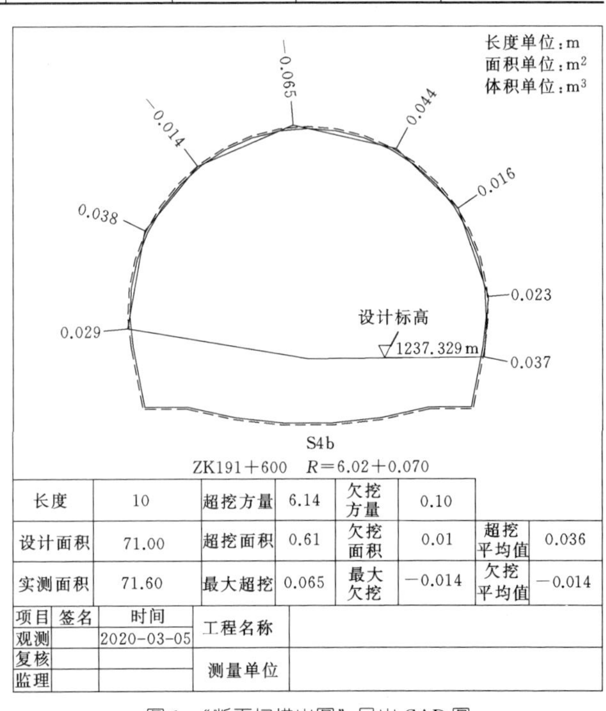

图1　“断面扫描出图”导出 CAD 图

此方法结合全站仪免棱镜测量操作，大大缩短了数据采集处理的时间，节约了人力。外业记录表可直接采用电子版打印，不用再做手抄纸质记录资料，避免了隧道中光线不足造成的记录麻烦，节约了大量时间；不用再绘制隧道断面图，只需整理成验收标准图即可。超挖面积也不用二次量取，直接采用其数值即可。同时适应当下生活习惯，将工作工具装入日常使用的手机中，提高了工作效率。

3 数据整合处理

根据项目总包部及事业部要求，对隧道施工三个过程即开挖、初支、二衬施工进行数据分析。总的方向为量测出实际方量，对比设计方量计算超过设计的方量，再根据设计断面周长或弧长计算平均径向超设计值，统一计算方法。各施工过程断面见图2。

具体计算方法为：

超挖量=(实际开挖线面积－设计开挖线面积)×开挖长度；

超喷量=(实际开挖线面积－初支后轮廓线面积)×初喷长度－设计初支量；

超填量=(初支后轮廓线面积－设计衬砌线面积)×二衬长度－预留变形量－设计二衬量；

平均径向超挖=超挖面积÷相对应的断面类型的设计周长或弧长。

以石板地隧道开挖分析为例，做简单分析过程说明。石板地隧道Ⅳ级围岩段落分上下两个台阶开挖，在计算开挖时按照上下台阶分别计算，形成一个完整断面时再计算全断面的超挖，根据超挖面积计算径向超挖，分析超挖情况及超挖量。待初支结束后再采集初支断面数据，分析超喷量。二衬施工完成，测量二衬断面后又接着分析超填量。在各个分析过程中，可将结果反馈给工区及协作队，让现场及时了解到近期的作业效果，不足的地方相应纠正。在计算过程中，Excel表格工具也比较关键。由于整个标段的隧道参数都是一样的，因此建立了隧道断面参数库，对应围岩类型，统计了各个部位的设计面积、周长等参数（见表3）。

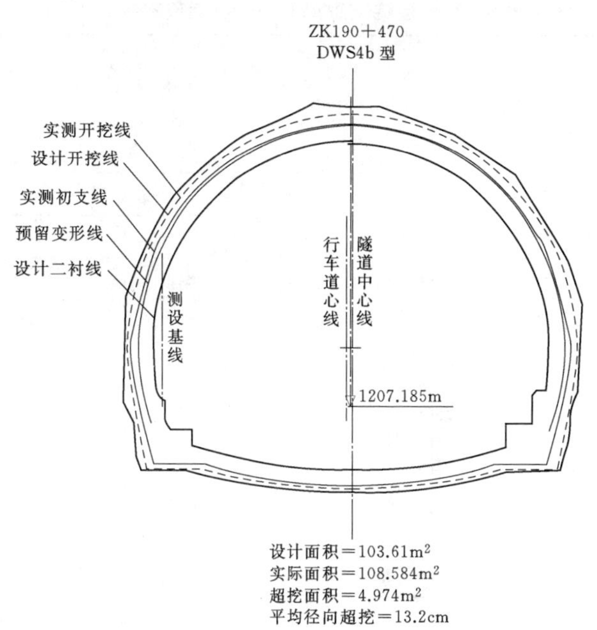

图2 隧道断面数据分析示意图

开挖形成全断面时，利用“测量员”采集断面数据，并形成图表文件，用Excel表格计算超挖量及径向超挖（见表4）。

表3 隧道断面参数库

衬砌类型	设计开挖量/(m³/m)	设计全断面开挖周长/m	预留变形量/(m³/m)	设计初支喷射混凝土/(m³/m)	设计二衬混凝土/(m³/m)	拱部开挖/(m³/m)	边墙开挖/(m³/m)	仰拱开挖/(m³/m)	拱部开挖周长/m	边墙开挖周长/m	仰拱开挖周长/m	设计预留变形量/cm
S5a	110.63	38.6706	2.88	9.91	18.34	64.94	39.11	6.57	20.2004	6.3592	12.1109	12
S5b	108.46	38.6753	2.40	7.49	19.06	64.14	41.16	3.16	20.0748	6.7578	11.8428	10
S5c	110.63	38.6706	2.88	9.91	18.34	64.94	39.11	6.57	20.2004	6.3592	12.1109	12
S4a	103.87	37.8476	1.91	7.07	15.39	61.56	39.31	3.01	19.6664	6.5918	11.5894	8
S4b	103.61	37.7947	1.68	7.06	15.37	61.36	39.24	3.01	19.6350	6.5920	11.5677	7
S4c	91.58	38.2492	1.68	5.79	11.18	61.36	30.30		19.6350	18.6142		7
S3	86.54	37.2077	1.20	2.47	9.92	57.50	29.12		19.0066	18.2011		5
SJ4	144.28	45.1328	2.75	8.60	22.36	86.72	51.47	6.09	23.4069	6.7806	14.9452	10
SJ3	120.08	44.5208	1.40	6.25	12.56	82.78	37.37		22.8729	21.6480		5
JKD	163.68	47.5400	4.27	13.07	26.11							

表 4　　石板地隧道进口左洞全断面超挖

序号	桩　号	超挖面积/m²	平均面积/m²	距离/m	超挖方量/m³	衬砌类型	平均径向超挖/m	全断面开挖周长/m
1	ZK190+360	9.491				S4a	0.251	37.8476
			7.18	5.0	35.89			
2	ZK190+365	4.865				S4a	0.129	37.8476
			4.77	5.0	23.84			
3	ZK190+370	4.669				S4a	0.123	37.8476
			4.06	5.0	20.28			
4	ZK190+375	3.443				S4a	0.091	37.8476
			4.09	5.0	20.45			
5	ZK190+380	4.735				S4a	0.125	37.8476
			4.76	5.0	23.82			
6	ZK190+385	4.793				S4a	0.127	37.8476
			4.61	5.0	23.07			
7	ZK190+390	4.435				S4a	0.117	37.8476
			4.17	5.0	20.86			
8	ZK190+395	3.910				S4a	0.103	37.8476
			4.07	5.0	20.35			
9	ZK190+400	4.230				S4a	0.112	37.8476
			4.37	5.0	21.83			
10	ZK190+405	4.503				S4a	0.119	37.8476
			4.81	5.0	24.03			
11	ZK190+410	5.110				S4a	0.135	37.8476
	当月合计			50	234.42		0.130	

从导出的图中读取每个断面的超挖面积填入表 4 对应的位置中，表 4“全断面开挖周长”这一数值会根据衬砌类型从表 3 的隧道断面参数库中自动调取，即可计算出径向超挖。逐一统计完成后，表格也相应计算出了超挖方量和平均径向超挖值。把导出的图整合成验收断面图（见图 3），列出设计面积、实际面积、超挖面积以及表格计算出的平均径向超挖值，排版成册即可出图。

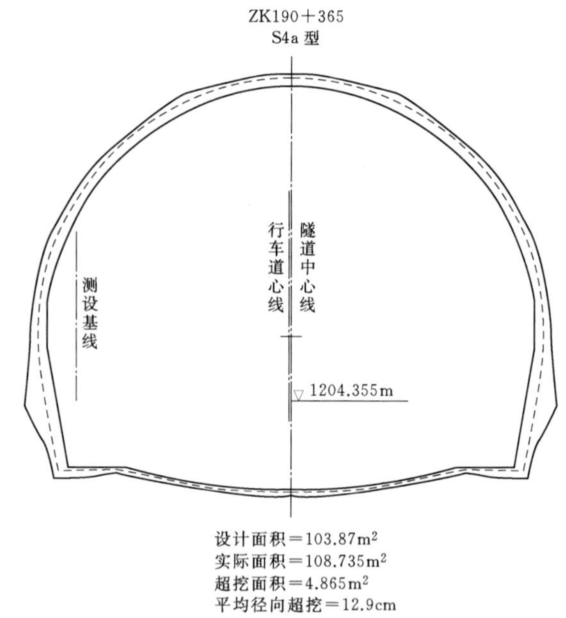

图 3　验收断面图

最后再把导出的表格数据整理填入外业记录表（见表 5）中（G10.1 施工放样测量记录表），图表打印成册，即可形成验收资料。

表 5　　外 业 记 录 表

昭通市宜昭高速公路

G10.1　施工放样测量记录表

施工单位：中国水利水电第十四工程局有限公司　　　　合同号：A3

监测单位：云南天勋工程咨询有限公司　　　　编　号：

工程名称	石板地隧道			天气状况、温度	阴、20℃		
里程桩号	左幅 ZK191+365 初支测量			测量日期			
测站点	坐标			后视点	坐标		
	X	Y	Z		X	Y	Z
Z02	3051321.575	497514.7759	1201.875	Z03	3051435.731	497481.4949	1204.9495
				Z05	3051562.427	497450.009	1208.508
放样点	里程	坐标			隧中偏距	偏差	备注
		X	Y	Z			
1	ZK190+365.01	3051391.719	497488.697	1202.487	−5.867	超 0.208m	
2	ZK190+364.81	3051392.095	497490.177	1202.616	−4.340	超 0.039m	
3	ZK190+364.86	3051392.652	497492.368	1202.207	−2.082	超 0.038m	
4	ZK190+365.24	3051392.945	497493.521	1202.010	−0.898	超 0.120m	
5	ZK190+365.11	3051393.620	497496.176	1202.119	1.844	超 0.095m	
6	ZK190+365.12	3051393.965	497497.532	1202.357	3.249	超 0.090m	

续表

放样点	里程	坐标			隧中偏距	偏差	备注
		X	Y	Z			
7	ZK190+364.79	3051394.047	497497.855	1202.498	3.581	超0.025m	
8	ZK190+365.35	3051394.246	497498.639	1202.603	4.391	超0.052m	
9	ZK190+364.94	3051394.678	497500.338	1203.128	6.144	超0.301m	
10	ZK190+365.15	3051394.766	497500.686	1204.237	6.503	超0.442m	
11	ZK190+364.62	3051394.713	497500.475	1205.064	6.285	超0.081m	
12	ZK190+364.93	3051394.732	497500.550	1206.011	6.363	超0.104m	
13	ZK190+365.05	3051394.712	497500.473	1207.123	6.283	超0.140m	
14	ZK190+365.30	3051394.622	497500.119	1208.218	5.919	超0.095m	

示意图：

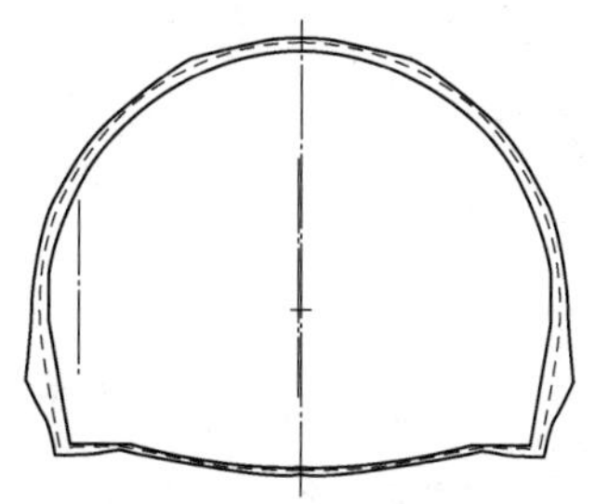

放样结果：

监理工程师意见：

测量：　　记录（计算）：　　复核：　　测量专监：

4 注意事项

(1) 在隧道中使用免棱镜测量，如遇到灰尘较大会影响测量精度，甚至反射不回来，应尽量避免空气质量较差的时候观测。另外全站免棱镜测量模式因为要开激光辅助测量，比较费电，需注意电池搭配。

(2) “测量员”软件隧道功能需注册使用，且固定注册手机，只能用注册过的手机处理数据。

(3) 由于隧道中光线较弱，各个工作面交替作业，在实施测量作业时人员不要轻易离开仪器，同时随时观察周边情况，保护个人安全的同时保证仪器安全，以便正常作业。

5 结语

全站仪的技术革新以及新开发的辅助软件的应用，让测量的工作方法有了改进的空间，摒弃烦琐的操作、计算过程，用最简便快速的方式进行隧道断面测量分析工作，在保证数据准确性的前提下，节约了人力物力，达到了理想的效果。未来全站仪在性能以及实用性方面一定会持续改进，所用的一些辅助软件功能也会越来越简便适用，两者结合使用将对工程测量带来更多可能。

参考文献

[1] 张东帅. 全站仪免棱镜测量技术在隧道断面测量中的实际应用 [J]. 科技创业家，2013 (12)：21.

[2] 李志建. 浅析全站仪无棱镜测量技术在道路断面测量中的运用 [J]. 建材与装饰，2013，38 (10)：276-278.

[3] 宋秉元. 南方 Cass6.0 配合免棱镜全站仪在隧洞断面测量中的应用 [J]. 河北建筑工程学院学报，2006，24 (1)：78-79.

[4] 腾华. 隧道断面测量方法对比分析 [J]. 山西建筑，2014 (17)：224-225.

[5] 胡博. 基于智能全站仪的隧道超欠挖面积计算方法 [J]. 福建建筑，2018 (7)：131-134.

[6] 曹体涛. 基于智能全站仪的隧道断面自动测量方法及其软件的研究 [D]. 成都：西南交通大学，2008.

[7] 王英迪. 关于隧道断面测量相关问题的探讨 [J]. 江西建材，2014 (10)：231.

浅析大断面隧洞岔口段施工技术

李宗荣/中国水利水电第十四工程局有限公司

【摘　要】在不良地质条件下，大跨度、非规则三维空间结构的岔口段在开挖支护过程中岩体受力、应力释放、破坏机制复杂。施工过程中采取三维有限元计算模拟实际洞体、地质条件，对复杂条件下围岩的变形和稳定特性进行预判，根据新奥法原理，制定了有效的开挖、支护方案。并结合开挖揭示的实际地质情况及监测反馈成果，优化施工参数，合理地进行分层、分序开挖。不仅安全、快速、顺利地完成了施工，而且保证了结构稳定。

【关键词】大断面　岔口段　施工技术

1　工程概况

长河坝水电站引水发电系统尾水洞采用“四机两洞”的布置格局。尾水洞断面为城门洞形，净断面尺寸为12.00m×16.00m。尾水洞包括四条尾水支洞，净断面尺寸为9.00m×14.00m。尾水洞岔洞段最大跨度约27m，高度约19m。尾水岔洞部位由于f_{42}和f_{10}断层从沟中穿过，岩体较破碎，围岩为Ⅳ～Ⅴ类。深埋洞段局部地应力量级为中等—高地应力区，且地应力方向与管轴线交角较大，对围岩稳定不利。根据1＃公路金康隧道开挖揭示，f_{10}断层上游洞段地下水较丰富，呈股状流水—涌水。出口洞段水平埋深较浅，岩体多位于卸荷带内，河水易沿结构面渗入。

2　岔口段施工技术方案选择

（1）通过方案对比，选择合理开挖方法，有效减小爆破松动圈，保证施工安全、结构安全，以降低工程成本。一改以往常规的爆破施工方法，为后续类似工程提供参考。

（2）运用岩石力学原理，通过方案对比，选择合理、有效的支护方式，利用深浅层支护机理，有效地减弱或分散墩头部位应力集中及减小墩头岩柱的压应力，使压力传递至深层岩区，保证了岔口平顶和墩头、断层部位结构稳定。

（3）运用三维有限元计算模拟实际洞体、地质条件，根据开挖揭示的实际地质情况及监测反馈成果，更直观地对大跨度、不良地质条件洞室的围岩稳定进行判断，提高了施工效率。

3　施工工艺流程及操作要点

根据工艺原理，在岔洞开挖施工前采取了三维有限元计算分析，利用围岩变形检测手段选择合理的开挖方案、有效的支护手段，加快了施工进度，达到安全生产及结构安全的目的，也便于对工程施工质量的控制。

3.1　施工工艺流程

岔口段开挖施工工艺流程如图1所示。

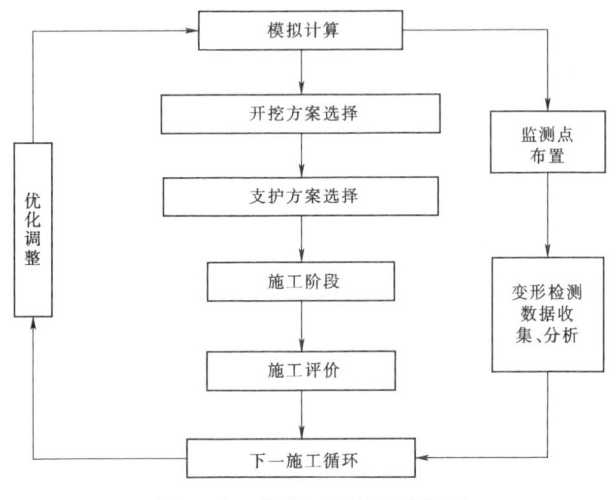

图1　岔口段开挖施工工艺流程图

3.2　施工工艺操作要点

3.2.1　模拟计算

尾水岔洞段为复杂的大跨度、不规则三维空间结构，开挖支护过程中岩体受力、破坏机制复杂。岔洞顶拱部分为平顶结构，使围岩自身形成稳定的承载拱的能力减弱，成洞条件差。因此在开挖施工前采取了三维有限元计算分析。计算中建立了尾水支洞和尾水洞岔管段实际洞体模型，模拟实际地形、地质条件（包括岩脉破碎带，断层，陡、缓倾角裂隙密集带等各类结构面），采取合适的地质力学参数，施加初始地应力和渗透荷载，模拟实际开挖顺序和支护措施。通过研究尾水岔洞在施工期围岩的应力、位移、变形、塑性区和支护结构的内力、变形等分布情况，从而确定系统支护方案。通过比选计算，尾水岔洞段支护采取系统锚杆 $\phi32$ 或 $\phi28$，$L=9.0$m 或 6.0m，@1.2m×1.2m，梅花形交错布置；中隔墙布置间排距为 1.2m 的对穿预应力锚杆，$T=120$kN；喷 C25 混凝土，厚度 0.15m，挂钢筋网 $\phi6.5$@0.15m×0.15m。

计算表明，1＃尾水岔洞段受不利地质条件影响，围岩变形及塑性区相对较大。尾水支洞交汇段顶拱下沉 4.02cm，底板上抬 5.95cm；由于断层 $f_{10}\sim f_{14}$ 斜切 1＃尾水洞右拱端，致使 1＃尾水洞右边墙变位突出，达到 9.69cm，远大于左边墙的 1.70cm。

受到 $f_7\sim f_{33}$ 和 $f_{10}\sim f_{14}$ 的不利切割，1＃尾水岔洞段顶拱存在不利滑块组合，塑性区深度达到 5.9m；右边墙由于与 $f_{10}\sim f_{14}$ 斜交，致使右边墙出现三角形塑性区。1＃和 2＃尾水支洞隔墙出现一定范围塑性区贯穿。

三维有限元计算成果进一步表明尾水岔洞段受力复杂，在现有支护措施条件下仍存在围岩局部稳定性问题，应根据实际情况动态设计、随机加强支护。

3.2.2 围岩变形监测

在岔口段断层处及墩头附近布置监测断面，每个监测断面均在顶拱、两侧边墙设置多点位移计及锚杆应力计，根据断面变形情况确定检测频率。

3.2.3 开挖方案选择

尾水岔口段开挖断面大、结构复杂，合理的开挖分层、分序是施工的关键之一。经综合研究，共分四层进行开挖支护，第Ⅰ层开挖高度 8.7m，第Ⅱ层、第Ⅲ层开挖高度均为 8.0m，第Ⅳ层为底板保护层，层高 2.3m。在分层的基础上，岔口段第Ⅰ层又分为 4 序（即①、②、③、④）开挖，墩头部位预留保护层，保护层宽 7m；第Ⅱ层、第Ⅲ层各分为两小层，即①、②序，墩头预留 3m 保护层。岔口段第Ⅰ层分序开挖平面见图 2。

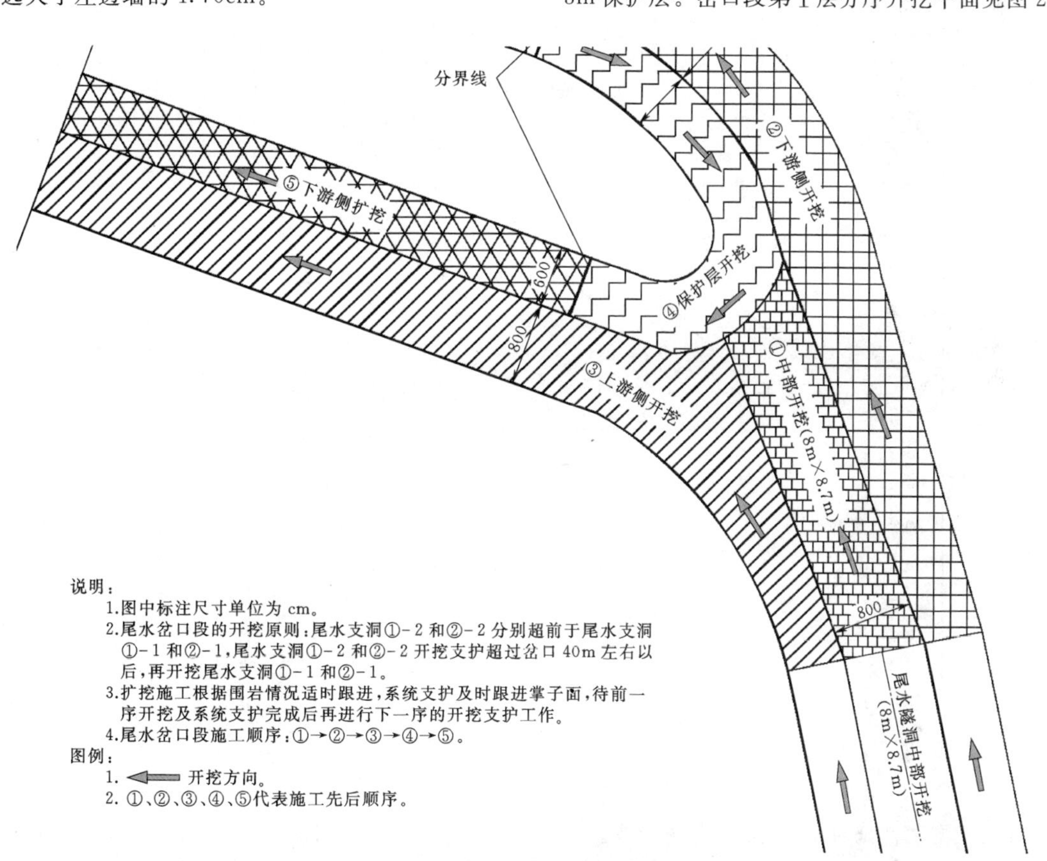

图 2 1＃尾水岔口管第Ⅰ层分序开挖示意图

根据分层、分序方案，岔口段第Ⅰ层先进行中部①序开挖支护，开挖采用楔形掏槽，周边光爆，支护跟进。开挖支护至墩头预留保护层位置后暂停，然后进行上游侧②序扩挖支护，滞后一定距离启动③序扩挖。最后，从单边尾水支洞侧沿墩头圆弧扩挖，即④序开挖，完成岔口段第Ⅰ层开挖。

由于 $f_{10} \sim f_{14}$ 断层位于岔口部位，断层及影响带段采用“短进尺、弱爆破、强支护、勤观测”的施工原则，开挖进尺 1.5m/排炮，且设置 $\phi 28/\phi 32$，$L=6.0m/9.0m$ 超前锚杆，排距 3～4m。

第Ⅰ层开挖支护完成后进行下层开挖，第Ⅱ、Ⅲ层均采用周边潜孔钻深孔预裂，手风钻水平薄层开挖，墩头预留保护层采用手风钻竖直光爆开挖。最后进行第Ⅳ层，即底板保护层开挖。总体开挖支护顺序为：第Ⅰ层①序→第Ⅰ层②、③序→第Ⅰ层④序→第Ⅱ层①、②序→第Ⅱ层保护层→第Ⅲ层①、②序→第Ⅲ层保护层→第Ⅳ层。

该阶段采用动态设计，利用围岩数据、分析结果，结合施工评价及模拟计算情况，对爆破进尺、钻孔密度、装药参数进行不断优化调整。

3.2.4 支护方案选择

根据施工蓝图，并结合现场实际施工情况，如果不对支护方案详细分析、调整，岔口顶拱将出现较大变形，特别是墩头岩柱表面将不断产生裂缝，表面岩体或喷混凝土时将出现崩裂现象（初步判定原因为墩头岩柱压应力较大，局部部位存在应力集中现象，造成类似岩爆现象）等问题。经过综合研究，采取如下针对性支护措施：

(1) 对岔口段系统支护进行优化。首先，在岔口顶拱采用 $\phi 32$，$L=9.0m$ 普通砂浆锚杆，其中在断层及影响带区域间排距由 1.0m 调整至 0.75m；另外，在墩头对穿和端头预应力锚杆中内插砂浆锚杆，并确保支护的及时性，增加了断层带部位系统支护密度。

(2) 新增加强支护。新增加强支护主要目的有三个：①保证岔管平顶和断层部位结构稳定；②减弱或分散墩头部位应力集中；③减小墩头岩柱承担的压应力。针对以上目的，采取如下加强支护措施：平顶区域及下盘至上盘区域共设置 5 排 $T=1000kN$，$L=45\sim20m$ 锚索，均从平顶及下盘穿至上盘，保证平顶及断层上、下盘稳定。1#尾水岔口段加强锚索布置见图 3。

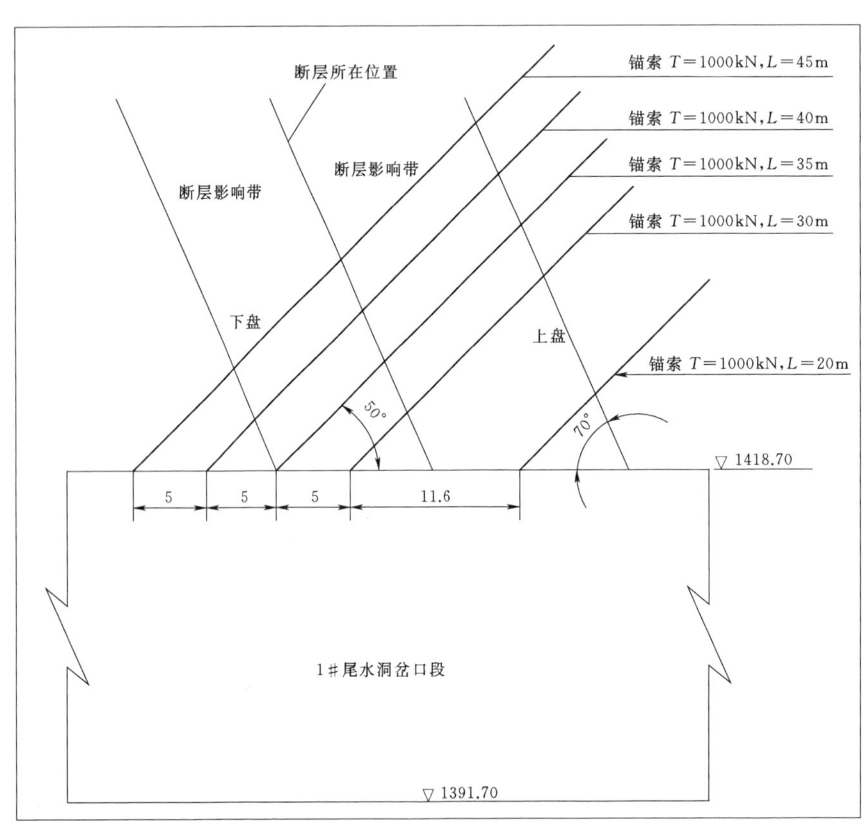

图3 1#尾水岔口段加强锚索布置图（单位：m）

墩头圆弧段及向两侧延伸 3m 范围在原设计支护的基础上增设 $\phi 25@25cm \times 50cm$ 钢筋网，喷射 C25 混凝土 15cm，使墩头圆弧段及周围岩体形成一个整体，避免或分散应力集中现象；墩头圆弧段顶拱设置 6 根 $T=2000kN$，$L=30m$ 锚索，将顶拱部分压力传递至深层及周围岩体。墩头新增加强锚索布置见图 4。

该阶段采用动态设计，利用围岩数据、分析结果，结合施工评价及模拟计算情况，对支护方式、参数进行不断优化调整。

3.2.5 施工阶段

该阶段主要包括施工准备、裁量放线、钻孔装药连线爆破、装渣运输、安全处理、支护施工等，均严格按

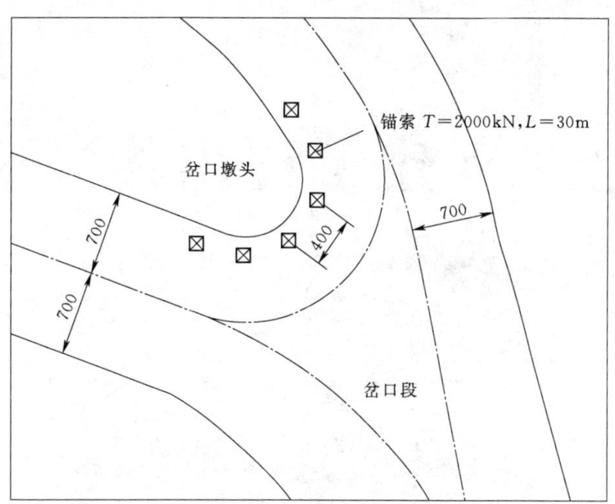

图4　1#尾水岔口段墩头加强锚索布置图（单位：cm）

照开挖、支护拟定参数进行，与常规洞室爆破施工相同。

3.2.6　施工评价

在每排炮施工完成后，及时收集变形数据并进行分析，再进行阶段施工评价，根据其分析及评价结果，进行开挖、支护优化调整，再进行模拟计算其是否满足要求，进行下一阶段施工参数调整。

待尾水岔洞段开挖、支护施工完成，进行最终施工评价分析。目前，洞室围岩整体稳定性良好。根据《锚杆喷射混凝土支护技术规范》（GB 50086—2001）中对于Ⅲ类围岩，允许位移相对值为0.40%～1.20%，以围岩周边水平收敛速率小于0.20mm/d、顶拱或底板垂直位移速率小于0.10mm/d作为围岩稳定的标准之一。参照新奥法规定：当月累计收敛量小于7mm，即每天平均变形速率小于0.2mm，即可认为围岩达到基本稳定。

4　结语

针对大断面、复杂体型结构尾水隧洞岔口段施工，通过运用三维有限元计算模拟实际洞体，并根据实际地质情况和监测反馈成果进行跟踪分析，加强了围岩稳定的判断分析，解决了断层对顶拱、墩头受力面的结构影响，防止了塌方；合理利用分层、分序开挖，增加爆破临空面，并合理采用控制爆破技术，减少爆破松动圈对尾水岔口段顶部、墩头稳定产生的影响；对岔口段系统支护进行优化，调整顶拱锚杆，在墩头对穿和端头预应力锚杆中内插砂浆锚杆，避免墩头岩柱表面产生裂缝；在平顶区域及下盘穿至上盘设置5排锚索，并延伸钢筋网喷射混凝土范围。通过采取以上综合措施，确保了岔管平顶和断层部位结构的稳定。

浅谈以礼河四级水电站复建工程出线竖井开挖施工技术

侯孝军/中国水利水电第十四工程局有限公司

【摘 要】以礼河四级水电站出线竖井开挖断面大、深度较深，区域内出露地质结构较为复杂，围岩结构裂隙发育，变形破坏严重，围岩不能自稳，大大增加了施工难度，施工安全风险隐患突出。本文主要介绍出线竖井开挖掘进方法、支护措施、提升系统布置、不良地质处理等相关施工技术在工程中的应用。

【关键词】出线竖井　大断面　深竖井　掘进机

1 工程概述

以礼河四级水电站位于云南省会泽县西北，距会泽县城公路里程约62km，距曲靖市约215km，距昆明市约220km。以礼河为金沙江右岸支流，流域共建有4座梯级水电站，其中以礼河四级水电站（小江水力发电厂）为最下游一级水电站。受白鹤滩水电站修建影响，水库回水将淹没以礼河四级水电站的尾水系统、地下厂房及部分引水隧洞，在白鹤滩水电站蓄水前需对被淹没的以礼河四级水电站引水发电系统进行复建。

以礼河四级水电站出线竖井位于地下厂房东侧的大坪子缓坡地，紧靠现有省道S303。竖井顶部高程1127.5m，底部高程845m，井深282.5m，井筒A型开挖净直径$\phi=10.3$m，B型、C型开挖直径$\phi=10.5$m，D型开挖直径$\phi=12$m。出线竖井顶部为第四系人工堆积素填土，结构松散；崩坡积黏土、碎石混合土等，结构为稍密—中密，厚度为2.5～5m，属Ⅴ类围岩。下部基岩为二叠系峨眉山组强风化玄武岩和二叠系栖霞—茅口组弱风化灰岩，分界线约在高程1065m。二叠系峨眉山组强风化玄武岩，厚度为59～62m，岩体破碎，呈散体—碎裂结构，围岩类别为Ⅴ类，围岩不能自稳，变形破坏严重，开挖后需及时支护。二叠系栖霞—茅口组弱风化灰岩，节理发育，岩体破碎—较破碎，局部完整性差，呈碎裂结构，围岩类别以Ⅳ类为主，局部Ⅴ类，围岩自稳时间很短，可能发生规模较大的变形和破坏，开挖后需及时支护。

2 施工难点及对策

以礼河四级水电站出线竖井开挖深度深，断面较大，围岩结构破碎，安全隐患突出。针对本工程竖井以上特点，先采用地质钻机正孔法进行270mm导孔施工，反井钻机自下而上开挖1.4m导井，再采用竖井掘进机自上而下进行导井扩挖，最后进行全断面开挖支护。对围岩破碎，容易发生掉块、坍塌等安全隐患问题，开挖前做好井口支护，井口锁口混凝土浇筑，确保井口稳定，并采取措施防止井台上杂物坠入井内。开挖及扩挖过程中严格按照设计参数及要求做好锚喷支护措施。

施工机具设备吊装运输困难，材料运输距离远，安全系数要求高。应对措施：地质钻机、反井钻机采用25t或130t吊车进行吊装，30t运载车辆进行运输；竖井掘进机主机设备采用300t吊车进行吊装；在井口布置一台2JTP 1.6×1.2P矿用绞车配防坠吊笼进行零星材料、工器具上下垂直运输和人员上下运输，布置1台10t卷扬机缠绕2根钢丝绳作为防坠绳，防坠绳下端固定在吊盘上层。在井口布置2台JZ-10/800A凿井绞车悬吊三层多功能吊盘，吊盘上层为操作平台，第二层为设备设施盘，第三层为支护平台，人员在支护平台上进行锚杆安装、挂网、喷射混凝土等作业工作。

导孔钻进过程中容易造成钻孔偏斜，纠偏措施：测斜采用无线随钻测斜工艺，测斜仪为蒙德纳MDN-48KZ泥浆脉冲随钻测斜仪。该系统能够做到实时监测，同时利用单点测斜技术对孔斜度进行验证。发现钻孔偏斜应及时调整测量间距，增加测点，搞清钻孔弯曲部位及变化值，以便采取必要的措施进行纠正，使钻孔弯曲保持在允许的范围内。一旦有偏斜超标趋势，采用弯螺杆+无磁钻铤纠斜。

在导井开挖及竖井扩挖过程中，排渣容易造成卡塞、堵塞等堵井现象。预防及应对措施：及时掌握掘进过程中的各部分地质结构，合理优化施工方案和支护措施。做好导井溜渣情况观察和井内通风情况监测，做到及时发现，及时处理。

竖井存在不良地质地段，包括断层、破碎岩体夹层段、溶洞、渗水及涌水等。在导井施工过程中，实时记录不同深度的进尺情况，大体判断岩石条件、破碎带夹层长短，根据不同的情况采取不同的支护处理措施。在竖井一次扩挖或永久断面施工过程中若遇溶蚀洞、断层，采取回填喷射混凝土、灌浆、锚杆等措施进行封堵处理。遇渗水或涌水时及时采取引排及灌浆封堵等措施处理。

3 施工总体程序安排

施工准备→人员进场→安全教育培训→井筒底部基础处理→地质钻机 270mm 导孔施工→原开挖井筒中心预留 6m 井筒后回填至原地面且井圈高出地面 50cm→反井钻机 1.4m 导井施工→直径 5.8m 竖井井口系统布置→竖井掘进机 5.8m 导井施工→竖井掘进机拆除及井内井口系统拆除→井口锁口段全断面开挖、支护、衬砌→井口布置提升机及卷扬机、凿井绞车安装、试车→井身段开挖支护→自检及验收。

4 竖井开挖主要施工方法及措施

4.1 地质钻机导孔施工

施工工序：在井底基础位置开挖泥浆池和水池→将地质钻机及泥浆泵下放到井底位置→调试试运转→钻进（ϕ190）至终孔→扫孔至 ϕ270。

本工程采用 SPJ－300 型地质钻机，电机功率 45kW，泥浆泵电机功率 185kW。钻进采用塔式钻具组合结构，可有效缓解钻具应力集中，增加钻具回转的稳定性，能有效地预防孔斜，并能提供足够的钻进压力。钻具组合：ϕ270 钻头+ϕ168 双套岩芯管+ϕ165 螺杆+ϕ165 无磁钻铤+ϕ159 钻铤+ϕ89 钻杆。

4.2 直径 6.0m 井筒始发井回填

由于井筒内安装竖井掘进机空间狭小、井筒内安装不便利、竖井掘进机自重大等原因，为保证安装作业人员的安全和后期导井、竖井掘进机施工，需要将井筒永久支护至 19m，深入稳定基岩位置，随后制作定向钻机基础，将已开挖的井筒采用 C20 或 C15 混凝土（井口处至井下 1m 采用 C20 混凝土，其他位置回填采用 C15 混凝土）回填至 1128m 高程，高出自然地坪 50cm，与地面形成充足的作业空间。同时在井筒中心预留直径 6m 井筒以作为竖井掘进机的始发井。

4.3 反井钻机导井施工

反井钻机设备选型：反井钻机除需要完成 1.4m 导井外，还需承担提吊竖井掘进机的任务，包括钻杆重量，即需要满足 360t 左右提吊能力。BMC600 型反井钻机额定拉力为 60000kN。

反井钻机扫孔施工，在地质钻机施工 ϕ270 导孔基础上进行扫孔施工，ϕ350 导孔钻头与稳定钻杆用丝扣连接在一起进行开孔作业，采用低钻压、低扭矩稳步开孔，进一步保证开孔垂直度，直至扫孔至下水平段。反井钻机钻进工艺如图 1 所示。

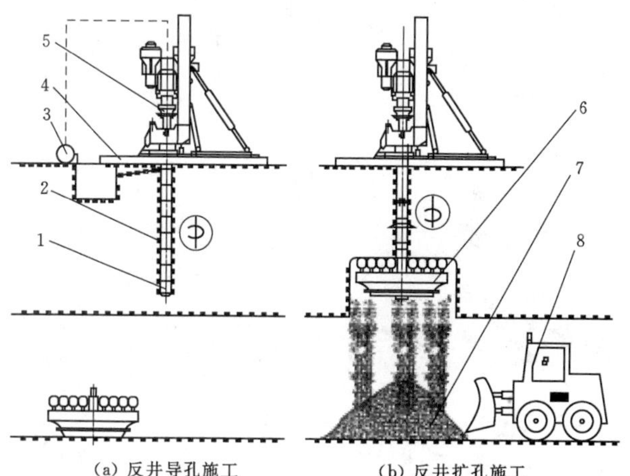

图 1 反井钻机钻进工艺图

1—导孔钻头；2—反井钻杆；3—泥浆泵；4—反井钻机钢梁；5—反井钻机主机；6—扩孔钻头；7—破碎岩渣；8—井下运输系统

反井钻机扩孔施工：将 1.4m 扩孔钻头运输至下水平段，与钻杆进行连接。扩孔钻头接好后，慢速上提钻具，直到滚刀开始接触岩石，然后停止上提，用最低转速旋转，并慢慢给进，保证钻头滚刀不受过大的冲击而破坏。当滚刀把凸出的岩石破碎掉，再继续给进。开始扩孔时，设置专人进行观察，将情况及时通知操作人员，待钻头全部均匀接触岩石，才能正常扩孔钻进。为保证钻机和滚刀的使用寿命，一般将系统压力限制在 16MPa 之内。在扩孔过程中，当岩石硬度较大，可适当增加钻压，反之可以减少钻压。扩孔时及时出渣，防止堵孔。

4.4 竖井掘进机开挖施工技术

利用反井钻机钻成的导井，采用竖井掘进机（参数见表 1）由上向下钻进直径 5.8m 二级导井，破碎岩渣依靠自重经一级溜渣导井下落至井底，由井下运输设备经出线竖井交通洞排出。采用BMC600型反井钻机、专用多功能吊盘进行辅助作业，实现凿井破岩、出渣、临时支护及凿井辅助工作。竖井掘进机凿井工艺如图2所示。

表1　竖井掘进机主要技术性能参数

导井直径/m	1.4
掘进直径/m	5.8
掘进深度/m	800～1000
掘进推力/kN	6000
掘进扭矩/(kN·m)	1000
掘进转速/(r/min)	0～5
设备功率/kW	550
最大外形尺寸/m	5100×5100×4700
主机总重量/t	约170（支撑装置56、动力头49、刀盘组件40）

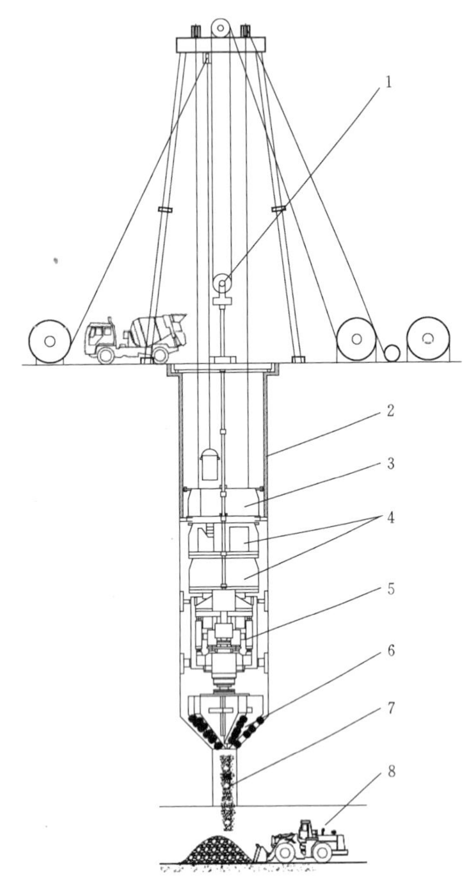

图2　竖井掘进机凿井工艺图

1—提绞系统；2—井壁；3—支护系统平台；4—控制平台；5—主机系统；6—钻头；7—先导孔；8—井下运输系统

在地面采用130t吊车配合，对动力头、支撑装置等进行组装。安装控制平台并对系统进行调试。启动系统使靴板支撑到合适位置，保证掘进机设备整体姿态居中稳定。依次对支护吊盘、吊笼、井口井字梁等进行安装。最后将反井钻机固定在井字梁上，启动系统，下放钻杆与竖井掘进机连接，完成对掘进机的安全提吊。

竖井掘进机包括支撑、推进、旋转和控制系统，采用镶齿滚刀进行破岩。滚刀按照一定规律布置在竖井掘进机钻头上。滚刀以挤压、剪切和刮削等综合作用将岩石破碎，从岩体上分离出来。电机带动齿轮箱齿轮减速实现钻头旋转，推进油缸通过推进驱动装置沿掘进机支撑立柱上下滑动，向钻头传递推进力。主框架结构通过油缸支撑在井帮岩壁上，上、下支撑系统承受破岩反推力、反扭矩。推进油缸完成一个行程后，主框架结构沿竖井轴线向下移动一段距离，然后支撑油缸推动支撑板继续支撑在井帮上，经找正后，继续进行下一个破岩循环。

排渣：钻头为锥形结构，破碎的岩渣沿井底锥形面滑动，进入一级导井，落到竖井底部，由出线竖井交通洞运输系统装运。

临时支护：根据揭露的围岩情况，确定临时支护形式，主要采用锚网喷方式进行支护。

4.5　竖井掘进机拆除方案

竖井掘进机完成全井筒掘进施工后，按以下步骤进行拆除：第一步：拆除井下5.8m钻头附件。第二步：拆除井下吊盘一层（支护盘）。第三步：由BMC600型反井钻机将全部设备提升至井口位置，将井下装备用插板+钻杆固定在井口井字梁上。第四步：采用吊车将BMC600反井钻机吊离井口。第五步：使用300t吊车将工作吊盘（剩余2层）、掘进机动力头装置、钻头、井字梁整体（总重170t，总高度13.9m）吊出井筒，在地面对控制系统等进行拆除。

4.6　井筒扩挖施工方案

竖井井筒扩挖自上而下进行。扩挖时井口需布置提升系统，采用矿用2JTP-1.6×1.2P提升机，提升容器选用ϕ1200吊笼，人员及施工机具、材料上下通过吊笼运输，小型挖掘机随吊盘上下。井口段开挖采用静态爆破方案。井口段19m高度范围内回填混凝土，回填混凝土时原井筒永久支护已完成，回填混凝土和永久支护混凝土之间采用棉被隔开。回填混凝土拆除采用静态爆破方法。井口段和井口布置完成后，按照“一排炮一支护”的方法进行竖井扩挖施工，采用“短掘短支”施工工艺，每循环进度控制在1.8m。炮孔采用YT-28型手风钻钻设，钻孔方向大致与出线竖井中心线平行，钻孔深度为2.0m，周边孔采用光面爆破。爆破后采用人工或小型挖掘机进行扒渣、清面，石渣通过导井溜至竖井底部出线平洞内，采用0.8m^3装载机装20t自卸车运至指定弃渣场。井筒扩挖示意图如图3所示。

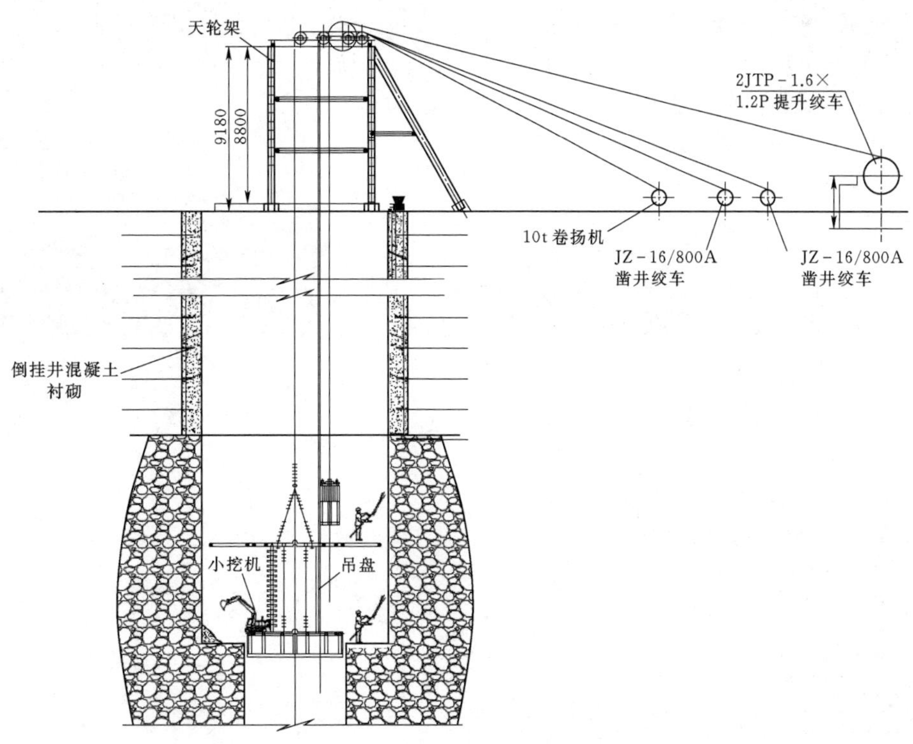

图 3　井筒扩挖示意图（单位：mm）

开挖支护程序：开挖→出渣→初喷 5cm 混凝土→钻孔→注浆安装锚杆→挂钢筋网→复喷 5cm 混凝土至设计厚度。

5　结语

竖井工程在地下空间开发领域应用广泛，例如盾构始发、接收竖井、采矿竖井、水利水电工程竖井、隧道通风竖井、地下防御工事竖井、地下立体车库竖井等等。目前，竖井开挖常用的依然是人工开挖，一边开挖，一边现浇井壁或是下沉预制井筒形成支护，机械化、自动化程度普遍较低，施工过程安全风险高，总体施工成本高。

本工程出线竖井采用 BMC600 型反井钻机及竖井掘进机进行开挖，属于有导井的竖井掘进机开挖方法，形成新的凿井工艺技术，减少了井下作业人员，使凿井工序更加均衡，设备效率提高。由机械破岩代替爆破破岩，实现破岩、装岩、支护平行作业，过程可控，大大提高了凿井安全技术水平，值得在同类工程中应用和推广。

参考文献

[1]　胡兆东，马红波．马静波张河湾抽水蓄能电站 386m 深竖井开挖施工技术［J］．水利水电技术，2008，39（12）：61－63．

[2]　阮周宇．水电站高竖井开挖施工技术［J］．江淮水利科技，2007（6）：26，31．

[3]　刘志强．竖井掘进机凿井技术及装备研究［J］．中国矿业，2017，26（5）：137－141，172．

本栏目审稿人：张志良

论地下厂房板梁柱清水混凝土施工技术

孔买群　李宗荣/中国水利水电第十四工程局有限公司

【摘　要】 地下厂房板梁柱清水混凝土结构形式复杂多样，且结构内埋件较多，导致混凝土浇筑成型的表观质量及精度控制极为困难。通过对多个地下厂房板梁柱清水混凝土浇筑施工的探索及总结，不断改进施工工艺，成功摸索出了一套地下厂房板梁柱清水混凝土施工技术，此技术也适用于主变室及副厂房等类似板梁柱混凝土的浇筑。

【关键词】 地下厂房　板梁柱　清水混凝土施工技术

1　工程概况

四川省大渡河长河坝水电站地下厂房装机 4 台 650MW 机组，总装机容量 2600MW，主、副厂房总长度为 228.80m。主厂房顶拱跨度 30.8m，吊车梁以下跨度 27.3m；主机间长 147m，板梁柱混凝土施工高度 32.85m；安装间长 60.9m，梁柱混凝土最大高度 20.9m；副厂房长 20.9m，跨度 27.3m，高度 43.05m。地下厂房（含安装间、副厂房）开挖尺寸为 228.8m×30.8（27.3）m×73.25m（长×宽×高）。地下厂房水轮机层以上板梁柱及风罩均为清水混凝土，其中水轮机层至发电机层（高程 1468.70～1480.70m）为板梁柱及机墩、风罩，发电机层以上为防潮墙及排架柱。地下厂房板梁柱及风罩均采用二级配混凝土，在施工前根据原材料情况，合理进行配合比设计，并做好生产性工艺试验，最终确定最优配合比，达到清水混凝土要求的效果。

2　工艺原理

清水混凝土产生的外观效果取决于水泥水化时产生的水化硅酸钙和水化铁酸钙凝胶及氢氧化钙、水化铝酸钙和水化硫酸钙晶体。不同强度等级的混凝土，不同的减水剂掺量、粉煤灰掺量、水泥品种、坍落度以及浇灌方式，其产生的镜面效果均有区别。在保证原材料和混凝土配合比的基础上，采用维萨模板，确保混凝土浇筑成型质量。地下厂房板梁柱质量控制及精度要求较高，根据板梁柱结构尺寸，合理布置模板支撑体系及加固拉筋，根据内部钢筋间距配置振捣器。

3　“维萨模板＋线条”的模板方案

地下厂房板梁柱清水混凝土采用 12mm 厚维萨模板浇筑，模板采用带有套管的拉筋进行固定，为避免拉筋孔漏浆造成拉筋周围混凝土成型质量较差等问题，拉筋孔采用双面胶及腻子粉等材料进行封闭密实。为避免因梁、柱棱角处封闭不密实漏浆造成棱角处出现蜂窝及砂线现象，在棱角处设置 93°圆角线条，模板加工简单、方便，可操作性强。在进行混凝土配合比设计阶段，根据板梁柱结构尺寸要求及工作面实际情况，可采用泵送或吊罐、布料机等方式入仓，人工采用插入式振捣器振捣密实。

4　清水混凝土主要施工技术控制要点

清水混凝土产生外观效果的主要原因是水泥水化时产生的水化硅酸钙和水化铁酸钙凝胶及氢氧化钙、水化铝酸钙和水化硫酸钙晶体。不同的混凝土强度等级，不同的水泥品种和原材料掺量，不同的混凝土特性及不同的混凝土浇灌方式，其产生的镜面效果均有区别。在保证原材料、混凝土配合比的基础上，采用维萨模板，确保混凝土浇筑成型质量。地下厂房板梁柱质量控制及精度要求较高，根据板梁柱结构尺寸，合理布置模板支撑体系及加固拉筋，根据内部钢筋间距配置振捣器。

4.1 模板施工

每仓混凝土浇筑前对配板、拉筋布置及模板支撑加固形式进行设计，并根据仓面设计加工模板。配板设计的一般原则为：清水混凝土模板设计分块、对拉拉筋孔眼排列规律整齐，几何尺寸精确，互换性好，面板平整光洁；当模板相搭接时，不宜错缝排列，应保持在一条直线上，即竖向上下通缝。

4.1.1 模板安装

模板安装时绑扎好保护层垫块，采用枋木作为模板背肋，背肋间距为 18～20cm 左右。采用钢筋拉杆及脚手架钢管或槽钢做柱箍，间距取 50～60cm。在柱截面长边设置圆钢对拉筋，拉筋孔位对称，外侧设置 ϕ20 PVC 管保护套，PVC 管要穿透模板，且接缝严密。安装时板缝（横向缝、竖向缝接头缝面）采用泡沫双面胶带粘贴，将两块模板挤紧，再加模带，以达到拼缝严密的要求，确保不漏浆。板缝内侧粘贴 5cm 透明胶。

4.1.2 防漏浆措施

（1）柱脚底部防漏浆措施如下。措施 1：模板安装完成后，开仓前两天，采用 1∶2 水泥砂浆封堵模板及枋木底脚。措施 2：在立模前，在模板下口位置采用 1∶2 水泥砂浆做砂浆条带找平，顶面收光，安装模板时，在砂浆与模板下口之间增加泡沫双面胶，必要时可设两层泡沫双面胶。

无论采用何种措施，在首层混凝土下料时，严格控制下料高度，一般以 30～50cm 为宜，第二次、第三次下料高度也不宜超过 50cm，以免因下料高度过高侧压力大而增加柱脚漏浆的概率。

（2）模板接缝防漏浆措施。模板的纵向、横向接缝均采用泡沫双面胶或泡沫双面胶＋透明胶带的止浆方式，防止漏浆。

（3）柱子分仓线位置的防漏浆措施。第二层以上的分层线防漏浆措施：混凝土收仓后，及时对柱顶边口部位 3～5cm 宽度的混凝土切平，保证在同一水平面上，同时对四个侧边上口进行打磨平整。模板安装前，在上口部位四周粘贴泡沫双面胶，再合模，使模板紧贴双面胶。

（4）拉筋孔周边的漏浆措施。模板上开拉筋孔的钻花直径与对穿 PVC 管外径相同，尽可能减少 PVC 管与模板间的接缝。对于局部有缝隙的，采用封口胶带在模板外侧封堵。

4.1.3 模板的拆除及保护

（1）水平结构（如联系梁）的清水混凝土拆模时间的要求与普通混凝土相同，竖向结构（如排架柱）的清水混凝土拆模时间应比普通混凝土拆模时间适当延长，初步确定为 72h，实际操作根据气温等条件决定。

（2）模板拆除必须在结构混凝土强度达到规范要求时进行，侧模拆除时混凝土应达到其表面及棱角不会因拆模而受损的强度时方可进行。

（3）模板的拆除顺序自上而下进行，各紧固件依次拆除后，应轻轻将模板撬离结构体，并注意对拉螺栓孔眼的保护，必须在确认模板与混凝土结构之间无任何连接后，方可移开模板，且不得碰撞混凝土成品。

（4）应保证钢筋网的精度，避免在模板安装过程中通过对模板施加外力挤压来调整钢筋位置。应尽量减少模板与钢筋的摩擦，混凝土浇筑过程中，振捣棒应尽量避免与模板直接接触。

4.2 混凝土浇筑施工

混凝土浇筑时，严格控制混凝土的分层厚度，其浇筑方向和下料顺序应严格按照批准的仓面设计进行。混凝土浇筑成型后应按照规范中规定时间进行拆模，避免因拆模时间过早造成混凝土出现裂缝等质量缺陷，拆模后，必要时进行混凝土表面防护。

4.2.1 混凝土开仓前的接缝处理

混凝土开仓前，应保证老混凝土表面处于湿润状态，开仓前，层面铺设 2～3cm 厚的砂浆，为减少砂浆与混凝土的色差，按照将主体混凝土粗骨料减去的方式拌制砂浆。砂浆稠度应严格控制，不宜大于混凝土坍落度。

4.2.2 砂浆润管

开仓前，采用接缝处理砂浆对泵管进行润滑，润管砂浆不得进入仓内。当由管口排出的润管砂浆均匀后，采用皮筒接砂浆，提至仓内作层面接缝砂浆。

4.2.3 混凝土入仓

混凝土可采用泵送、吊罐及布料机等方式入仓。由于梁及柱子的钢筋比较密，浇筑过程中混凝土冲撞到钢筋后，水泥浆便飞溅到模板面上，很容易初凝结痂，影响混凝土的表观质量，需及时覆盖混凝土。柱子单层浇筑高度较高，如上升速度过快，则会对模板加固系统构成威胁，因此采用 PVC 溜管辅助的入仓方式。

4.2.4 平仓振捣

对于排架柱浇筑时，以每根柱子为一个子仓位。

（1）下料高度控制：立柱混凝土分层下料，第一层下料高度以 30～50cm 为宜，第二层、第三层下料高度控制在 50cm，以后各层下料高度可适当增加，但一次性下料高度不超过 100cm。

（2）振捣器配置：根据仓面面积及板梁柱尺寸配置直径为 50mm、70mm 的软插入式振捣器。

（3）人员分工：为确保混凝土振捣密实，大柱子施工时，要求仓内专人负责查看振捣效果，将仓内情况提供给仓口的振捣工参考。质控人员在仓口对振捣时间进行监控，专职模板工对模板、拉杆螺母松紧情况进行巡视维护。

(4) 振捣：混凝土入仓后，开启振捣器逐步提升，且与混凝土上升速度（2m/h左右）保持一致，确保振捣既全面又充分，单根柱子连续施工至分层面。采取此种振捣方式的主要目的是尽量避免浇筑过程中混凝土污染模板表面，即便有少量混凝土污染了部分模板面，也能保证在混凝土形成结痂前进行覆盖，保证混凝土浇筑的连续性。

振捣器不得碰撞模板，振捣器与模板的间距控制在20～25cm之间。振捣时间根据工艺试验结果控制。立柱第一层及最后一层适当延长振捣时间，为确保振捣充分，间隔20min，下层混凝土入仓前，对上部的50cm进行二次振捣。当浇筑至柱顶时，除采用振捣外，采用钢筋插捣以利排除气泡。

4.2.5 混凝土缺陷修补

混凝土缺陷是指表面露砂，或有大于2mm的气孔和拉筋孔洞等。

(1) 混凝土成品的缺陷部位修补，宜采用与本工程所用的同品种普通水泥与白色普通水泥调制的水泥浆（或砂浆）进行修补，且应首先在样板构件上做试验，优选修补方法和材料配合比，经试验后确定最终的配合比。

(2) 大于2mm气孔的修补：对大于2mm的气孔，应在模板拆除后，趁气孔内尚有残余水分时，采用“擦拭法”修补。即采用经试验确定的黑白水泥，用湿抹布擦拭气孔，使黑白水泥填充气孔，并将气孔以外处用黑抹布擦拭干净。

(3) 对于漏浆、砂线等应采用黑白水泥浆修补，配合比经试验确定。对拉螺栓孔采用黑白水泥砂浆进行封堵处理，一般在最后修补。

(4) 缺陷修补部位在水泥浆或砂浆硬化后，应采用细砂纸打磨光洁，并用水冲洗干净，修补后的部位应无明显的修补痕迹。

4.2.6 混凝土养护

立柱混凝土在脱模后立即用塑料薄膜全封闭养护，塑料薄膜用胶带纸粘裹到框架外表，以确保混凝土表面处于湿润状态，同时也起到了很好的成品保护作用，避免了上层施工时水泥浆等污染或损坏成品混凝土表面。塑料薄膜采用0.3～0.5mm的塑料纸。

在外界温度较低时，混凝土收仓后，在混凝土表面覆盖塑料薄膜进行保温保湿养护，避免内外温差过大。

4.2.7 施工期表面防护

在浇筑上层框架施工时，对下层框架混凝土柱梁用塑料薄膜进行防护，有效防止灰浆对下层框架的污染，同时对混凝土养护起一定作用。柱子2m以下柱角使用三合板进行保护，利用铅丝固定，防止其他工序施工损坏或污染混凝土。需上层混凝土浇筑时特别注意灰浆或者养护用水对下部混凝土的污染。为减少楼板向下流水，在每一层楼板施工完毕后，上层混凝土浇筑之前，在楼板四周用水泥砂浆做50cm×50cm防水带，以减少对下部混凝土的污染。

5 结语

长河坝水电站地下厂房板梁柱混凝土采用“维萨模板、圆角线条、背枋及带有PVC套管的拉筋”方案，解决了地下厂房板梁柱形体尺寸控制困难，表观成型质量较差等问题，成型后的混凝土构件表面平整光滑、色泽一致、无蜂窝麻面、无明显气泡和裂缝，柱子棱角无砂线现象，达到了清水混凝土效果。此技术为以后地下厂房板梁柱混凝土及类似结构施工提供了可供借鉴的技术指标。

地下厂房复合式顶棚混凝土施工技术研究

孔买群　李宗荣/中国水利水电第十四工程局有限公司

【摘　要】 地下厂房复合式顶棚为现浇钢筋混凝土叠合结构，是一种轻型复合板梁（简称肋拱）吊顶，由拱板、拱肋、拱梁三部分组成。拱板下缘为镀锌压型钢模板，此材料既有模板功能，也起到美化和装饰作用，其与上部现浇钢筋混凝土板一起组成复合拱板。拱肋担负次梁作用，与拱板整浇，两端与拱梁连接。拱梁作为主要承载结构横跨主厂房，两端支承在岩壁立柱顶上。复合板梁顶棚将为地下厂房通风设备安装及运行期检修提供有利条件，且对解决顶棚快速施工、降低施工干扰、确保上下交叉施工安全等有重要意义。

【关键词】 地下厂房　复合式顶棚　混凝土施工技术

1　工程概况

长河坝水电站地下厂房总长度为228.80m，最大高度73.35m，顶拱跨度30.8m。顶棚为轻型复合板梁（简称肋拱）。该肋拱为现浇钢筋混凝土叠合结构，由拱板、肋梁、拱梁三部分组成。拱板下缘为镀锌压型钢模板，与上部现浇钢筋混凝土板一起组成复合拱板。肋梁担负次梁作用，与拱板一起整体浇筑，两端与拱梁连接。拱梁作为主要承载结构，横跨主厂房，两端支承在岩锚梁以上排架柱柱顶。肋拱为轻型结构，自重不大，主要考虑混凝土浇筑施工、通风设备安装和检修等荷载。

主厂房肋拱顶棚净跨29.4m，拱梁内半径 $R=$ 21.315m，肋拱拱顶高程1507.48m，拱脚高程1501.6m，纵向总长为207.90m（厂〔横〕0＋000～厂〔横〕0＋207.9），拱梁共有53榀。肋拱分上、下两层浇筑，先浇筑拱梁，后浇筑肋梁和拱板。拱梁断面尺寸为40cm×45cm（宽×高），两端与岩锚梁以上柱顶固端连接；其上部肋梁与拱板整体浇筑，拱板厚6.5cm，肋梁为梯形结构，高27cm。

顶棚上部设有：排烟孔，尺寸为95cm×95cm（长×宽），共40个；送风孔，尺寸为95cm×95cm（长×宽），共44个；两道密封隔墙（结构布置见建筑专业图纸）；在顶拱中心线、桩号厂〔横〕0＋033.155处设有一排锚吊孔200cm×200cm（长×宽）。

2　工艺原理

复合式顶棚下部为S350型高强度镀锌压型楼承板。拱梁采用4mm厚镀锌楼承板，拱板（肋拱、波纹板）采用1.5mm厚镀锌楼承板。拱板与拱梁间采用钢铆钉连接，肋拱部位两侧为钢支腿，拱板与拱梁最终形成整体模板结构，该模板不拆除，而作为结构永久装饰面。

复合式顶棚上部为钢筋混凝土。拱梁楼承板和槽型钢模板安装完成后，即开始拱梁钢筋和混凝土的施工，使其尽早可承载上部荷载，同时也利于槽型钢模板的周转使用。拱梁完成后，进行拱板的拼装，并进行拱板间和板梁间的连接，然后进行施工段内拱板钢筋安装和混凝土浇筑施工。

吊顶拉杆为 $\phi 25$ 镀锌拉杆，沿拱梁长方向间隔3m布置，拉杆伸出拱梁梁底，在梁内底部设置M3钢板，与拱梁锚固连接共同成为顶棚的主要承载构件。

压型楼承板、拉杆及钢筋混凝土组合形成整体，即复合式顶棚。复合式顶棚是一种轻型板梁结构，自重轻，承载能力大。

3　复合式顶棚混凝土施工操作要点

根据工艺原理，合理确定防护棚结构，合理确定洞口段开挖工艺。开挖前先进行防护的制作、安装，并确定科学的运行方式，以达到预期的防护目的。

3.1　施工平台设计与安装

顶棚施工平台在厂房现有桥机上采用钢桁架结构制作。平台设计最大承受荷载10t（不考虑平台自重），顶棚施工时段内桥机主要为小件吊装，无大件和重件吊装任务。施工平台沿厂房纵轴线方向的宽度为11.37m，顶部距离顶棚中线最高点为3.6m。顶棚施工平台设置

3t卷扬机1台，可从安装间底板将拱梁模板、镀锌承板等吊运至施工平台上。施工平台上另配置垂直升降机2台，进行槽型模板及镀锌压型钢板的安装施工，厂房顶棚施工平台立面图见图1。

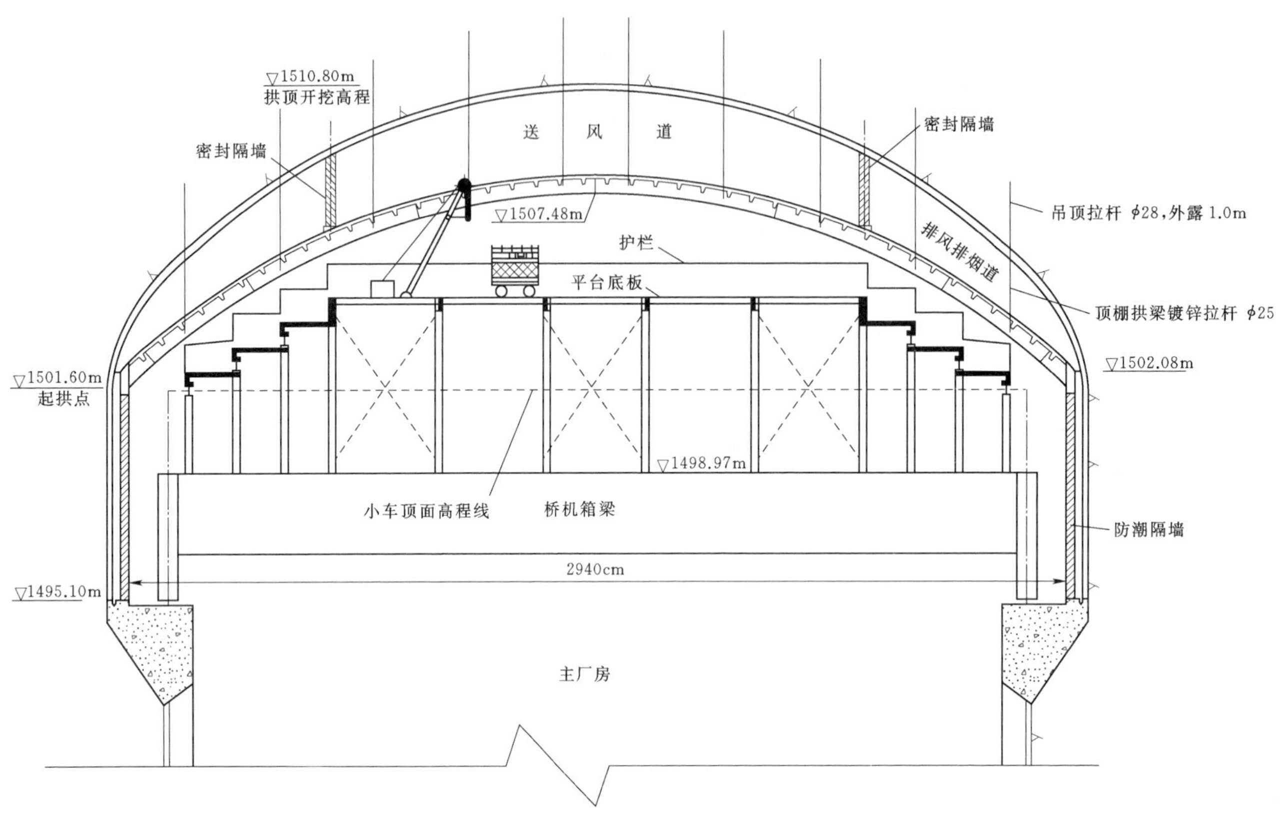

图1 厂房顶棚施工平台立面图

防护棚主体框架采用型钢，根据长河坝水电站压力管道开挖支护设计图，压力管道洞口段最大开挖断面尺寸为10.8m×12.8m（宽×高，矩形断面，渐变），采用22#工字钢可以满足结构稳定及强度的要求。对于洞室断面大于10.8m×12.8m（宽×高）的断面，将框架工字钢适当加大到25#。对于洞室断面小于10.8m×12.8m（宽×高）的断面，可将框架工字钢缩小至20#。厂房顶棚施工平台平面图见图2。

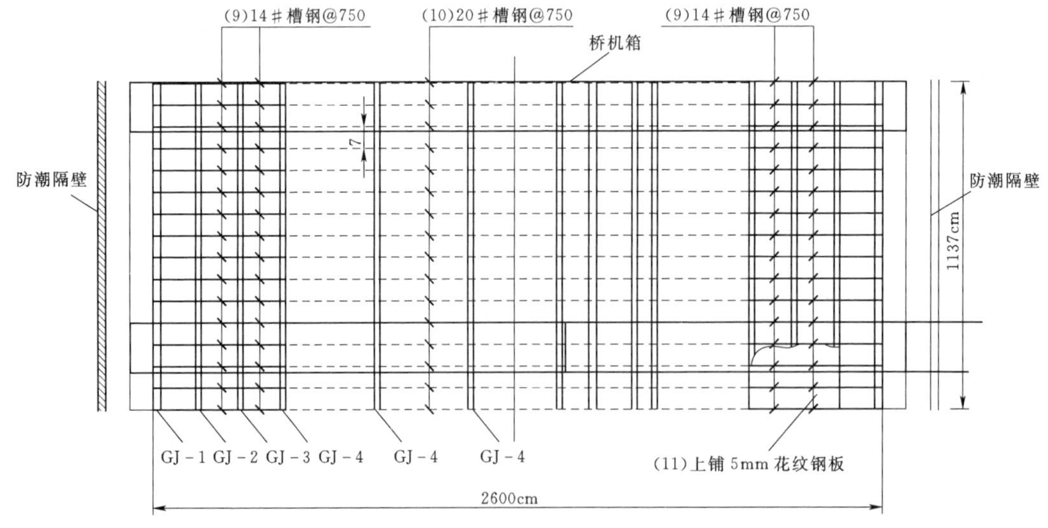

图2 厂房顶棚施工平台平面图

3.2 槽型钢模板设计与安装

（1）厂房顶棚拱梁断面尺寸为 40cm×45cm（宽×高），采用 t=4mm 厚的镀锌楼承板作为支撑模板，镀锌楼承板选用 S350 型高强度镀锌钢板。经力学计算，整个 4mm 厚的镀锌楼承板无法单独承受拱梁混凝土浇筑施工荷载，需增加外支撑才能满足混凝土浇筑承载要求。

（2）顶棚施工需考虑顶棚施工平台设在桥机上，桥机占用时间长限制了桥机的使用，影响较大；施工应提高工效，确保工期满足要求。

（3）通过方案对比、专家咨询，选用在镀锌楼承板外部增加槽型钢模板支撑的方案。槽型钢模板在加工厂加工完成后运至现场进行拼装，桥机配合 15h 即可完成一榀拱梁安装，拱梁安装完成后可单独承受上部施工荷载，而后桥机可随意移动以满足其他施工任务。此方案满足顶棚和机电安装相互穿插进行的要求，使施工干扰大大降低。

（4）根据拱梁尺寸和上部肋板尺寸采用 8mm 钢板焊接成槽型的定型模板，型钢截面尺寸选择 43cm×44.8cm（宽×高）。单榀拱梁净重 3.33t，分 8 节拼装而成，即端头 2 节，单节长度为 1.09m；中间 4 节，单节长度为 3.864m；两侧 4 节，单节长度为 5.805m。相邻两节之间采用 10.9 级高强螺栓连接。在对应栏杆位置型钢模板底部开孔，将拉杆穿过后槽型钢模板外部使用双螺母拧紧。经力学计算，8mm 厚型钢模板可以满足混凝土施工荷载要求。槽型钢模板中间节立面图见图 3。

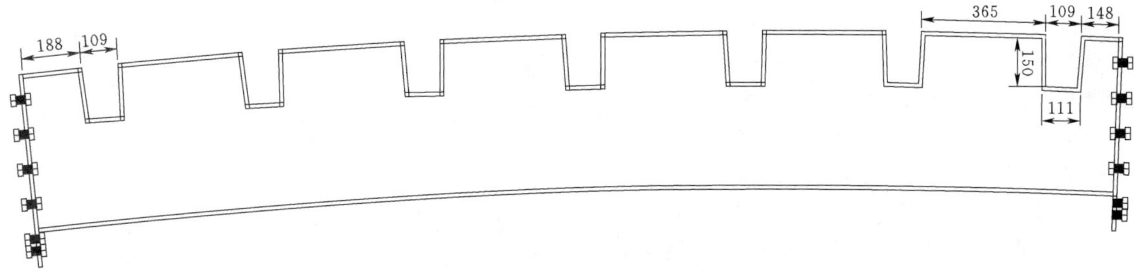

图 3　槽型钢模板中间节立面图（单位：mm）

3.3 槽型定型钢模板安装

（1）在顶棚施工平台上设置 3t 卷扬机，拱梁定型钢模板从安装间吊装至施工平台上，施工平台上另配置 2 台 2t 的垂直升降机辅助安装。槽型定型钢模板安装由低至高，由两侧往正顶拱方向逐块进行安装，安装前用人工在顶棚锚杆上安装葫芦，用 1t 电动葫芦将定型模板吊至设计高程进行连接和对位。

（2）为提高拱梁的整体稳定性，在相邻两榀拱梁安装完成后，需在两拱梁模板之间加设［12 型钢作为连接杆件，以保证拱梁模板单元稳定。［12 型钢设在每榀拱梁各段支撑模板对接处。

3.4 槽型钢模板强度和稳定性检验

为保证质量及安全，第一榀拱梁支撑模板吊装就位后，应对其结构承载能力进行强度、稳定性的检验，分析最大位移及节点最大变形情况，以确定是否符合设计计算数值，确保吊装适度安全。

3.5 钢模板拆除

根据瀑布沟、大岗山水电站顶棚施工经验，在混凝土浇筑达到 7d 强度后即开始拆除（压型钢板组合拱梁可独立稳定）。拆除顺序由一边向另一边逐段进行，拆除前，使用施工平台上垂直升降机在拱梁 M4 钢支腿上设置吊点，采用吊点和 1t 电动葫芦拉出型钢模板至施工平台上，再转运至下一个机组进行安装。

3.6 拉杆施工

（1）厂房顶棚 ϕ25 镀锌拉杆与拱梁连接整体成为顶棚结构的承载结构，是钢筋和模板安装的重要支撑点，同时也对槽型钢模板的安装和运行安全起着重要作用。

（2）首先进行拱梁相对应的顶拱锚杆的纠偏和校正处理（锚杆作为顶拱系统支护锚杆的一部分，沿径向布设）。然后进行拉杆和锚杆的焊接，焊接需满足规范要求，采用双面焊接，焊缝长度大于 $5d$，拉杆长度超出拱梁底部一定长度，锚杆方向不直的需作补强斜拉。再进行拉杆 M3 钢板安装，M3 钢板尺寸为 110mm×110mm×25mm（长×宽×厚）布置与拱梁底部。

（3）拉杆、埋件安装完毕后，对外露接头部位均应进行防腐、防锈处理。槽型钢模板拆除后将拉杆伸出拱梁以外部分用砂轮割除，并修复预留孔部位压型钢板。

3.7 镀锌压型钢模板施工

镀锌压型钢模板均为肋拱混凝土的免拆模板。4mm 镀锌压型板主要作为拱梁下部装饰模板，1.5mm 镀锌压型板作为肋板装饰模板。

（1）镀锌压型钢模板吊装前需进行设备和材料检查，防止压型钢板弯曲。对下部 8mm 钢模板的定位进行检查、验收，降低其安装误差。铺板时，严格按施工图要求定出安装控制线，以每块板长为一个宽度安装单位，边铺设边定位。相邻两块模板之间采用焊接或者钢铆钉连接。

（2）4mm 镀锌压型板安装：拱梁镀锌压型钢模板在顶棚锚杆及拱梁 8mm 定型钢模板安装完成后开始安装。运输车运输至安装间吊点位置，通过施工平台布置的 3t 卷扬机吊运至施工平台，然后人工协助垂直升降机进行定位拼装，最后进行镀锌压型板两节之间的焊接施工。镀锌压型板单节尺寸：408mm × 455mm × 1250mm（744mm）（宽×高×长）。

（3）1.5mm 镀锌压型板安装：1.5mm 镀锌压型板采用罗拉机加工，尺寸为 478mm×190mm（宽×高）。肋拱镀锌压型钢模板在拱梁钢筋安装前开始安装，成品运输至安装间吊点位置，通过施工平台上布置的 3t 卷扬机吊运至施工平台，最后利用人工协助垂直升降机进行定位安装。

（4）肋拱镀锌压型钢模板安装前需先安装定位 M4 钢支腿，M4 钢支腿尺寸为 520mm × 35mm × 25mm（长×厚×宽）。钢板焊接在 4mm 镀锌压型钢模板上固定，两端搭在 8mm 槽型钢模板上。1.5mm 镀锌压型板搭接在两榀拱梁的定位钢板上，镀锌压型钢模板与定位钢板之间采用钢铆钉进行连接。相邻镀锌压型板之间采用自攻螺栓连接固定。

3.8 钢筋混凝土施工

（1）钢筋安装：钢筋在钢筋厂按照施工图和规范进行加工，由运输车运入厂房安装间，采用顶棚施工平台上设置的 3t 卷扬机从安装间将钢筋等材料吊装至桥机施工平台上，然后人工搬运至工作面。

钢筋安装按设计图纸进行，首先安装拱梁钢筋，再安装肋梁和拱板钢筋。拱梁钢筋的接头宜采用双面焊接，焊接长度不小于 $5d$，若施焊条件困难可采用单面焊接，焊接长度不小于 $10d$。焊接必须饱满无砂眼，焊接表面应均匀、平顺，无裂缝、夹渣、明显咬肉、凹陷、焊瘤和气孔等缺陷，不得损伤钢筋，每一部位钢筋焊接完后需清除焊渣。面板钢筋宜采用绑扎连接，绑扎长度不小于 $35d$。架设好的钢筋要有足够的支撑，以保证在混凝土浇筑过程中钢筋不发生位移变形，钢筋安装完成后应做到整体不摇荡，不变形。

（2）预埋件安装及排烟送风孔预留：止水与沥青木板同时安装，采用搭接型式，用氧气铜焊进行连接。止水安装按照设计位置放置，不得打孔、钉锚，并采取可靠的固定措施，确保在浇筑混凝土时不产生过大位移。安装好的止水应妥善保护，防止变形。

密封隔墙的 PVC 埋管平均间距为 6m，埋设时应避开结构缝，与拱梁边缘距离不小于 0.2m。

排烟孔、送风孔周边设置模板，混凝土浇筑完成达到设计强度后再行开孔。镀锌压型板采用等离子弧焊机或砂轮机进行割除，割除前先测量定位，画出准确位置。割除后及时进行孔洞周边的角钢护边加固，并且设置安全栏杆防止高坠事故。

机电预埋件有拱梁内的照明管线和接地扁铁等，拱梁内的照明管线需提前对拱梁进行开孔，并且将预埋管安装在拱梁内。

（3）拱梁及肋板模板施工：顶棚为圆弧结构，两侧坡度较陡，拱顶两侧各 5m 范围内需设置顶模。顶模板采用竹胶板或 P3015、P1015 小钢模进行拼装，拱梁部位采用铁丝固定在方钢上，肋板部位采用 $\phi48$ 钢管外撑在厂房顶拱岩石上。

（4）顶棚混凝土浇筑施工：镀锌压型钢板组合顶棚分块按照机组段之间结构缝分缝，分为安装间、1＃～4＃机组段，共 5 段。

单段顶棚混凝土浇筑采用“先拱梁后肋板”的施工程序，即先浇筑拱梁Ⅰ期混凝土，再浇筑肋板Ⅱ期混凝土，Ⅰ期、Ⅱ期间混凝土缝面需进行凿毛处理。

混凝土浇筑采用混凝土泵送入仓。利用布置于安装间侧的交通联系主洞和副厂房侧的进风洞作为混凝土泵设置和混凝土搅拌运输车卸料地点。泵管放置在悬吊锚杆＋架管形成的悬空平台上，以防止泵管在输送混凝土过程中破坏顶棚结构，出口两侧设置软管分料至浇筑面。浇筑由两侧低处往中心部位高处进行，两侧混凝土要均匀上料以控制拱梁模板变形。

根据压型模板的结构布置形式，在起拱范围内（约隔墙基础以下），压型模板没有与柱顶联系梁连接成整体，肋梁和拱板受力为非正压，受力情况最为不利，要求在起拱范围（约隔墙基础以下）顶模板一次立模高度不超过 1.5m，在下层混凝土浇完接近初凝状态后再立模继续浇筑上一层，收面、抹面人员及时跟进，处理表面缺陷；在隔墙基础以上，铺料后可直接抹面、收面。

为防止振捣时混凝土下滑，混凝土的坍落度应尽可能小。拱梁混凝土有顶模部位预留下料口，利用下料口进料和振捣。肋梁和板的混凝土较薄，为确保浇筑的混凝土板厚度均匀，每跨两侧设钢筋导轨，以控制高程和厚度，采用附有振捣器的槽钢，作为肋板浇筑平整和振捣的设备。仓面混凝土主要用 $\phi30$ 小振捣器振实肋梁部位混凝土，最后再用槽钢平整和振捣整个仓面。振捣标准以不显著下沉、不泛浆、周围无气泡冒出为止。注意层间结合，加强振捣，确保连续浇筑，防止漏振、欠振，以致出现冷缝。

（5）拆模及养护：混凝土浇筑完成后表面用喷雾器喷湿，保持湿润即可。顶棚模板中只有拱梁外部支撑模板（8mm 定型槽型钢模板）需进行拆除，由于相关操作不影响厂房下部施工，因此可在拱梁混凝土达到一定强度后，选择适当时机利用施工平台进行拆除。

4 结语

长河坝水电站地下厂房顶棚施工采用压型钢板混凝土组合顶棚结构较混凝土板梁结构，其稳定性提高，混凝土结构工程量减少很多。镀锌压型钢板为装饰性永久模板，具有一定的耐火性，节省了模板成本、装饰费用和防火涂料的费用，工程投资大大减小。施工中有效解决了交叉作业，极大地改善了施工干扰问题，保证了厂房的关键工作工期目标的实现。施工过程降低了工程安全风险，有力地保障了施工人员的安全和职业健康，施工技术为工程劳动作业创造了简洁舒心的工作环境，便于工程文明和职业健康的管理。

湿喷工艺在白沙坡隧道施工中的应用及质量控制

李　春　周　宇　樊多震/中国水利水电第十四工程局有限公司

【摘　要】 隧道湿喷工艺的应用研究对于提高隧道施工效率、施工质量和降低隧道施工扬尘有着非常重要的意义。本文介绍了湿喷工艺，并结合工程实际阐述了湿喷工艺在白沙坡隧道施工中的应用及质量控制。

【关键词】 湿喷工艺　白沙坡隧道　质量控制

1　工程概况

白沙坡隧道右线起止里程 K170＋775～K172＋878，长 2103m，最大埋深约 453.6m；左线隧道起止里程 ZK170＋756～ZK172＋787，长 2113m，最大埋深约 463.3m，两侧隧道测中线距离为 25.00～25.85m，净距为 23.00～23.85m。

白沙坡隧道围岩分级划分为$Ⅳ_1$～$Ⅴ_2$级，砂岩、泥岩及粉砂岩均属于较软岩石。岩体较破碎，结构面较发育，结合一般，呈块状结构，地下水可能呈淋雨状。由于地质条件复杂，隧道施工难度大，必须采用可行的施工方案进行施工。

本隧道初期支护采用湿喷工艺可增强围岩的承载力，且湿喷工艺能够有效减少回填量，简化工序，增强迟滞混凝土强度，改善隧道内施工整体环境，减少隧道扬尘，隧道施工进度能够得到有效改进。

2　湿喷工艺介绍

目前，大部分隧道施工的初期支护均采用普通的干喷混凝土施工工艺。干喷混凝土施工工艺简单，但因其设备简陋，粉尘污染严重，初期支护混凝土强度低、回弹量大，已逐步被行业禁止使用。湿喷工艺与干喷工艺相比，湿喷工艺可以达到优质、高效的要求，并能有效改善隧道施工环境。

湿喷工艺需对进场的水泥、砂石骨料、水、减水剂等原材料进行检测，将检测合格的原材料按照经试验确定的配合比采用搅拌机进行拌制，利用运输车将拌制好的成品混凝土运送至喷射现场，并加入湿喷车料斗，按照湿喷车操作规程进行喷射混凝土施工。

3　原材料控制

（1）水泥：白沙坡隧道以符合设计要求且检测合格的四川筠连西南水泥有限公司水泥（P.O42.5）作为湿喷混凝土的主要水泥。

（2）骨料：为了减少混凝土喷射时出现的回弹现象和堵塞问题，白沙坡隧道选取粒级连续、坚硬耐用以及级配均匀的机制碎石，并且粒径要求为 5～20mm 左右，采用钟鸣砂石料场的骨料作为湿喷混凝土的主要骨料。

（3）粉煤灰：为保证施工质量，增加湿喷混凝土的和易性及黏结性，在白沙坡隧道工程中增加粉煤灰进行湿喷混凝土拌制，采用镇雄县晟晧建材有限公司生产的粉煤灰作为拌制材料。

（4）速凝剂：速凝剂的选取尤为重要，因为速凝剂会影响混凝土的初凝时间及混凝土的性能。本工程经多次试验确定选用巩义市宏超建材有限公司生产的速凝剂作为主要拌制材料。

（5）拌和用水：为确保混凝土拌制质量，保证混凝土不因拌和用水影响其性能，本工程在拌和站周边选取了合适的位置打设水井，用于拌和站混凝土拌制，并对该水源进行了试验检测，对混凝土拌制无影响。

4　配合比

混凝土配合比对湿喷混凝土质量起到关键性作用，与混凝土强度、喷射过程中的回弹量、一次性可喷射混凝土厚度等密切相关。经过多次试验确定，混凝土配合比的重点是混凝土强度及和易性，要保证坍落度在8～12cm，并具有良好的黏聚性。喷射混凝土配合比见表1。

表1　喷射混凝土配合比

设计强度等级	使用工程部位	材料产地、品种、规格	配合比（质量比）	每立方米混凝土材料用量/kg					砂率/%	坍落度/mm	抗压强度/MPa	
				水泥	砂	石	水	外加剂			R7	R28
C25	隧道工程	水泥采用四川筠连西南水泥有限公司产公牛牌水泥（P. O42.5），粗集料和细集料均产自钟鸣砂石料场，粉煤灰为镇雄县晟晧建材有限公司生产，减水剂产自江苏苏博特材料股份有限公司，速凝剂产自巩义市宏超建材有限公司	1：1.74：1.48：0.44：0.004：0.05(水泥：砂：石：水：减水剂：速凝剂)	489	849	723	215	1.96(减水剂)/24.45(速凝剂)	54	100	28.1	37.4

5　湿喷工艺及质量要点

5.1　施工准备

(1) 隧道开挖出渣完成后，对主要喷射轮廓线进行检查，对欠挖部位进行修整，并清理岩面存在的孤石及浮尘，使受喷工作面符合要求。

(2) 对受喷面存在的渗水部位要提前采用排水管进行引排，保证受喷工作面可正常进行喷射混凝土施工。

(3) 喷射混凝土施工前，提前检查湿喷机组、机械是否正常。

(4) 设置混凝土喷射控制厚度，一般采用埋设钢筋头的方法控制喷射混凝土厚度，钢筋端头与初期支护设计轮廓线相同，喷射混凝土时，混凝土全部达到钢筋头时即喷射厚度到位（见图1）。

图1　白沙坡隧道湿喷工艺现场照片

5.2　湿喷作业质量要点

(1) 喷射混凝土拌制时，严格按照混凝土配合比进行掺拌，保证混凝土性能与试验数据吻合。本工程采用自动计量混凝土拌和设备，且混凝土拌制后及时运送至喷射现场进行混凝土喷射，放置时间不宜过长。

(2) 在喷射混凝土时，为减少喷射混凝土回弹量，应采用S形曲线方式从隧道底角向拱顶进行喷射，隧道两侧底角平行向上喷射，直到与拱顶中心线结合为止。

(3) 喷射混凝土时，需注意喷射混凝土的风压。风压过小，容易造成喷射混凝土不密实，影响初支混凝土最终强度；风压过大，容易增大喷射混凝土的回弹量，造成浪费。一般情况下，边墙、拱顶的风压分别控制在0.3～0.5MPa、0.4～0.65MPa。

(4) 湿喷混凝土的一次喷射厚度由围岩决定，一般情况下需分2～3次进行混凝土喷射。本工程采取的喷射方式为：第一次喷射混凝土厚度控制在5cm左右，第二次喷射混凝土厚度不少于10cm，第三次对喷射混凝土表面进行收平，直至喷射混凝土表面喷至设计线为止。

(5) 受喷面出现不平整的部位，则需要先对不平整受喷面进行喷平，随后从下往上进行混凝土喷射。

(6) 在喷射混凝土终凝后，需对混凝土进行养护，养护时间不少于7d。本工程采用的养护方式为雾炮机，既能减少隧道扬尘，又能保证初支混凝土湿度，能达到较好的养护效果（见图2）。

5.3　质量控制措施

(1) 施工前，作业厂队和施工班组必须收集并认真研究相关图纸、文件，严格按照设计图纸和规范规定组织施工。

(2) 各分项工程的验收严格执行“三检制”。由作业厂队自检，并按要求填好分项工程验收表；自检合格后报质检员复检（二检）；复检合格后报请三检，三检合格后由质量部报请监理工程师终检。

(3) 严格按设计配合比喷射混凝土。拌和前，试验

图2　白沙坡隧道湿喷工艺效果照片

室人员认真检查提供的配合比是否有误。拌和人员对照试验室提供的混凝土配合比清单，认真调试好拌和站的称量系统和运转设备。称量偏差控制为：水泥、水和外加剂±2%，砂石±3%。现场拌制混凝土时，将试验室提供的配合比进行换算并制成表格，以便现场称量。

（4）喷射混凝土挑选责任心强、有一定工作经验的施工人员成立专业班组，通过对专业班组的实战培训以及厂家现场跟踪指导，快速有效地提高机械手喷射技术。

（5）受喷面必须清洗干净，喷前应保持湿润但又不能有流水，确保喷射混凝土与基面结合紧密。软岩采用高压风吹洗，硬岩可采用水洗，以提高喷射混凝土与岩面黏结强度。当受喷面渗水较多时，应先设排水管将渗水引出，然后再喷射混凝土。

（6）采用分层喷射、“动大臂、移小臂”的操作要点，确保移动喷射点由点到线再到面以保证喷射混凝土的平整度。

（7）喷射混凝土紧跟开挖作业时，为了尽量减少爆破冲击震动给新喷混凝土带来的危害，要求下一循环放炮与喷射混凝土喷完的间隔时间不小于3h，以确保喷射混凝土完全凝固并具有足以抗拒爆破冲击震动的强度。

5.4　安全控制措施

（1）加强安全管理，树立职工的安全意识，并派专人进行安全巡视检查。

（2）注意松石、危石伤人，施工前及时处理。

（3）设备停放处要安全平稳，支腿须着落在坚实稳固的地面上。

（4）洞内或晚间作业时要有良好的通风与照明，并定期检查洞内有害气体浓度。

（5）喷射作业前要认真检查输料管及其接头等有无破损、松动，发现问题，及时处理。

（6）认真检查电源线路和设备的电器部件，保证用电安全。

（7）处理堵管时，工作风压不得大于0.4MPa。

6　结语

综上所述，湿喷工艺在白沙坡隧道实施效果表明，湿喷工艺混凝土施工技术简单易行、施工质量可靠、效果显著。

参考文献

[1]　陈传健. 浅谈湿喷混凝土在隧道中施工应用［J］. 河南建材，2014（4）：166-168.

[2]　陈涛. 隧道湿喷混凝土施工控制技术［J］. 科技创新与应用，2013（32）：203.

[3]　陈铁锋. 地下工程湿喷混凝土技术探讨［J］. 北方交通，2010（1）：57-59.

龙马水电站混凝土面板坝水下检查技术应用与研究

刘延涛/中国水利水电第十四工程局有限公司

【摘　要】多波束、侧扫声呐、伪随机流场拟合法物探检测技术、水下无人潜航器检查技术作为一系列高新技术，在水下检查领域逐渐崭露头角。多波束检测技术可实现水下结构的三维重现，侧扫声呐检测技术可获取水下结构的表观影像信息，伪随机流场拟合法通过测区电流密度信息来判断面板局部渗漏情况，水下无人潜航器检查技术可近距离获取混凝土表观的高清图像资料。四种技术有效结合可实现面板的全覆盖普查和局部详查。

【关键词】混凝土面板坝　多波束检测技术　侧扫声呐检测技术　水下无人潜航器

1　引言

混凝土面板坝表观缺陷水下检查主要存在以下问题：面板长年处在水下，且水深较深；坝前面板由于是缓坡结构，泥沙容易淤积附着在面板上。

针对以上两个问题，本文提出了一套深水水下检查方案，并经过自主改装设计，解决了面板泥沙附着难以获取混凝土表观影像的问题，有效地解决了混凝土面板坝水下检查技术的难题。

2　检测技术思路和技术简介

多波束探测技术、侧扫声呐探测技术、水下无人潜航器检测技术作为海上探测的成熟技术，将其引用到内陆库坝检测中来，与传统的物探方法伪随机流场拟合法相结合，以解决日益严重的水库大坝渗漏问题。

2.1　检查技术思路

采用多波束、侧扫声呐、伪随机流场拟合法、水下无人潜航器检查技术进行面板水下检查，总体思路为“面积性普查与局部详查”相结合，详述如下。

（1）采用多波束检查技术进行水下全覆盖精细扫描，取得面板水下结构三维成果，通过解译实测成果，划分出检查区域内存在的混凝土表观缺陷，定量分析混凝土表观缺陷的规模。

（2）采用侧扫声呐检查技术，对面板进行全覆盖地貌影像采集，为多波束数据的解译与分析提供参考。

（3）采用伪随机流场法对整个工作区域进行面积性普查，通过电流密度局部凸起异常判断面板渗漏情况。

（4）基于多波束、侧扫声呐、伪随机流场拟合法检查成果，对缺陷部位、渗漏异常部位以及其他重点关注的部位，采用水下机器人的方式进行局部详查。

（5）综合分析多种方法实测成果，得出混凝土表观缺陷的规模、类型、位置等参数。

2.2　多波束检查技术

多波束检查技术是以一定的频率发射多个波束，波束具有沿航迹方向开角窄而垂直航迹方向开角宽的特点，多个波束形成扇形声波束探测区。单个发射波束与接收波束的交叉区域称为脚印，发射与接收循环称为声脉冲。根据各个角度的声波到达时间或相位，即可测量出每个波束对应点的水深值，若干个测量周期组合就形成了条带状水深图（见图1）。

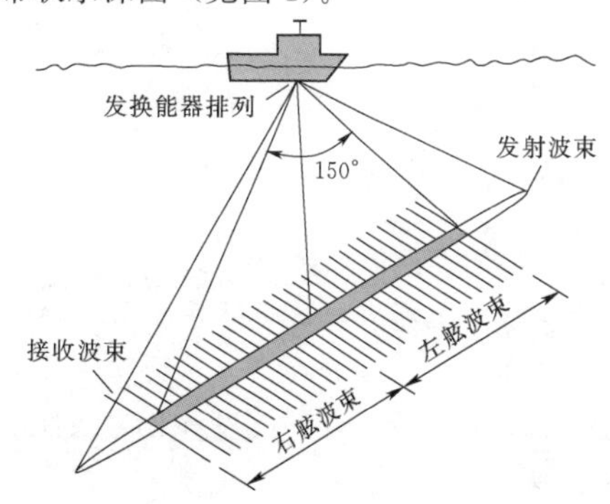

图1　多波束无损检测技术原理示意图

2.3 侧扫声呐检查技术

侧扫声呐是一种主动式声呐，从安装在船体两侧（船载式）或安装在拖鱼内（拖曳式）的换能器中发出声波，利用声波反射原理获取回声信号图像，根据回声信号图像分析水底地形、地貌和障碍物，识别水底沉积物的类型，检测水下物体的表面结构等。侧扫声呐工作原理见图2。

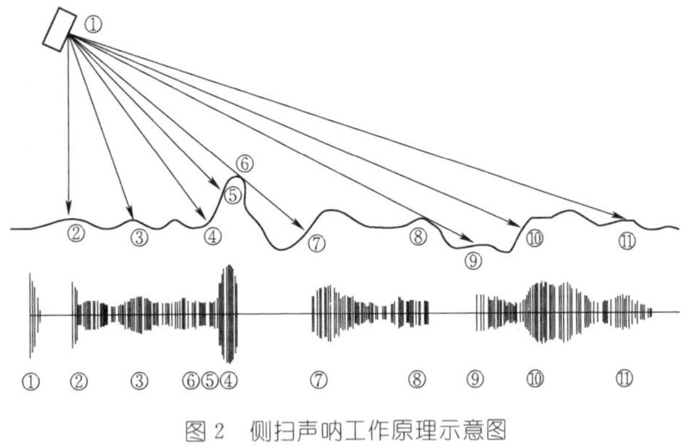

图2 侧扫声呐工作原理示意图

2.4 伪随机流场拟合法

大坝在没有管涌渗漏情况下，正常流速场分布类似于均匀半空间中的均匀电流场。当存在管涌、渗漏时，将出现两方面的异常情况。

（1）在正常流速场基础上，出现了由于渗漏造成的异常流速场。异常流速场的重要特征是水流速度矢量指向管涌渗漏的入水口。理论分析表明，在一定条件下，异常流速场满足的数学物理方程及边界条件与稳定电流场满足的数学物理方程及边界条件相同，因此场的分布也服从类似的规律。

（2）由于渗漏的出现，必然存在从迎水面向背水面的渗漏通道。

根据上述物理现象，将一个电极置于背水面的出（渗）水点（区），另一个电极置于库区水体中，且距离出（渗）水点（区）相当远，以保证测量区域的电流场不受其影响。在水底附近测量三分量（矢量）的电流密度或垂直（标量）电流密度分布，并根据电流场异常情况判断渗漏的入口（区）。由于是用电流密度场拟合渗漏造成的异常流速场分布，因此该方法被称为伪随机流场拟合法。

2.5 水下无人潜航器检查技术

水下无人潜航器（Remotely Operated Vehicle，ROV），也叫水下机器人，是能够在水下环境中长时间作业的高科技装备，尤其是在潜水员无法承担的高强度水下作业、潜水员不能到达的深度和危险条件下更显现出其明显的优势。

水下无人潜航器系统主要包括了ROV潜器单元、地面控制单元、供电单元及吊放系统四部分。其中，ROV主机包括了高分辨率彩色摄像机、避碰声呐、内置姿态传感器、机械臂、推进器、照明灯等部件。地面控制系统包括计算机控制系统，DV录像系统等部件。

3 应用实例与分析

混凝土面板坝前一般为缓坡结构，再加上库水泥沙含量较大，导致水下面板上附着一层泥沙。坝前水位一般都较深，潜水员水下探摸安全风险较大、成本较高，且难以做到全覆盖检查。针对此种情况，采用多波束、侧扫声呐、伪随机流场拟合法、水下无人潜航器检查等技术，对该面板进行了水下全覆盖检查。多波束检查技术获取水下面板的三维体型信息，侧扫声呐检查技术获取水下面板的影像信息，伪随机流场拟合法获取面板电流密度凸起异常信息，ROV水下检查获取缺陷部位、渗漏部位以及其他重点关注的部位的高清照片，遵循面积性普查与局部详查的技术思路。

3.1 全覆盖普查

（1）云南省龙马水电站采用多波束检查技术对库水位线以下面板进行全覆盖扫描，多波束获取面板的实测体型，与面板的设计体型进行对比分析，对比成果见图3。从图中可知：①高程595m马道以上面板未见大的混凝土凹陷和鼓包，没有大的混凝土表观缺陷；②高程595m马道以下面板存在不同程度的淤积，淤积厚度在1～20m之间。

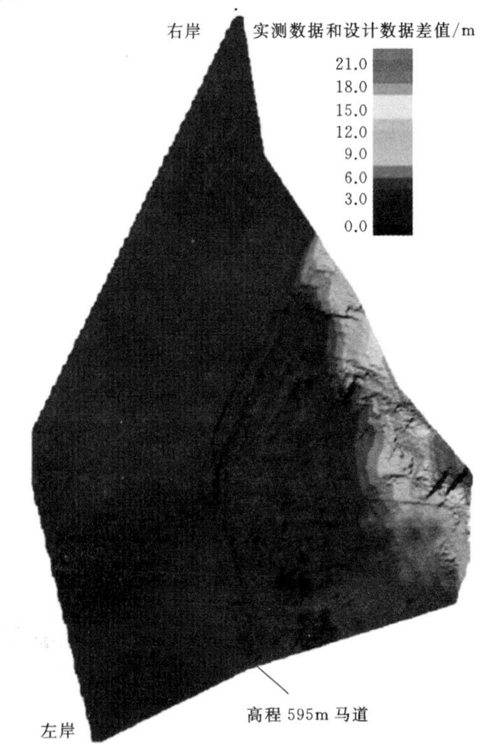

图3 面板库水位线以下部位实测体型与设计体型差异图

（2）再采用侧扫声呐检查技术对库水位线以下面板进行全覆盖扫描，检查成果图见图4。从图4中可知面板未见大的混凝土凹陷和鼓包，没有大的混凝土表观缺陷，与多波束水下检查成果一致。

图4　面板库水位线以下部位侧扫声呐检查成果图

（3）接着采用伪随机流场拟合法进行库区渗漏入水口的具体位置的探测，探测成果图见图5。从图5中可以看出，本测区电流密度正常范围为5～15mA/m²，异常部位电流密度表现为高值异常，为正常值的3倍甚至5倍。共发现5个高电流密度异常区，编号①～⑤均推测为渗漏入水口的反映。①号异常区位于库区左岸上部，高程在620～635m位置；②号异常区位于库区左岸下部，高程在570～600m位置；③号异常区位于库区右岸上部，高程在603～608m位置；④号和⑤号异常区均位于库区右岸下部，高程分别为568～571m和559～562m。其中，①号和②号异常区的电流密度值较大且范围广，推测为主要的渗漏异常区；③号、④号和⑤号异常区，电流密度值较小，范围较小且分布零星，推测为次要异常区。各异常区平面位置均见图5。

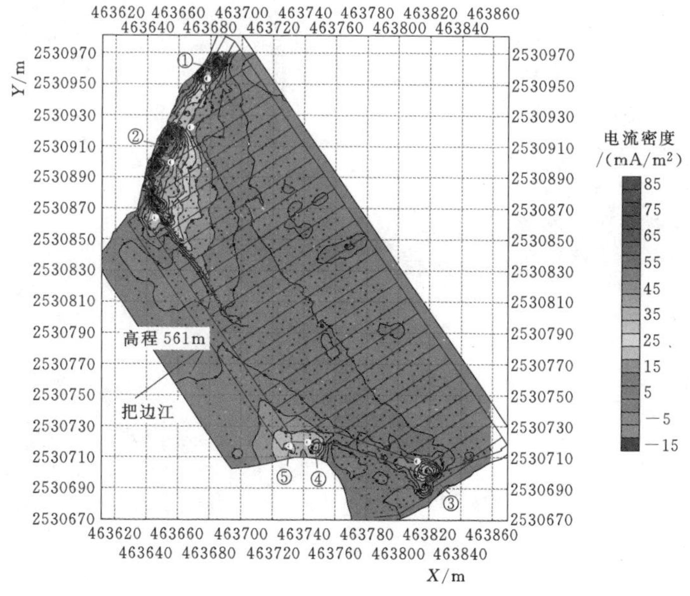

图5　云南省龙马水电站库区电流密度等值线图

3.2　局部详查

采用水下机器人搭载高清摄像设备对多波束、侧扫声呐、伪随机流场拟合法等检查出的缺陷、渗漏异常部位进行局部详查，多种方法相互验证，最终实现面板的全覆盖普查和局部详查的目的。

库水位以下面板由于常年处在水下，坝面普遍存在泥沙附着，ROV水下摄像局部详查存在两个问题：①坝面泥沙附着，难以获取混凝土表观摄像数据；②ROV接近面板时由于推进器的扰动，容易把附着在坝面的泥沙扬起将水搅浑，严重影响ROV高清摄像头的视距范围。针对以上情况，研制出了一套水下清洗和摄像的方案，用于泥沙附着面板的水下摄像检查。

本方案是通过设计一款清洗爬行车和一个摄像车

实现水下清洗和摄像。爬行车主要由车体框架、清洗系统、牵引制动系统组成，摄像车主要由搭载小车、GoPro相机以及示踪墨盒组成。具体工作内容如下。

(1) 将高压水泵固定在清洗爬行车上，在车的前端设计有高压水枪。

(2) 清洗系统在顶端卷扬机的牵引下在坝面斜坡上从上往下或从下往上行走，行走过程中尽量匀速缓慢。

(3) 冲洗完毕后原路收回清洗系统。

(4) 摄像系统在人力牵引下搭载GoPro相机及视踪墨盒对清洗完的坝面进行水下摄像和渗漏检查，每块面板布置沿面板斜坡方向三条平行检查测线，测线间距4m，其中一条为面板接缝测线。

采用该套设备，对普查阶段发现的缺陷、渗漏部位进行水下清洗摄像检查，发现面板局部部位出现混凝土掉块的现象和局部部位示踪剂随水入缝的现象，验证了普查成果，实现了对普查成果的详查。面板清洗前，表面均有泥沙覆盖，难以见到混凝土的表观。面板清洗后，泥沙已被冲走，可见面板结构的表观情况。图6 (a) 为面板上发现的混凝土局部掉块缺陷；图6 (b) 为示踪喷墨，检查缺陷部位吸墨情况，从而综合推断其渗漏情况。

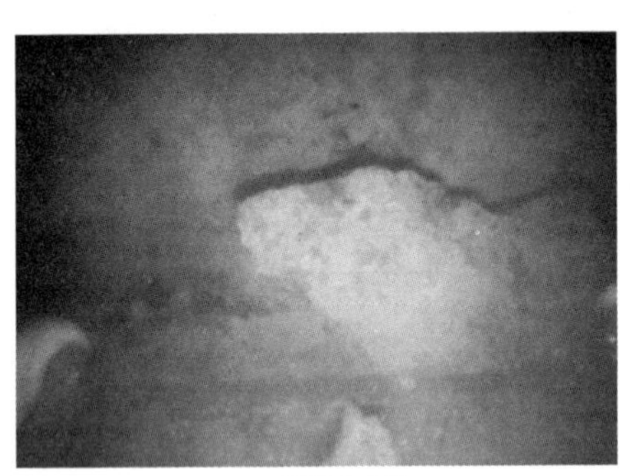
(a) 混凝土掉块

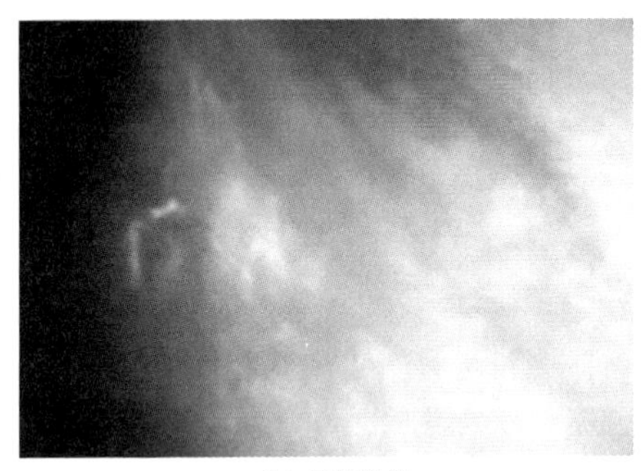
(b) 示踪喷墨

图6 面板库水位线以下水下清洗摄像典型成果图

4 结语

采用多波束、侧扫声呐、伪随机流场拟合法、ROV水下检查技术等综合方法，对面板进行全覆盖普查和局部详查。通过自主改装研制的水下清洗摄像设备，突破了已有方法的局限性，充分利用各种方法的优势和特点，解决了混凝土面板坝水下检查技术难题。建议将该综合检查技术作为混凝土面板坝水下检查的常规检查技术，为面板坝水电站的运行检修提供可靠的技术保障。

参考文献

[1] 杨宇. 水下多通道真彩色三维重建与颜色还原方法研究 [D]. 青岛：中国海洋大学，2014.

[2] 熊春宝，田磊，熊爱成，等. 侧扫声呐声波掠射角对海底管道检测的影响 [J]. 测绘通报，2016 (4)：58-63.

本栏目审稿人：张志良

TRT 超前地质预报技术在 TBM 施工隧洞中的应用

刘延涛/中国水利水电第十四工程局有限公司

【摘　要】 隧道超前地质预报对深埋长隧洞开挖非常必要，通过探测隧洞掌子面前方地质情况，推测掌子面前方地质条件及不良地质体的位置、规模、走向等。采用 TBM 开挖的隧道，掘进速度快，要求超前地质预报紧跟 TBM 掘进，探测快速有效。TRT7000 超前地质预报系统采用三维空间观测、锤击震源、无线连接方式，是 TBM 开挖中长距离超前地质预报的优选方法。本文通过工程实例，阐述了该超前地质预报系统的基本原理、数据处理及成果解释的方法，验证了该方法的有效性和实用性。

【关键词】 TRT7000 超前地质预报　TBM 施工隧洞

1　引言

深埋长隧洞地质条件具有复杂多变的特点，尽管前期勘察做了大量的地质勘探工作，但限于当前的地质勘探水平，在勘察过程中想要完全查明工程岩体的特性、结构面的空间分布，准确无误地查明发现可能发生地质灾害的位置、规模等是极其困难的。在深埋长隧洞施工中，全断面岩石掘进机（Tunnel Boring Machine，TBM）施工相比传统的钻爆法施工具有掘进与出渣速度快，对围岩扰动小，作业人员工作强度小，作业安全性高及综合经济效益高等优势，越来越受深埋长隧洞工程建设者的青睐。但 TBM 施工受地质条件的制约较大，在施工中遇断层、蚀变岩层、破碎岩层等时，若未提前采取相应应对措施，往往会造成 TBM 卡机、埋机，甚至被毁，从而造成工期延误与巨大经济损失。超前地质预报在深埋长隧洞中的地位显得尤为重要，准确推测隧洞掌子面前方的工程地质条件，不良地质体的位置、走向、规模等，可有效弥补因前期地质勘察工作的局限而未能准确查明的各类工程地质问题，为后续 TBM 机安全快速施工提供依据。

目前隧洞工程中运用的超前地质预报方法种类繁多，主要包含超前钻探类、地震反射类、红外线探水预报、电磁法类以及直流电法类等方法。在 TBM 施工隧洞中，TBM 庞大的刀盘占据了隧洞掌子面，无法直接在掌子面进行检测预报，且 TBM 机身对电磁场产生强烈干扰，导致电磁法类超前预报方法在 TBM 施工隧洞中无法实施。隧道反射层析成像系统（True Reflection Tomography，TRT），是由美国 C－Thru Ground 西斯陆地地质设备公司研制的隧道超前地质预报仪器。该技术采用三维空间观测方式和地震层析成像技术进行数据处理，能够提高不良地质体的定位精度，成果直观，较隧道地震勘探（Tunnel Seismic Prediction，TSP）和负视速度法有明显的改进。TRT7000 设备体积小，便于携带，且采用锤击震源，避免了采用炸药震源的烦琐审批、领用程序和安全问题，采用无线连接，探测占时短（1.5～2h），在 TBM 机检修维护期间便可进行超前地质预报工作，不影响 TBM 机的正常掘进，是一种在 TBM 施工隧洞中的长距离超前地质预报优选方法。本文利用 TRT7000 在某 TBM 施工隧洞中的预报的基础上，验证该方法的实用性。

2　TRT 原理及数据采集

TRT 超前地质预报系统是利用锤击地震波，在传播过程中遇到波阻抗差异界面时（如断层、软弱层、岩溶等）会发生反射和透射，一部分反射回来的信号会被安装在隧道洞壁上的传感器接收并记录下来，一部分则通过透射继续向前传播（见图1）。传感器接收到的反射信号的时间、振幅、频率及衰减特性与掌子面前方地质体的性质密切相关，通过处理分析反射信号，便可得到隧道掌子面前方地质体的性质（节理裂隙带、软弱带、断层破碎带等）、位置及规模。当地震波从低阻抗介质向高阻抗介质传播时，反射系数为正；反之，反射系数为负。反射系数计算公式如下：

$$R=\frac{\rho_2 v_2-\rho_1 v_1}{\rho_2 v_2+\rho_1 v_1} \tag{1}$$

式中　R——反射系数；

ρ_1、ρ_2——岩体的密度；

v_1、v_2——地震波在岩体中的传播速度。

TRT7000超前地质预报系统，主要由1个触发器、1个十磅锤、10个传感器、11个无线模块、1个基站、1台主机构成。

TRT7000超前地质预报系统一般布置12个震源点和10个传感器点，震源点一般布置在接近掌子面的左右边墙上，分两排布置，间隔一般为2m。传感器点布置在离震源点10～20m的隧道两边墙及拱顶上，分四排布置，每排相隔5m。在选取震源点及传感器点时尽量选取围岩完整、锤击清脆的位置，现场数据采集过程中可根据现场实际情况做适当调整。TRT的震源点和传感器点采用立体布置方式，使得TRT方法可以定位异常体的三个维度上的边界，具体布置见图2。

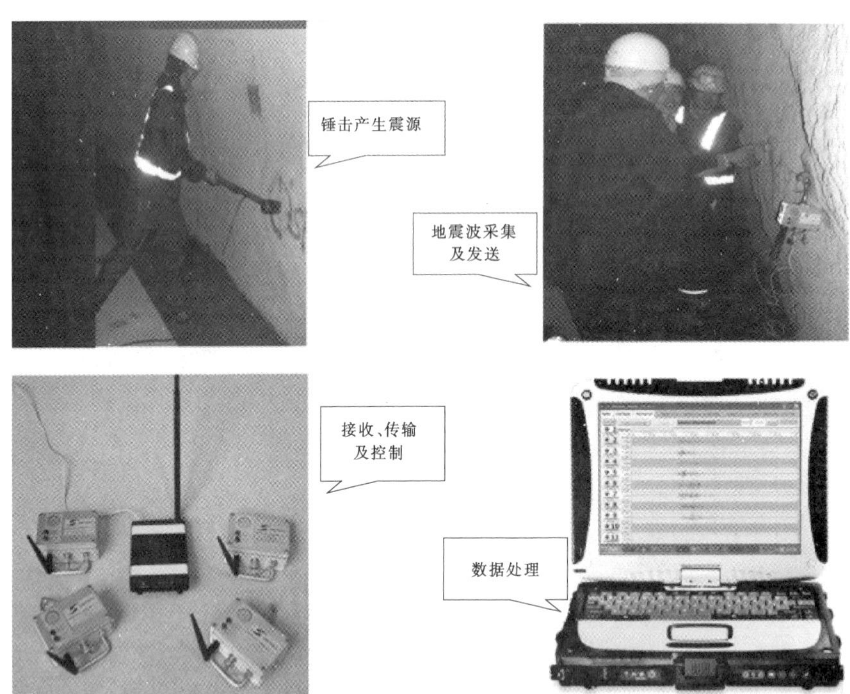

图1　TRT7000探测系统

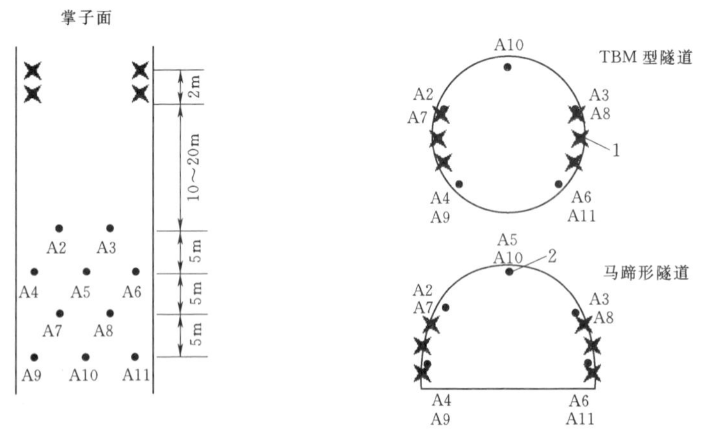

图2　TRT7000震源点及传感器点的布置方式

1—震源；2—检波器

现场数据采集时，须在环境干扰小的时间段进行，锤击时大锤与岩壁完全贴合，干脆利落，保证首波清晰，波形延续时间短，呈正常衰减状态。若现场环境干扰较大，或者敲击不规范（锤击多次敲击洞壁、锤击钢拱架或者钢筋排等情况），信号呈现首波不清、波形存在“毛刺”或首波到达之后存在二次起跳，且信号延续时间长等情况时，应重新进行采集，直至数据真实有效。每个震源点应采集 3 组有效数据。

3 TRT 在隧洞地质预报中的应用

在大规模开展基础设施建设的背景下，我国 TBM 施工技术得到大发展，TBM 施工技术已成为大型隧洞工程的主流施工技术。我国新疆天山隧洞工程具备埋深大、围岩应力高、单洞长度大的特点，该工程采用新研制的 TBM 施工技术。TBM 施工技术具有施工维护周期短、掘进快、支护及时的特点，但是存在刀盘与掌子面空间狭小，靠近掌子面围岩段遮挡面积大，可敲击位置分布不对称，停工维修时间短等特点。常规的地震反射类、电磁法类以及直流电法类等方法局限性大。因此，该隧洞工程采用了布置相对灵活、抗干扰能力强、技术较成熟先进的 TRT 检测法。

3.1 工程概况

新疆天山隧洞工程洞长约 42km，采用 TBM 施工技术，隧洞最大埋深达 2268m。超过 1000m 埋深的洞段占 53.3%，跨越的地质单元众多，隧洞区工程地质及水文地质条件十分复杂。采用 TRT 检测法，结合本工程实际选取典型洞段应用，见 3.2 节。

设计书对探测区段的地质概况描述：该段隧洞围岩分级划分为Ⅱ类为主，Ⅲ类次之，蚀变破碎带为Ⅴ类，围岩强度以中等为主，局部具备强烈岩爆条件，物探表明属高阻区。

现场地质情况：岩性为二长花岗岩，围岩总体较完整，强度高，地下水出露以滴水—线状流水为主，局部干燥。

3.2 TRT 图像分析与解释

本次预报采用 TRT7000 超前地质预报系统，预报段为 K37＋120～K36＋990。通过对 TRT 预报资料分析处理，得到成果见图 3。

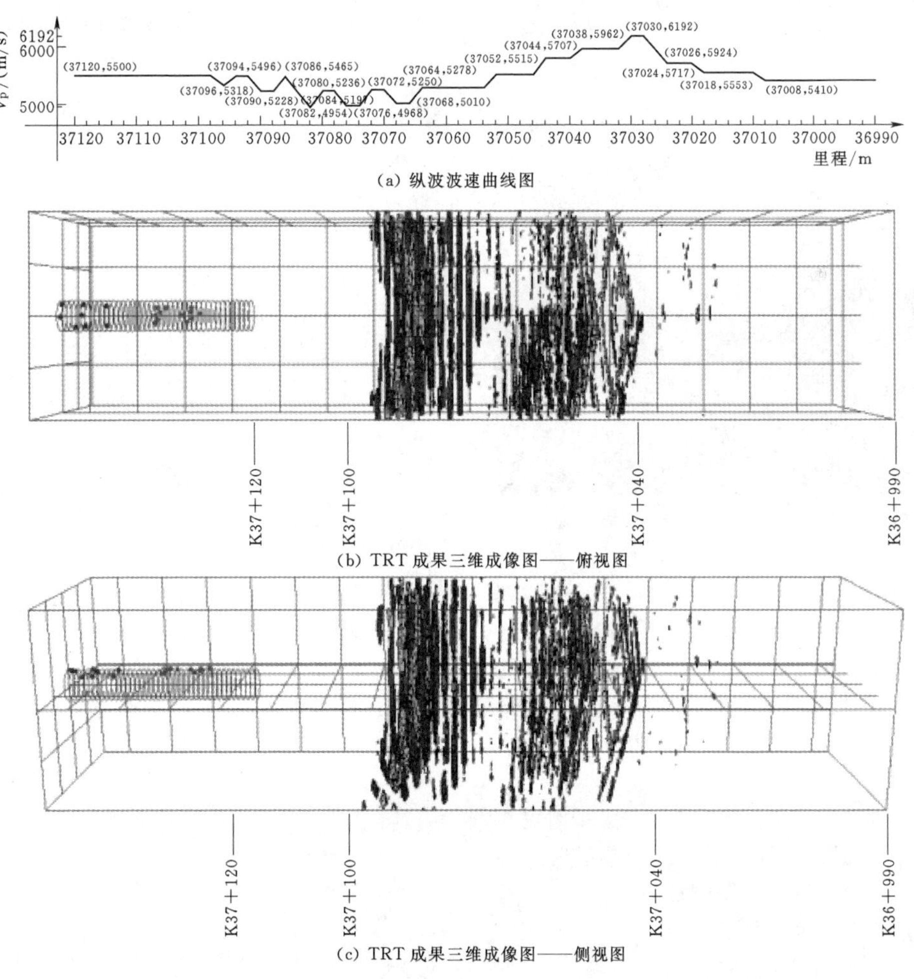

(a) 纵波波速曲线图

(b) TRT 成果三维成像图——俯视图

(c) TRT 成果三维成像图——侧视图

图 3 K37＋120～K36＋990 段 TRT 成果图

（1）桩号 K37＋120～K37＋100 段情况：该段长 20m，相对的纵波波速 5000m/s，推测该段围岩总体较完整，岩面状态以干燥为主。

（2）桩号 K37＋100～K37＋040 段情况：该段长 60m，相对的纵波波速介于 4954～5797m/s 之间，推测该段围岩总体完整性差，节理裂隙较发育，掘进中易形成塌腔和较多掉块，地下水出露以渗水—滴水为主，局部线状流水。

（3）桩号 K37＋040～K36＋990 段情况：该段长 50m，相对的纵波波速介于 5410～6192m/s 之间，推测该段围岩较完整—完整性差，局部节理裂隙较发育，注意不利结构面组合引起的塌腔和掉块，岩面状态以干燥为主。

3.3 超前地质预报与实际开挖情况对比

对本次预报后的开挖情况全程进行了跟踪对比。

（1）预报的桩号 K37＋120～K37＋100 段和桩号 K37＋040～K36＋990 段，纵波波速变化小，三维成像图没有明显的反射信号出现，说明围岩与掌子面附近出现的围岩差不多，该段围岩推测为较完整。实际开挖情况为围岩较完整（见图 4），洞壁基本无掉块，只在靠近节理裂隙较发育的下一个洞段受掘进影响时出现了掉块。预报与实际开挖相符。

图 4　桩号 K37＋120～K37＋100 洞段

（2）预报的桩号 K37＋100～K37＋040 段，纵波波速较小且变化较大，三维成像图有明显的反射信号，说明围岩的反射界面增多。该段围岩推测为总体完整性差，节理裂隙较发育，易形成塌腔和掉块。实际开挖情况为围岩完整性差（见图 5），洞壁节理裂隙较发育形成小塌腔。预报与实际开挖相符。

对预报的塌腔洞段，施工中及时支护避免了因塌腔造成的经济损失。根据现场开挖后的隧洞地质情况来看，TRT 在 TBM 机施工隧洞中预报效果理想，与开挖揭露的地质情况吻合度较高，能够有效指导 TBM 机的施工。

图 5　桩号 K37＋100～K37＋040 洞段

4 结论

本工程实例说明，TRT 超前地质预报系统作为长距离预报的物探方法，在 TBM 施工中具有明显的优势。

（1）TRT 能够很好地指导 TBM 机隧洞施工，其检测占时短、布置灵活、预报准确，是 TBM 施工隧洞中长距离超前地质预报的优选方法。

（2）在进行 TRT 成果解译时必须结合现场工程地质情况进行预报，要求现场工作人员需对检测现场的工程地质环境有一定的了解。

参考文献

［1］杜彦良，杜立杰．全断面岩石隧洞掘进机系统原理与集成设计［M］．武汉：华中科技大学出版社，2011.

［2］刘绍宝，张应恩，周如成．超前地质预报在 TBM 施工中的应用［J］．现代隧道技术，2007，44（3）：35－41，49.

［3］肖宽怀．隧道超前预报地球物理方法及应用研究［D］．成都：成都理工大学，2012.

［4］TRT 预报波速参数优化及其在贵州某岩溶隧道地质预报中的应用［J］．现代隧道技术，2016，53（5）：200－207.

［5］李术才，刘斌，孙怀凤，等．隧道施工超前地质预报研究现状及发展趋势［J］．岩石力学与工程学报，2014，33（6）：1090－1113.

［6］白明洲，田岗，王成亮，等．基于 TRT 系统的地质构造三维成像技术及其改进方法［J］．地球物理学报，2016，59（7）：2648－2693.

［7］刘杰，廖春木．TRT 技术在隧道地质超前预报中的应用［J］．铁道建筑，2011（4）：77－79.

［8］田岗，白明洲，王成亮，等．TRT 预报波速参数优化及其在贵州某岩溶隧道地质预报中的应用［J］．现代隧道技术，2016，53（5）：200－207.

［9］赵永贵．国内外隧道超前预报技术评析与推介［J］．地球物理学进展，2007，22（4）：1344－1352.

泉域排泄带隧洞超前预注浆堵水施工技术研究

阳福生　胡惠珍/中国水利水电第十四工程局有限公司

【摘　要】依托工程地处泉域排泄带，地下水较丰富，且埋深较浅，冲沟、低洼部位多处有泉水出露；地质条件较差，泥灰岩、灰岩层状结构分布，且裂隙发育、岩体破碎，部分洞段穿越煤层、断层。根据地质勘察资料，现场增设超前探水孔等，结合开挖支护中地下渗涌水情况，制定超前预注浆堵水措施，有效地控制隧洞开挖支护期间的地下渗涌水，降低了抽排水压力及施工安全风险，提高了开挖支护施工质量，加快了施工进度，并最大限度降低了地下水资源的浪费。

【关键词】泉域排泄带　超前预注浆　堵水施工技术

1　引言

对于地质情况复杂的泉域排泄带，水源保护要求很高。为防止开挖面涌水，除了沿隧洞开挖轮廓线（含底部）按轴向辐射状布置孔外，在开挖面范围内，也布孔注浆。对于围岩破碎带、穿煤层段，且地下水渗涌水较大洞段，在沿隧洞开挖轮廓线（含底部）按轴向辐射状增设超前小导管注浆。超前小导管的技术参数为：钢管ϕ50@200mm，$L=4.5$m，仰角5°～10°，搭接1.5m，钢管壁设置直径为10mm的圆孔，孔间距为10cm，梅花形布置。

在注浆管注入按一定比例配制而成的水泥+水玻璃双液后，浆液渗透扩散到破碎带的孔隙中并快速凝固，与周围破碎岩固结成具有一定强度的结石体，使隧洞周边一定范围内的围岩裂隙填充密实，从而在开挖轮廓线周边一定范围内形成一个堵水帷幕（加固）。堵水帷幕切断了地下水流通路，以此达到固结止水，保持围岩稳定，增强施工安全的目的。

2　施工工艺原理及作业流程

2.1　施工工艺原理

泉域排泄带隧洞超前预注浆是结合超前探水兼试验孔，超前地质预报，隧洞四周水文地质监测结果等水文、地质资料，由现场专业技术人员研究制定的注浆方案。在掌子面开挖轮廓线按轴向辐射状布设一圈注浆孔，采用简易压水试验将隧洞四周岩层存在的裂隙冲洗干净，按照已确定灌浆参数往注浆孔内压入纯水泥浆液或纯水泥+水玻璃双浆液，采用浆体将隧洞四周一定范围内的裂隙填充密实，与岩层结合为一体形成闭合阻水圈，从而改善隧洞物理力学性能及结构，提高隧洞围岩整体稳定性、密实性及抗渗性。

2.2　施工程序

超前预注浆具体施工程序为：封闭掌子面裂隙渗涌水→超前探水兼试验孔→结合相关资料制定合理注浆方案→布设注浆孔→钻孔→洗孔→孔口埋设注浆管→连接注浆系统→简易压水试验→注浆→终孔→检查。

2.3　施工工艺流程

泉域排泄带隧洞超前预注浆堵水工艺流程详见图1。

3　超前预注浆堵水施工技术要求

3.1　不同环境条件下的超前预注浆堵水方案

（1）针对穿越煤层，岩体较破碎和裂隙较发育洞段，渗涌水量较大洞段，采用YT-28型手风钻钻进串接裂隙或掌子面造2m深的超前堵水孔，并灌注浓浆加水玻璃，封闭掌子面渗涌水。在边顶拱部位的预注浆孔内置钢花管（钢管壁设直径为10mm的圆孔，孔间距为10cm，梅花形布置）进行超前预注浆堵水，钢花管兼做

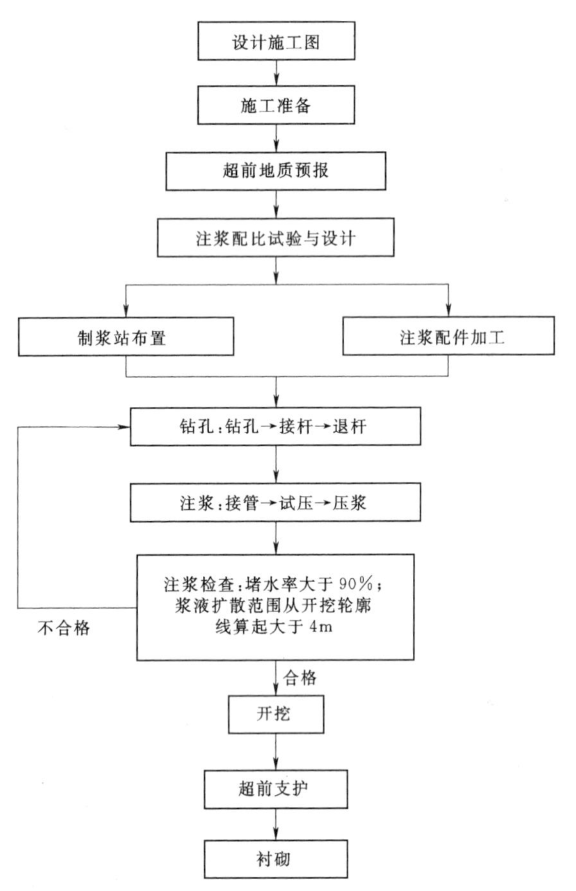

图1　隧洞超前预注浆堵水施工工艺流程图

超前小导管灌浆（水泥浆液＋水玻璃双液灌浆）。超前小导管技术参数：钢管 ϕ50@200mm，$L=4.5$m，仰角5°～10°，搭接1.5m。超前小导管双液注浆堵水技术，既可提高隧洞初期支护前的抗变形能力，确保施工安全，又能达到堵水作用，避免隧洞开挖爆破后出现较大涌水，增加施工难度。针对局部渗涌水较大洞段区域，需加密、加深超前堵水灌浆孔，采用水泥＋水玻璃进行双液堵水灌浆，注浆孔平面布置图见图2。

（2）针对堵水灌浆孔出水较大情况，在孔口埋设的灌浆管外壁绑扎膜袋，采用纯水泥浆将膜袋注满浆，使注浆管与孔壁之间填充密实，压缩出水点空间，以减小出水量。这一措施能快速高效地形成止浆塞，止浆效果较好。

3.2　钻孔

（1）大型、特大断面隧洞施工：城门形隧洞35～120m^2 或等效圆直径6.5m以上钻孔采用履带式潜孔钻钻进，沿开挖面轮廓线辐射状布设钻孔24个（20个以上），对于局部渗水严重洞段可根据现场情况进行加密，孔深14m，孔径56～108mm。钻孔孔径偏差应小于40mm，堵水灌浆结束后，开挖至10m时进行下一循环打孔，预留4m堵水灌浆搭接长度。

（2）中型断面隧洞施工：隧洞20～35m^2 或等效圆直径4.5～6.5m，钻孔采用100B潜孔钻钻进，沿开挖面轮廓线辐射状布设钻孔16个（16～20个），对于局部渗水严重洞段可根据现场情况进行加密，孔深14m，孔径56～108mm，钻孔孔径偏差应小于40mm，堵水灌浆结束后，开挖至10m时进行下一循环打孔，预留4m堵水灌浆搭接长度。

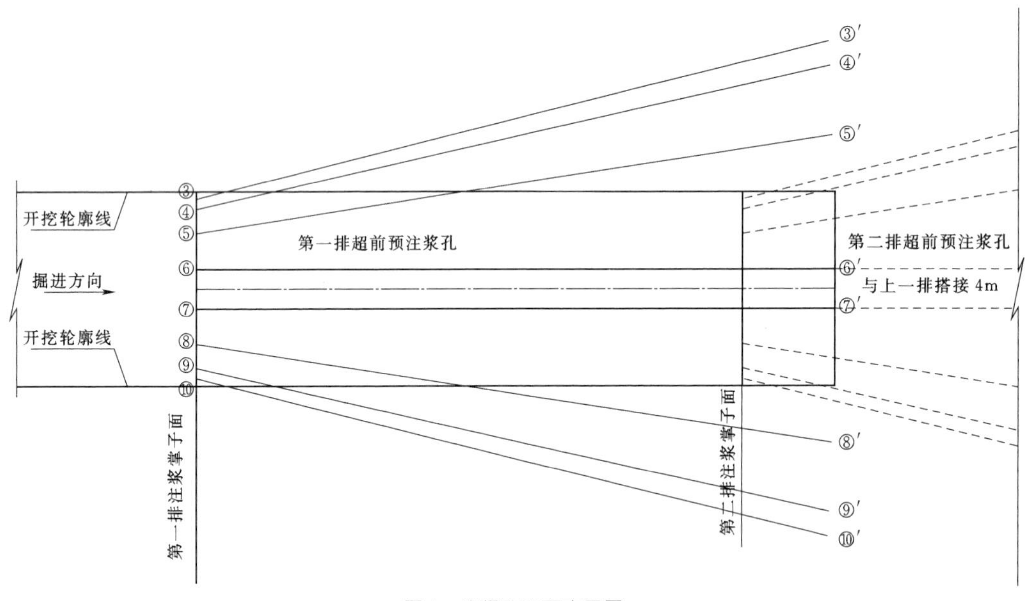

图2　注浆孔平面布置图

（3）小断面隧洞施工：城门形洞20m^2 以下或等效圆直径4.5m以下，岩石中采用100B潜孔钻造孔，沿开挖面轮廓线辐射状布设钻孔15个（10～15个），对于局部渗水严重洞段可根据现场情况进行加密，孔深7m，孔径56～108mm，钻孔孔径偏差应小于40mm，堵水灌浆结束后，开挖至5m时进行下一循环打孔，预留2m

堵水灌浆搭接长度。

注浆孔剖面图见图3。

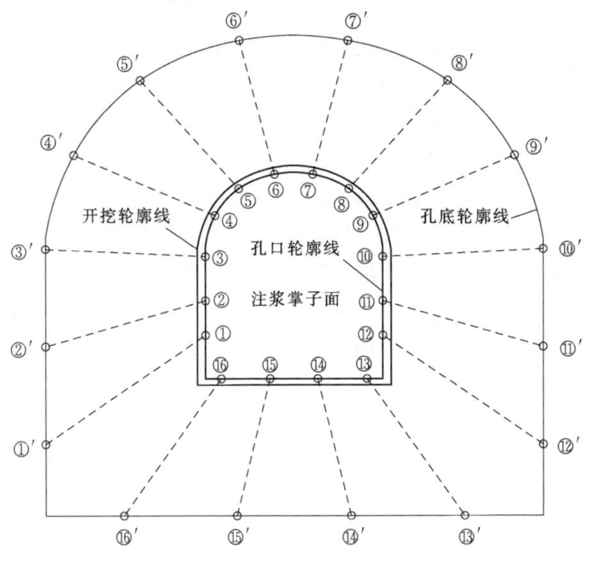

图3　注浆孔剖面布置图

(4) 根据超前预注浆堵水设计施工图，将注浆孔测放在开挖面轮廓线上并统一编号，采用油漆标记清楚Ⅰ序、Ⅱ序预注浆孔。钻孔包含超前探水兼试验孔（可利用Ⅰ序灌浆孔作为超前探水兼试验孔）、灌浆孔及灌后检查孔，灌后检查孔在Ⅰ序、Ⅱ序注浆孔注浆结束后施工。Ⅰ序灌浆孔造孔灌浆结束后，再进行Ⅱ序灌浆孔造孔作业，Ⅱ序灌浆孔灌浆结束后，现场有针对性地设置检查孔，检验堵水灌浆效果，检查孔一般选取在钻孔过程中出水较大的区域设置。

钻孔过程中应严格做好钻孔记录，包括孔号、钻孔进尺、开钻时间、封孔时间、岩层裂缝发育情况、涌水位置、涌水量、涌水压力等。钻孔过程中若单孔出水量小于30L/min，可继续钻进；若单孔出水量大于30L/min，采取造完一个孔，立即在孔口段安装预注浆管（带闸阀）进行孔口封闭，直至完成所有造孔后再统一进行堵水灌浆。

(5) 钻孔质量直接影响灌浆施工的成败，应从钻机安放、孔序、孔位、孔深、孔斜等方面严格控制，具体措施如下。

1) 钻机安放：钻机安放必须牢固平稳，钻架平台搭设必须牢固、稳定，且采用水平仪对钻架平台进行调平。

2) 孔序：Ⅰ序孔（兼做超前探水孔）→Ⅱ序孔→检查孔。

3) 孔位：钻孔开孔位置与设计位置的偏差应小于10cm，钻孔孔底的允许偏差应小于40cm，对实际孔位做好现场记录。

4) 孔深：钻孔深度必须达到确定的设计孔深。

5) 孔斜：钻孔过程中应适时进行角度控制，针对岩体破碎易卡钻的区域，采用跟管法进行造孔。

6) 清孔：钻孔完成后及时进行孔内冲洗，洗孔时采用导管压入清水，从孔底向孔口进行冲洗。冲洗水压采用80%的灌浆压力，压力超过1MPa时，冲洗压力采用1MPa。直至孔口回水澄清为止，且孔内残存沉积物不能超过20cm。洗孔完成验收合格后及时进行简易压水试验，若间隔时间超过24h，注浆前则需要重新洗孔。简易压水时间以20min为宜，每5min测读一次压入流量，连续四次读数中，最大值与最小值之差小于最终值的10%，或小于1L/min时，压水试验即可结束，取最终值为计算值。压水试验成果以透水率q表示，单位为吕荣（Lu），计算公式为：$q=Q/(pL)$。

3.3　制浆

(1) 根据施工现场的实际情况在合适位置修建制浆站，采用相对集中的制浆方法，满足制浆、排放等一系列施工要求。同时，为便于水泥堆放及存储，在制浆站旁用钢管搭设水泥存储棚，制浆站旁设置沉淀池，污水经沉淀池沉淀后，经污水系统排出洞外。制浆站采用ZJ-400c高速制浆机按照确定浆液的配比参数制浆，水泥浆拌制好后采用1mm×1mm网筛过滤，再进行二次搅拌确保浆液均匀。采用输浆管将浆液输送至开挖面储浆桶，输浆管路采用$D25$钢管或钢编管，为便于检查输浆管路，每隔几根输浆管安装一个活动连接。为方便用浆，在灌浆现场每个储浆桶附近安装一个阀门。为保证浆液均匀性及在注浆间隙时不沉淀，在储浆桶桶口架立摆线针轮式减速器和立式电动机适时搅拌浆液。

(2) 采用集中制浆、现场配浆，制浆站制备原浆（0.5∶1）的模式制浆。使用高速搅拌机搅拌浆液，搅拌时间不少于30s，输浆泵将原浆输送到灌浆现场储浆桶。注浆材料主要以灌注单液水泥浆液为主，水泥标号不低于42.5级，或在水泥浆液中加入水泥重量3%～5%的水玻璃作为促凝剂，遇到大涌水时可灌注水泥+水玻璃双浆液，现场严格按照设计配比配浆。浆液自制备至用完的时间小于4h。输送浆液管路流速宜为1.4～2.0m/s。灌浆结束后，立即清洗好设备及管路，以保持后续灌浆时的畅通性。

3.4　灌浆

(1) 制浆、灌浆管路连接：灌浆管路连接并检查合格后，按照已定参数进行灌浆。在灌浆过程中根据实际情况及时调整灌浆参数，并采用GZY-2000型自动记录仪进行灌浆数据采集及处理，从临时操作间向各个施工点布设数据传输线路，线路平行于输送浆管线。

(2) 孔口管埋设：孔口管的埋设质量直接影响注浆效果的好坏，孔口管对浆液起着导向作用，安装时严格控制好外插角。将孔口管外壁一定范围内绑扎上膜袋，插入注浆孔，外露约30cm，采用纯水泥浆充填膜袋将注浆管与孔壁之间填充密实，保证不漏浆、不串浆，最终与制浆管路系统连接形成完整的灌浆通路系统。

(3) 灌浆方式：超前预注浆采用全孔一次压入式或前进式。钻孔过程中未涌水的，就一钻到底，全孔一次压入式注浆。在钻孔过程中，如发现有水，即停止钻孔，采取注一段钻一段的前进式注浆，直至达到设计段长位置。

在水压、水量较大的情况下，还可采用分层泄水减压、分层注浆方式。即下层管注浆，中层管放水；中层管注浆，上层管放水，这样逐层抬水把水排挤到拱顶以上规定的止水固结圈以外。

(4) 注浆参数：初始灌浆压力采用 0.3～0.5MPa，具体灌浆压力根据现场实际情况适时加以修正，选择合适的灌浆压力。超前预注浆按 2～3 倍水头进行调整，但正式灌浆压力不应小于 1MPa。根据现场地质、水文、工程要求等确定灌浆结束标准。一般情况下，单孔灌浆在设计压力下，注入率不大于 1L/min 后，持续灌注 30min 即可结束灌浆。

4 结语

通过超前预注浆处理，对于围岩破碎带、穿煤层段，且地下水渗涌水较大的洞段，在沿隧洞开挖轮廓线（含底部）按轴向辐射状增设超前小导管进行双液注浆，在隧洞四周形成封闭的阻水圈加固岩体。从而提高了围岩稳定性及抗渗性，减少了隧洞渗涌水，降低了抽排水费用，能有效控制隧洞超欠挖，提高隧洞初期支护质量。同时，使浆液渗透扩散到破碎带的孔隙中并快速凝固，与周围破碎岩固结成具有一定强度的结石体，在隧洞周边一定范围内围岩裂隙填充密实，以及在开挖轮廓线周边一定范围内形成一个堵水帷幕（加固），切断地下水流通路，以此达到固结止水的目的。超前预注浆处理避免了因工程施工造成地下水流失过多，导致地下水位降低，破坏自然生态环境。

全自动灌浆智能系统设计改进及使用中的问题探讨

阳福生　胡惠珍/中国水利水电第十四工程局有限公司

【摘　要】全自动灌浆智能系统是在现有的灌浆自动记录仪系统的基础上，根据现行灌浆规范及其工艺要求，全面运用现今最先进的自动化控制技术、网络通信、信息加密等软件技术，仅需极少的人工干预，实现灌浆工艺自动控制、水泥浆液自动配置、压力自动调节、数据自动记录、信息联网自动汇总上传的灌浆工程全过程自动化与智能化管理的系统。

【关键词】全自动灌浆智能系统　水泥灌浆　灌浆规范

党的十八大以来，我国的清洁能源消费总量逐年提升，水电、风电、太阳能发电累计装机规模均位居世界首位，我国水电站近年来开发了长江三峡、白鹤滩、乌东德等大型水电站，这些高坝电站对灌浆技术的自动化提升要求越来越高，为了解决落后的灌浆自动化技术与先进的大坝电站施工要求，三峡公司在白鹤滩和乌东德电站对全自动灌浆智能系统技术进行了初期尝试，取得了一定的结果，但是还存在很多不足，本文根据现场灌浆的真实技术需求，对全自动灌浆智能系统进行了设计改进及探讨一下系统在施工使用过程中急需解决的问题。

1　引言

水泥灌浆是水工建筑物地基加固和防渗处理的重要技术手段，但因其属于隐蔽工程，其施工质量和效果不可能直观地检查，而是借助于对施工过程参数的分析来评定。而这些参数的量测和记录原来全为手工完成，其准确度会受到各种因素的影响。所以在灌浆过程中采用记录仪自动采集灌浆过程中的施工参数越来越普遍，尤其采用无人工干预的全自动智能化灌浆技术是未来灌浆的发展趋势。

2　灌浆自动化的发展历程

我国于1987年12月研制成功第一台智能化灌浆自动记录装置，并通过技术成果鉴定。近年来，我国灌浆自动记录仪生产技术得到了一定的发展和进步，归纳起来，我国的灌浆自动记录仪大致可以划分为四代。

2.1　第一代单片机灌浆记录仪

该类型记录仪为我国早期生产的灌浆记录仪，以单片机芯片作为采集灌浆参数的核心处理器，具有灵活方便，可操作性强的优点。但这种记录仪主要安装在机组某个灌浆孔旁边，仅能采集一个灌浆过程的两个灌浆参数。当灌浆规模增大时，需要的记录仪数量随之增多，这无形增加了记录仪采购成本，而且记录仪分布比较分散，不宜于监控整个工程的灌浆质量。同时这种记录仪主要由机组操作，操作人员文化素质不高，也不利于灌浆工程质量。第一代记录仪不能自动统计灌浆数据成果，智能化程度低，灌浆统计结果需要人工进行统计，不能及时了解灌浆工程质量和进展情况。

应用的典型工程主要有：南谷洞、猫跳河、新安江、隔河岩、天生桥、高坝洲、五里冲、小浪底等大中型水电站的基础处理项目。

2.2　第二代灌浆监控记录仪

该类型记录仪利用先进的计算机软件和自动化控制技术，主要通过灌浆数据采集器采集灌浆施工参数，然后将采集到的数据传送到计算机（或工控机）的数据库中。其分为电脑型和单片机两种类型的灌浆记录仪，仅能简单地统计灌浆记录，不支持网络功能。由于《水工建筑物水泥灌浆施工技术规范》（SL 62—2014）中要求大中型水利水电工程必须使用灌浆自动记录仪，第二代灌浆记录仪得到快速发展和应用。

应用的典型工程主要有：小浪底、水布垭、万家寨、尼娜、乌江渡、小湾、溪洛渡、向家坝、锦屏二级水电站等大中型水电站的基础处理项目。

2.3 第三代网络集中监控灌浆系统

随着网络技术在我国的飞速发展，理想的灌浆监测手段应当利用网络技术及无线通信技术，把灌浆工程现场采集的数据及生成的成果图表进行网络共享。通过网络，让业主、监理、施工单位不用在施工现场，在有网络的任何地方都可以察看到现场的灌浆数据及成果图表，这样可以最大化地监控灌浆工程质量，同时实现对工程现场情况的直观监视，更加可靠地把握现场实际。可实现对现场人员的统一指挥、协调管理，及时、准确地传递消息和指令，以提高水电站灌浆工程在施工期间的管理及灌浆施工水平。

应用的典型工程主要有：大岗山、双江口、泸定、猴子岩、两河口等大渡河、雅砻江、金沙江流域水电站的灌浆工程。

2.4 第四代全自动智能化灌浆系统

我国目前的自动化控制技术以及网络技术已经达到了世界先进水平，完全有能力进行灌浆全自动化设备的研发和推进。第四代全自动智能灌浆系统代表国际先进灌浆监控水平，其无比强大的网络监控和全自动灌浆技术必将为大家所共识，它必将逐步取代前三代灌浆记录仪，成为未来我国水工建筑物灌浆质量监控的最佳选择。

目前我国已经有单位在乌东德和白鹤滩 2 个水电站进行全自动灌浆系统的初步试用，取得了一定的效果。实际使用中遇到很多亟待解决的问题，比如人工干预太多，参数设置和设备操作烦琐，系统不太稳定，没有完全融入全自动水泥制浆系统等。

为了解决全自动智能灌浆系统初期出现的问题，本文提出了新的设计思路，供大家研究和探讨。

3 全自动灌浆智能系统设计改进思路

利用现成的成熟的全自动制浆系统、网络化灌浆自动记录仪、服务器数据采集与统计系统技术模块，仅需要重点开发灌浆中央控制系统、自动配浆系统、自动调压系统这三大模块，将以上六大模块有机地组成一体，便可以精准实现全自动智能化灌浆系统。

3.1 整体构造

全自动灌浆系统整体采用 RS－485 数字通信方式，数据上传采用 4G/5G 或 WIFI 网络。六大模块的主要构造如下。

（1）全自动水泥制浆系统包括：①水泥立式罐或卧罐；②自动控制柜；③高速制浆及储浆系统；④输浆管路。

（2）灌浆中央控制系统包括：①中央控制电路板；②RS－485 信号采集器；③自动调压电机驱动器灌浆泵软启动器；④上水阀门、供浆阀门、灌浆泵、排污装置启闭继电器；⑤UPS 电源；⑥触摸屏工控机；⑦手工操作按钮。

（3）自动配浆系统包括：①原浆供应搅拌机（使用方提供）；②上水阀门；③供浆阀门；④自动配浆筒；⑤回浆密度筒；⑥排污装置，即回浆密度筒旋转装置（灌浆时回浆到配浆筒内，封孔置浆或弃浆时，把密度筒出浆口旋转到自动配浆筒外面）。

（4）自动调压阀门包括：①伺服电机；②高压阀门；③传动齿轮装置；④自动调压阀门与数据记录系统的灌浆单元（进浆流量计、回浆流量计、压力传感器、机械压力表）集成为一体。

（5）数据记录系统，即为现成的灌浆记录仪系统，承担着灌浆数据的记录以及服务器数据的上传功能，分为以下 3 部分：①记录仪主机（一拖二四参数大循环）；②灌浆单元（2 个流量计、1 个压力计）；③抬动装置。

（6）服务器数据采集与统计软件包括：①服务器数据库；②C/S 版软件；③WEB 版软件；④手机软件。

目前，重点需要开发灌浆中央控制系统、自动配浆系统、自动调压阀门 3 项技术，全自动水泥制浆系统、数据记录系统、服务器数据采集与统计软件 3 项技术可使用现有成熟技术，这些技术已能满足要求。

3.2 灌浆中央控制系统

3.2.1 功能模式

（1）手动模式：仅用于控制面板人工按钮操作，适用于现场设备调试，启闭上水阀门、供浆阀门、排污装置、灌浆泵等。不启动工控机。

（2）半自动模式：在灌浆或压水过程中，自动配浆系统内人工设置浆液比重以及制浆量，设置自动调压要达到的压力值。自动启动工控机。

（3）全自动模式：在灌浆或压水过程中，根据规范要求自动配浆以及自动调压，完成灌压操作。自动启动工控机。

（4）设置停止按钮，用于紧急情况时关闭所有继电器的电源。

3.2.2 工控机界面设计

（1）系统设置：半自动、全自动设置，开始灌压操作，开始清洗操作。如果设置为全自动时，显示水灰比选择（帷幕灌浆 5、3、2、1、0.8、0.5 以及固结灌浆 3、2、1、0.5）以及结束标准的输入（设置设计压力、结束流量以及持续时间）。抬动报警值在自动记录仪里有，此系统可不设置。

（2）调压控制：启动/关闭按钮，可以设定压力值，并实时动画显示设定压力、孔口压力、当前表压，以及进浆流量、回浆流量、孔内流量。

(3) 配浆控制：启动/关闭按钮，可以设定浆液比重及制浆量值，并实时动画显示设定密度、当前密度、设定制浆量、当前剩余浆量、配浆筒内浆液液面、浆液温度。

3.3 自动配浆控制

3.3.1 设计方案

利用差压传感器，实时测定配浆筒中的密度 M_1，利用液位传感器实时测定配浆筒中的浆液高度 H_1，同时得到筒中剩余浆量 $V_1=20H_1$。根据设定制浆量 V，设定比重 M，反推需要加原浆量 V_2 及加水量 V_3，同时计算出原浆量的高度 $H_2=V_2/20$，$H_3=V_3/20$。配浆顺序为：先加原浆，利用液面计数据，当液面达到 H_1+H_2 高度时，停止供原浆，然后打开供水阀门，当液面达到 $H_1+H_2+H_3$ 高度时，停止供水，配浆完成，$(H=H_1+H_2+H_3)\leqslant 100\text{cm}$。当浆液高度 $H_1<25\text{cm}$ 时，自动制浆比重为 M 的浆液 V。

3.3.2 配浆筒设计

配浆筒半径为 25.3cm，高为 120cm，面积为 $3.14\times0.253\times0.253\times100=20(\text{dm}^2)$，整个配浆筒体积为 $20\times12=240(\text{L})$，上部余 40L 空间作为缓冲，每次配浆设计量为 200L。

3.3.3 配浆公式

设定制浆量为 V（人工或电脑自动设定）。

设定比重为 M（人工或电脑自动设定）。

剩余浆量为 V_1（液位计测定）$V_1=20H_1$。

余浆比重为 M_1（差压传感器测定）$M_1=K_1/H_1$。

需要加原浆量为 V_2；

$V_2=(C-C_1)/[1.82\times(0.5+1)]$。

设定浆量中的水泥重量 $C=M\times V/(S+1)$，水灰比 $S=(1-M/3.12)/(M-1)$；3.12 为水泥比重。

余浆中的水泥重量 $C_1=M_1\times V_1/(S_1+1)$，水灰比 $S_1=(1-M_1/3.12)/(M_1-1)$。

需要加水量 $V_3=W-W_1$。

设定浆量中的水重量 $W=MV-C$。

余浆中的水重量 $W_1=M_1V_1-C_1$。

浆液温度测定：配浆筒上安装浆液温度计，实时测量浆液温度。

3.4 自动压力控制

(1) 传动齿轮参数。

(2) 高压阀门选型。

(3) 齿轮转数与压力的关系。

3.5 智能全自动灌浆控制

3.5.1 灌浆规范要求

(1) 分级升压到设计压力。

(2) 当灌浆压力保持不变，注入率持续减少时，或注入率不变，压力持续升高时，不得改变水灰比。

(3) 当某级浆液注入量已达 300L 以上，或灌浆时间已达到 30min，而灌浆压力和注入率均无改变或改变不显著时，就改浓一级水灰比。

(4) 当注入率大于 30L/min 时，可根据具体情况越级变浓。

(5) 结束标准：帷幕灌浆自上而下，在设计压力下，注入率不大于 1L/min，继续灌注 60min，即可结束；自下而上灌浆，在设计压力下，注入率不大于 1L/min，继续灌注 30min，即可结束；固结灌浆在设计压力下，注入率不大于 1L/min，继续灌注 30min，即可结束。

3.5.2 数学模型流程

(1) 数学模型主要参数。

FT——开始灌浆时间（每条记录）。

ET——结束灌浆时间（每条记录）。

T——累计灌浆时间。

ZJL——累计流量。

P——设计压力。

YL——实时灌浆压力（调压阀门控制，压力传感器测定），5min 内的加权平均值。

Q_1——实时进浆流量，5min 内的加权平均值。

Q_2——实时回浆流量，5min 内的加权平均值。

Q——实时灌浆流量（$Q=Q_1-Q_2$），5min 内的加权平均值。

M——实时灌浆回浆浆液比重，5min 内的加权平均值。

(2) 灌浆流程。

1) 自动配浆系统根据参数设置选择 5、3、2、1、0.8、0.5 帷幕灌浆制配 200L 5∶1 的浆液，开阀门放浆，同时启动灌浆泵，自动调压阀门处于全部打开状态，进行孔占和管占，把管内和孔内的水置换出来，密度筒处于弃浆状态。待回浆密度上升到 5∶1 的比重且 $M=1.13$ 左右时，把密度筒回转到配浆筒内，置换结束；开始灌浆，记录仪人工操作开始，每 5min 记录一次参数。

2) 中央控制系统开始根据设计压力 P 大小，分级回转高压阀门进行升压，（回转时应随时监控 Q_2 回浆数据，保证回浆流量大于 10L/min，不能把回浆关死）此时会出现两种情况：第一种是可以迅速升压到设计压力 P，此时停止加压动作，然后高压阀门自动调压至设计压力 P（$YL\geqslant P$ 且 $YL<1.05P$）；第二种是升压过程中如果流量 $Q>30\text{L/min}$，此时停止高压阀门的加压动作，维持流量 Q 在 30L/min 附近，进行限流，如果流量 Q 继续加大，控制高压阀门进行减压动作，直到 YL 值升到设计压力 P 为止。

3) 在 5min 之后，记录第一条记录，此时中央控制系统根据流量 Q 值进行判断是否变浆。第一种情况是流

量 $Q>30$L/min，通知自动配浆系统越两级变浓到 2：1 的浆液，第二条记录 Q 还是大于 30，再越两级变浓到 0.8：1，依次类推，直到 0.5：1 的原浆。如果在 0.5：1 原浆的情况下，$Q>30$L/min，$ZJL>1000$L（此数据可以在参数设置时人工输入），进行间隔灌浆，即中断灌浆 10min，然后再灌 10min，反复进行，直至灌到第二种或第三种情况出现。如果持续灌浆时间 T 超过 2h（此数据设置参数时可以人工输入），则停止灌浆进行待凝。第二种情况是流量 $Q<30$L/min，继续维持灌浆，直到压力达到设计压力 P，此时通过检测①累计注浆量 $ZJL>300$L，以及②累计灌浆时间 $T>30$min，同时③对比每条记录的流量 Q 的大小，分三种情况对待：当③的 Q 值持续减少（递减率大于 10%），自动调压系统维持 P 大小，自动配浆系统维持水灰比不变，浆量不够进行制浆，直到灌浆结束；当③的 Q 值变化不大（递减率<10%），$ZJL>300$L 时，通知自动配浆系统变浓一级进行灌注；当③的 Q 值变化不大时，②累计灌浆时间 $T>30$min（同比级水泥浆灌浆超过 6 条记录）时，通知自动配浆系统变浓一级进行灌注。

4）在进行完 3.5.2（2）3）步骤后，当压力 YL 达到设计 P，灌浆流量 $Q<1$L/min 时，此时进行灌浆结束标准判断，达到 3.5.1（5）条结束标准就结束灌浆，如果闭浆过程中，流量 $Q>1$L/min，则重新从 $Q<1$L/min 的记录开始计算闭浆时间。

3.5.3 封孔流程

自动配浆系统放入 200L 原浆，密度筒回转至弃浆状态，自动调压系统保持全开状态，开泵，置换孔内稀浆。当回浆密度值接近原浆密度 1.82 时，置换浆液结束，密度筒回转到配浆筒内，自动调压系统调压到封孔压力 P，然后保持闭浆时间 T 后结束封孔。

3.5.4 压水流程

（1）《水工建筑物水泥灌浆施工技术规范》（SL 62—2014）要求：P 为灌浆压力的 80% 且不大于 1MPa；结束标准：在设计压水压力下，连续 4 条记录最大值与最小值之差小于终值的 10% 或小于 1L/min 时，本段压水可结束，取最终值作为计算值；$q=Q/(PL)$。

（2）简易压水：自动配浆系统加入 200L 水，开泵，自动调压系统升压到设计压水压力 P，持续压水 20min 结束。

（3）单点法压水：自动配浆系统加入 200L 水，开泵，自动调压系统升压到设计压水压力 P，进行 10min（清洗时间可以通过人工设置参数）裂隙冲洗，然后进行压水试验，判断流量 Q 持续压水 20min 结束。

（4）五点法压水：3 级压力，5 个阶段的单点法压水；取 3 级压力的最大压力阶段的 Q 值进行透水率计算。

4 全自动灌浆智能系统使用中需解决的问题

4.1 密度传感器长期准确性问题

（1）密度传感器的精度直接影响到全自动灌浆系统的稳定性和可操作性，密度传感器精度不准，全自动灌浆系统的配浆系统就不能正常工作，从而造成全自动灌浆系统无法按照规范要求进行灌浆控制。

（2）目前密度传感器主要有核子密度传感器和差压式密度传感器。核子密度传感器由于环保及操作人员的身体健康问题，已经逐渐被工程淘汰。现在工程中普遍使用差压式密度传感器，通过一定的水泥浆液浆柱差压，实时测出水泥浆液的比重。这种测量方式也有致命的缺点，一是长期使用水泥浆液容易凝固和沉淀在压力传感膜上，造成压力值偏小甚至不能读数；二是浆液流速不能过快过急，测量时必须保证浆液流速的稳定性，否则浆液流的来回冲击，会造成浆液比重忽大忽小，影响精度。

4.2 现行灌浆规范结束标准问题

（1）我国现行灌浆规范结束标准基本上是以人工灌浆或使用自动化记录仪作为考量依据的，不太适合全自动智能灌浆系统操作，如果用现行的灌浆规范，全自动智能灌浆系统很难满足结束标准，从而结束灌浆，造成灌浆工效慢。

（2）主要有以下两个原因：一是流量传感器计量法规定低于 10% 量程数据可以不准确，现在基本用 100L/min 量程，也就是小于 10L/min 时准确性得不到保证。二是加上现场恶劣的施工环境，屏浆大部分都是在浓浆的情况下，保证流量小于 1～2L/min，现场流量传感器的精度几乎保证不了。

（3）为了让全自动化灌浆智能系统得到有效推广和发展，我国现行灌浆规范必须在结束标准方面进行放宽和改善。

5 结语

全自动智能化灌浆系统是一项庞大的系统工程，需要将自动化控制技术，机械制造技术，灌浆施工工艺有机地结合在一起，同时也需要我国灌浆行政管理部门进行规范编制改革以及现场施工单位的积极配合，通过解决全自动智能化灌浆系统运行过程中出现的各种问题，使全自动智能化灌浆系统逐步完善成熟，为我国灌浆自动化水平达到国际领先水平做出贡献。

本栏目审稿人：李林

东川轿子山水库北干渠二标高陡边坡钢管安装缆索吊装系统施工技术

李　所　刘翠丽　黎鹏飞/中国水利水电第十四工程局有限公司

【摘　要】大白河左岸高陡边坡段钢管里程桩号为B1＋828.706～B2＋647.476，该边坡高差600m，水平夹角接近41°。因该边坡坡度较陡，边坡上无施工通道且修筑施工便道困难，采用传统的车辆运输钢管、卷扬机牵引架设安装钢管无法实现。本文主要介绍高陡边坡钢管安装架设缆索吊装的相关施工技术应用。

【关键词】高陡边坡　压力钢管　缆索吊装系统　安装

1　工程概述

东川轿子山水库北干管由小清河六级水电站前池取水，渠首取水流量0.74m³/s，北干管全线采用倒虹吸引水钢管，引水钢管跨过大白河至四方地，管线经过四方地、凉水井、大梁子至渠末包包村，北干管线总长9630m，总体布置为明管、沟埋管，采用Q345－C钢管，钢管内径为500～600mm，管壁厚6～20mm。

轿子山水库北干管二标段里程桩号为B1＋828.706～B9＋630.758，管线长7802m，钢管内径为500～600mm，管壁厚10～20mm，最大承压水头680m。大白河左岸高陡边坡段钢管里程桩号为B1＋828.706～B2＋647.476，该边坡高差600m，水平夹角接近41°。边坡上共布置14个镇墩、106个支墩，镇支墩混凝土强度等级为C25。B1＋828.706～B2＋176.999段管径600mm、管壁厚12～20mm、管长427.353m；B2＋176.999～B2＋647.476段管径500mm、管壁厚12～20mm、管长589.937m。因现场施工边坡地段无施工通道且修筑施工便道困难，根据传统方案采用车辆运输钢管，在高陡边坡段铺设轨道，卷扬机牵引安装钢管的方案，实际已无法实现。结合实际情况，经研究讨论决定采用架设缆索吊装系统进行高陡边坡的钢管调运及安装施工。

2　缆索吊装系统设计

缆索吊装系统由缆索系统、主塔和稳定系统组成。缆索系统由主索、牵引索、起重索、跑车吊点及主地锚等构成；主塔由塔脚、塔身及索鞍等几部分组成；稳定系统包括后风缆、侧八字风缆、扣索及风缆地锚。

根据高陡边坡跨度及实际地形，现场共计布设2条缆索吊装系统吊运钢管、混凝土及其他施工材料。1＃索道负责安装B1＋920.881～B2＋254.021之间的钢管，2＃索道负责安装B2＋254.021～K2＋647.476之间的钢管。1＃索道及2＃索道立面吊装示意见图1。

1＃索道A塔架$H=22$m、B塔架$H=22$m，1＃索道的跨距323.5m，塔架采用钢结构焊接形式。起重量按这段单节最重的钢管计算（壁厚12mm，管径600mm，长度6m），$G=1.1$t，加跑车、起重滑轮及各项配重加起来约为3.1t，考虑风荷载等其他环境因素，吊重按3.5t计算。设一组主索，主索为2根ϕ36（6×37mm）钢芯钢丝绳，每根破断拉力为824kN的钢丝绳，主绳上1个组合主跑车，塔架采用钢结构焊接组成，主索地锚据实际位置布置，采用钢筋混凝土浇筑，并设置锚杆，一标与二标分界线旁边布置两台卷扬机，一台10t卷扬机为牵引机，一台8t卷扬机为起重机。

2＃索道C塔架$H=22$m，D锚碇在大白河右岸布置，锚碇上不设置塔架。2＃索道跨距为575m。起重量

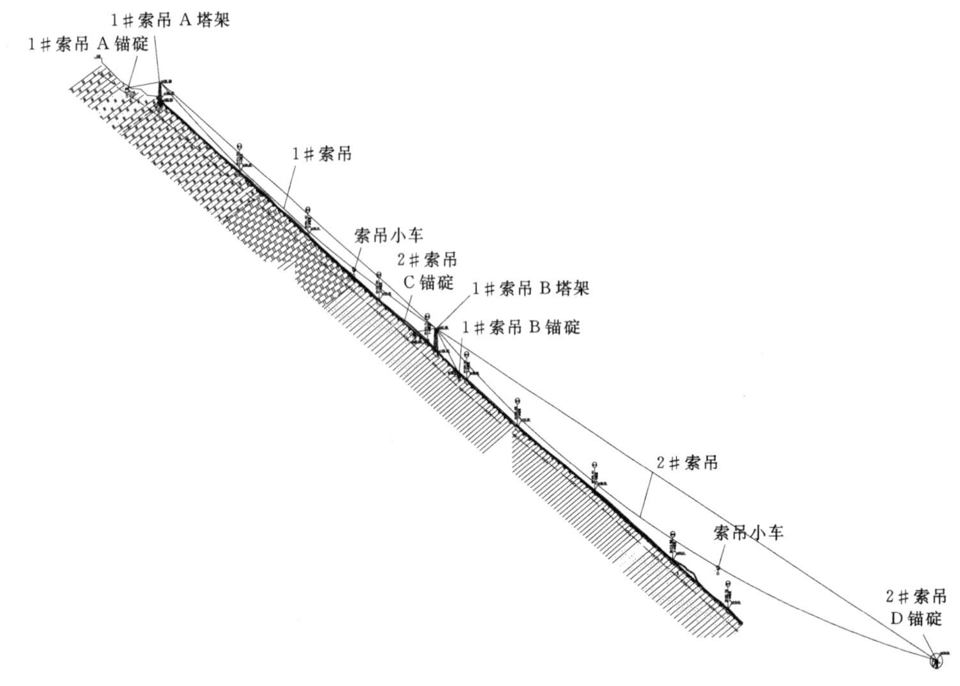

图 1 索道立面吊装示意图

按这段单节最重的钢管计算（壁厚 20mm，管径 500mm，长度 6m）G=1.5t，加跑车、起重滑轮及各项配重加起来约为 3.1t，考虑风荷载等其他环境因素，吊重按 3.5t 计算。设一组主索，主索为 2 根 ϕ36（6×37mm）钢芯钢丝绳，每根破断拉力为 824kN 的钢丝绳，主绳上 1 个组合跑车，钢架采用钢结构焊接组成，主索地锚据实际位置布置，采用钢筋混凝土浇筑，并设置锚杆，D 锚碇旁布置两台卷扬机，一台 10t 卷扬机为牵引机（牵引绳为循环绳），一台 8t 卷扬机为起重机。索道塔架结构及基础示意图见图 2。

3 缆索吊装系统布置

1#索道塔架主跨为 323.5m，设一套主索吊装系统，由 2 根 ϕ36 钢丝绳组成。1#索道的 A 塔架布置在 1#～21#镇墩位置，B 塔架布置在 2#～31#支墩与 2#～32#支墩之间。1#缆索吊布置基本参数见表 1。

表 1 1#缆索吊布置基本参数

项目	A 锚碇中心	A 塔柱索鞍顶	B 塔柱索鞍顶	B 锚碇中心
标高/m	1677.367	1681.952	1442.305	11398.976
里程/m	0	32.483	355.966	382.93
跨度/m		32.483	323.483	26.965
高差 h/m		4.585	239.647	43.329
主索弦倾角 α/rad		0.1402	0.6376	1.0141
主索弦倾角 β/(°)		8.034	36.532	58.105
$\tan\alpha$		0.1412	0.7408	1.6069
$\cos\beta$		0.9902	0.8035	0.5284

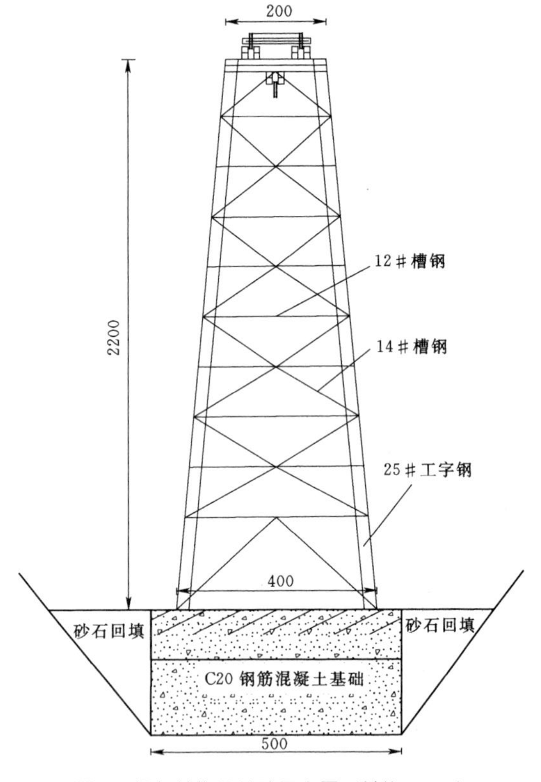

图 2 钢架结构及基础示意图（单位：mm）

2#索道塔架主跨为 575m，设一套主索吊装系统，由 2 根 ϕ36 钢丝绳组成。2#索道的 C 塔架也是 1#索道的 B 塔架，2#索道的 D 锚碇布置在大白河右岸海绵砖厂旁边的临时道路上。2#缆索吊布置基本参数见表 2。

表 2　　2#缆索吊布置基本参数

项目	A 锚碇中心	A 塔柱索鞍顶	B 塔柱索鞍顶	B 锚碇中心
标高/m	1439.584	1442.305	1123.563	1120.618
里程/m	0	24.437	599.549	603.90
跨度/m		24.437	575.112	4.350
高差 h/m		2.721	−318.742	2.945
主索弦倾角 α/rad		0.1109	−0.5061	0.5951
主索弦倾角 β/(°)		6.354	−28.996	34.098
$\tan\alpha$		0.1113	−0.5542	0.6770
$\cos\beta$		0.9939	0.8747	0.8281

主索地锚：1#、2#索道主索地锚均采用钢筋混凝土加锚杆。地锚基础根据现场实际开挖情况，若未到基岩，采用锚筋桩或其他措施对基础进行加固处理。

钢架安装：钢架由槽钢和工字钢焊接组成，在安装 A 塔架时采用 25t 吊车配合人工拼装。焊接 B 塔架工字钢和槽钢人工搬运至安装位置，为保证塔架的强度，主支柱及主承重梁采用双工字钢背接。

缆索安装：采用细钢丝绳带动粗钢丝绳由下向上牵引的方法安装。先将 $\phi14$ 的细钢丝绳首端人工牵引到 A 塔架旁 8t 起重卷扬机上，末端连接 $\phi18$ 的牵引索；利用 A 塔架旁 8t 起重卷扬机收紧带动 $\phi18$ 的牵引索进 10t 牵引卷扬机，最后利用两台卷扬机配合牵引主绳。索道主绳牵引完成后，利用卷扬机及滑轮组收紧主索达到设计垂度，扣紧主索。

稳定系统：1#、2#索道主塔稳定系统由后风缆、侧八字风缆及风缆地锚等构成。后风缆布置 2 组（每组 2 根 $\phi18$）钢丝绳；侧八字风缆布置 8 组（每组 2 根 $\phi18$）钢丝绳。总共 20 根缆风索用于稳定主塔。缆风索采用 2t 手拉葫芦预紧。

索道跑车：跑车是缆索吊装中起吊、运送预制构件的起重工具。本工程采用组合式跑车，由主索、牵引索、起重索及滑轮组件分三层布置组成，互不干扰。索道跑车行走示意图见图 3。

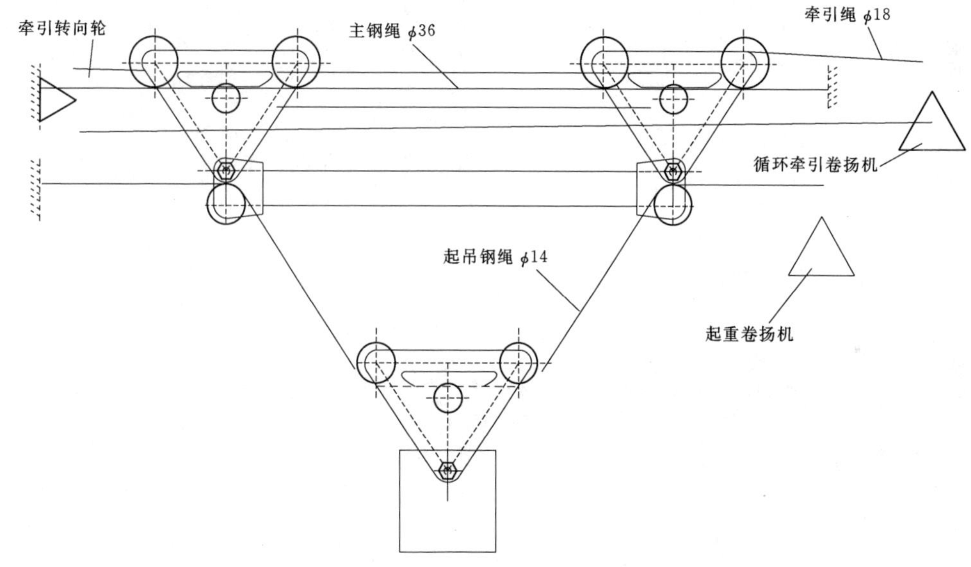

图 3　索道跑车行走示意图

4　试吊

试吊主要是为了找出索道吊装系统中存在的问题，验证设计成果，调整系统达到最佳状态，确保安全施工。1#、2#索道按设计吊重 3.5t，试吊时按照如下原则进行。

（1）空载运行。试吊前，先对吊装系统进行空载运行试验。将小车用卷扬机来回牵引移动，并静止于中间位置，检查整个系统是否运行正常，测量缆索垂度是否达到预定设计要求。

（2）荷载试验。将最重的单节钢管吊起 10cm，吊具静止，观测 1h，实测当前位置及垂度。吊具运行至跨中，实测当前位置垂度，检测塔架和地锚的变形及偏移量，卸载后实测当前位置垂度。试吊时必须随时观测塔架位移、主索垂度以及后锚情况，发现异常及时停止并分析原因，处理后才能继续进行。所有观测原始数据均如实记录，并将每个步骤中的相应数值如实记录，以供分析，以便整个施工安全进行。

5　结语

缆索吊装施工技术适用于地形条件比较复杂，尤其是深峡谷中、高陡边坡地段，大型机械设备无法进场施工的地方，它具有易操作、易掌握，施工方便、工艺简单、成本低，安全等特点。但缆索吊装前及过程中预防和管控是保证施工安全的重要环节。在吊装前应全面检查和调试所有的吊装设备和设施，主要包括：主索地锚和各类地锚、主索塔架、所有卷扬机、跑车、各类吊装机具设备、电器、电源、各种索缆，并对主索地锚、各类地锚进行抽样试拉，重点进行试调运行，以检验吊装设备的安全可靠性。组织吊装作业人员认真学习并掌握吊装施工安全操作规程，吊装前统一确定吊装指挥人员并按编号进行指挥，应做到统一指挥、信号准确无误，做到万无一失，最大限度保证安全吊装施工。

参考文献

[1] 李梅，朱莉. 水利水电渡槽施工中缆索吊装技术[J]. 低碳世界，2016 (4)：78-79.
[2] 邓毅新. 缆索吊装系统在水利水电渡槽施工中的应用[J]. 黑龙江水利科技，2015，43 (4)：129-130.

地铁车站装修、机电一体化车控室方案应用

方　怡/中国电建集团铁路建设有限公司
杨　洋/中国水利水电第十四工程局有限公司
彭学银/中电建成都建设投资有限公司

【摘　要】 地铁车站中车控室是地铁车站组织控制的场所、监控中心、调度中心以及消防控制中心，是地铁车站内名副其实的“中枢神经”。车控室室内设计了众多弱电系统的终端设备，例如信号、通信、综合监控、火灾警报等设备。本文主要针对地铁设计原则，结合运营日常需求，针对地铁车站车控室进行了整体的装修、机电一体化车控室方案作以研究和应用，希望对后续地铁建设提供借鉴。

【关键词】 地铁　装修　机电　车控室　一体化

1　引言

在早期地铁车控室中，信号、监控设备是通过操作台布置的，各专业分别采用不同种类的控制箱作为地铁运营发生紧急情况的备用操作系统（此种方式不利于紧急情况发生时顺利操作）。随着对地铁安全运行的要求越来越高，综合监控系统在业内得到普及应用，之前各专业采用单独分散控制的模式无法满足综合监控要求，现将综合后备盘（IBP）作为车控室主要设备用于应急操作。未来良好的办公环境、和谐的人际环境是员工工作的必要条件，在高档次的环境里工作，员工的工作行为和工作态度都会不由自主地向“高档次”发展。要想工作好，办公环境很重要。地铁车站控制室是整个车站机电设备系统的“控制中心”，遵循整体美观、功能可靠、人机和谐统一的原则进行一体化建设。改进后的一体化车控室，可以为综控员提供更好的工作环境，提升了车控室的美观性，也为地铁站做了更好的展示作用。

2　一体化车控室的概念

地铁车站车控室内的综合后背盘是作为人机接口硬件装置，主要设计思想是确保车控室功能设施完备、运营管理高效、空间布局合理，通过前期设计准备、布局构思、功能柜说明、材质分析等几方面进行统筹深化，由 IBP 面板、PLC、人机界面终端、监控工作台组成。当车站综合监控系统服务器或者人机界面出现故障时，可由 IBP 盘进行应急操作或由人工采用 IBP 盘上按钮及钥匙开关等，进行设备的应急操作。为有效解决车控室的功能性缺失、布局及操作协调性差等不足，引入车控室的设计和施工一体化解决方案，提升空间利用效率，协调人机操作的便利。与此同时，充分展现车站形象面貌，尤其在应急操作时，功能化、流程化及各站标准化的设备布置能够缩短值班人员操作应急事件的时间，降低误操作概率。

3　地铁一体化车控室方案应用

成都市城市轨道交通 18♯线以车控室的功能设施完备、运营管理高效、空间布局合理、色彩环境为设计理念，在总结了国内多条地铁线路车控室存在的一些不足的基础上，提出了“一体化车控室”的概念。

3.1　基本资料

现如今，车控室作为地铁运营管理过程中的重要组成部分，和传统的无人值守机房相比，其人机的自然和谐可直接影响安全管理的效能。为有效解决车控室的功能性缺失、整体布局凌乱、设备与设施风格功能的协调性等不足，最终实现空间有效利用、功能便利高效、人机自然和谐的同时又能充分展现车站级形象窗口的目的。依托于成都轨道交通 18♯线工程机电安装与装修 B 标项目，在地铁车站设备用房机电安装与装修施工中，

引入了车控室一体化的设计和施工建设方案。

3.2 深化设计流程

工艺设计应遵循经济实用、配置合理的原则，并根据设备的配置情况、人员需求，对车站控制室内面进行控制，以行车为主的原则进行设计，充分体现为运营服务的主导思想，车控室设备布置应按照各系统需求和运营模式布置设备，并具有一定的灵活性，提出整合布置。

（1）策划车控室房间尺寸，了解现场布局。

（2）与运营沟通了解初步设备要求，深化房间布置图，见图1。

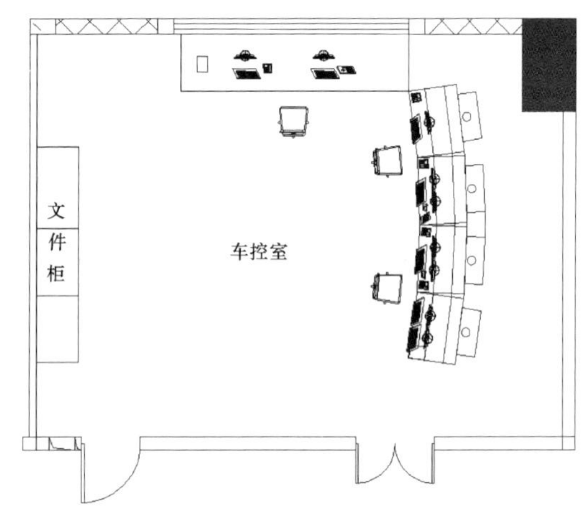

图1 车站控制室平面常规平面布置图

（3）按布置，结合BIM技术，形成深化效果模型，交于运营确认方案。

（4）按需求做单元柜单体设计，见图2。

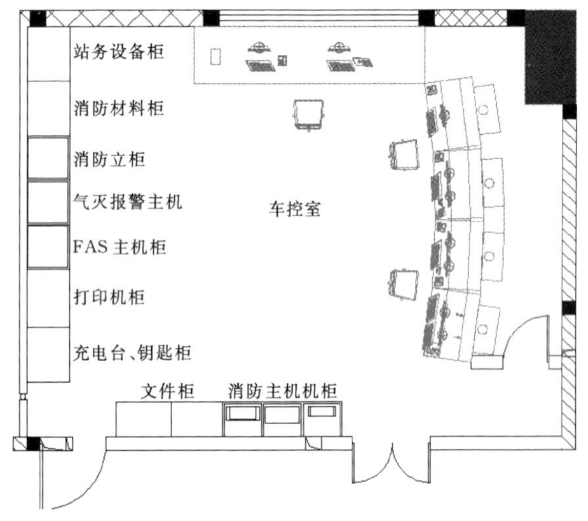

图2 一体化车控室功能分区平面图

3.3 深化设计方案

一体化车控室的功能区域应划分明显，所有功能模块应均有对应的标识标签，以方便查找和使用，利于在紧急情况下，车站人员快速准确的做出应急反应。一体化车控室由专业人员对车控室做整体布置，在确定空间大小，操作方式，色彩搭配上均以人体工程学和环境学为布局准绳，提升工作环境，满足现代化企业在后工业化时代的管理理念，整体规划有利于综合维修空间设置，根据各设备检修维护工要求，集中设置检修通道及操作台面有利于设备维护。

3.3.1 整体方案

地面采用全线统一的抗静电架空地板，顶面采用全线统一的穿孔铝板，墙面采用干挂浅灰色铝单板，柜体采用浅灰色柜体，见图3。

(a) IBP盘面深化设计图

(b) 功能柜深化设计图

图3 一体化车控室深化设计效果图

3.3.2 功能单元设计方案

下面以几个常用单元为例：

（1）文件储物柜。

1）顶部及下部采用密封板，中间采用玻璃。

2）当文件柜设置在非临窗工作台侧时，文件柜设置5个可抽取横向隔断，用于运营灵活存放公告、警示牌等；当文件柜放置在临窗观察窗侧边时，下端采用推拉门形式，里面设置隔板，在设备过线柜处设置隔板（不小于5个）存放运营公告、警示牌等。

3）当文件柜设置在临窗工作台侧时，玻璃文件柜单元与工作台面预留300个高空格。

（2）组合机柜（消防电源检测主机、电气火灾主机、感温光线主机）。

1）3个主机和柜体一体化设计，上部柜体到顶，中间放置主机面板上留散热孔，下设过线柜。

2）当文件柜设置在非临窗工作台侧时，文件柜下方设置5个可抽取横向隔断，用于运营灵活存放公告、警示牌等；当文件柜放置在临窗观察窗侧边时，下端采用推拉门形式，里面设置隔板，在设备过线柜处设置隔板（不少于5个）存放运营公告、警示牌等。

（3）微型消防站柜。

1）消防储物单元，放置消防靴，消防服，消防斧及呼吸器等物品，配置对开门，内部放置托盘可调整安装。

2）最下部放置消防灭火器。

3）上部柜体采用密封板，下部采用玻璃柜门，见图4。

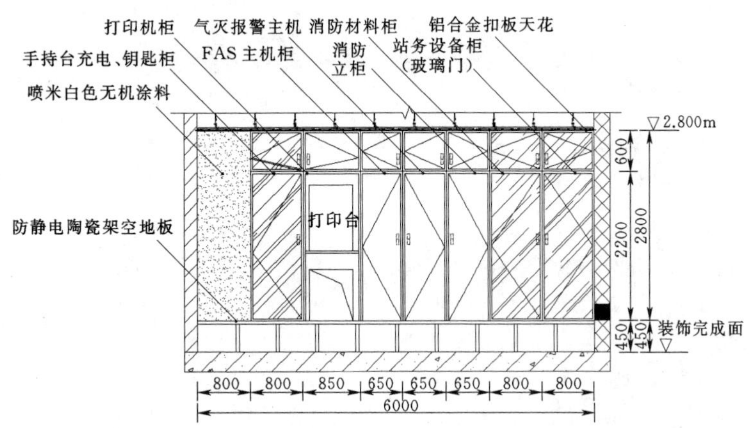

图4　文件储物柜、组合机柜、微型消防站柜立面示意图（单位：mm）

3.3.3　主要用材及参数

（1）所有柜体都有置顶柜，柜门四周边框采用铝合金型材，主体面板采用1.0mm冷轧钢板喷涂而成，钢板内部衬板为4.0mm铝塑板。

（2）所有柜体上下都安装60mm高铝合金装饰踢脚线。

（3）文件储物柜上部柜门四周边框采用铝合金型材，主体面板采用4.0mm钢化玻璃，钢板外部回型衬板为1.0mm冷轧钢板喷涂而成。下部柜门材质与置顶柜相同。

（4）消防电源检测主机柜、电气火灾主机柜、感温光纤主机柜柜门四周边框采用铝合金型材，主体面板采用1.0mm冷轧钢板喷涂而成（有散热孔），钢板内部衬板为4.0mm铝塑板。文件过线柜柜门材质与置顶柜相同。

（5）消防备品柜、防暴用品柜柜门四周边框采用铝合金型材，主体面板采用4.0mm钢化玻璃，钢板外部回型衬板为1.0mm冷轧钢板喷涂而成。

（6）行车备品柜柜门材质与置顶柜相同，充电柜无柜门，PDU插排安装在喷涂冷轧钢板上。

（7）钥匙柜需带钥匙，钢板外部回型衬板为1.0mm冷轧钢板喷涂而成。遗失物品柜柜门材质与置顶柜相同。

（8）上下部用于安装踢脚线的部分采用冷轧钢板喷涂而成，主体框架采用20mm×70mm定制铝合金型材把合而成，内部托板和隔板采用冷轧钢板喷涂而成。

4　结论

通过成都轨道交通18#线工程机电安装与装修B标工程地铁车站车控室装修、机电一体化建设方案分析，相比既有交通线车控室，有如下提升：

（1）程序化：一体化车控室根据需求定制化生产、安装，各专业模块位置标准化摆放；各功能区域划分更加明显，所有功能模块均有对应的标识标签，方便查找和使用，车站工作人员可以快速、准确地做出应急反应。

（2）标准化：以人体工程学和环境学为布局准绳，在设计之初充分考虑运营操作人员职业健康，提升工作环境，满足现代企业在后工业化时代的管理理念。

（3）形象化：采用一体化车控室方案后，整个车控室形象得到了很大提升，相比传统车控室“设备管线多、工作用品多、防护用具多”的三多现象得到了有效的解决，LED电子显示屏等专门的宣传区域的增设，更合理、便捷地展示了企业文化。

（4）定制化：在充分了解建设、运营的需求基础之上，一体化车控室采用定制化生产，可提供全方位的功能菜单给予业主选择，并在充分考虑了车控室的各设备的数量后，相对应的进行功能模块设置，更好地满足业主多样化的功能需求。

参考文献

［1］　孙阳松，林必毅，余承英，等．合肥1号线综合后备控制盘及车控室一体化改进研究［C］//第四届全国智慧城市与轨道交通学术会议暨轨道交通学组年会论文集．天津：中国城市科学研究会，2017：130－135．

水电站压力管道钢衬段压力钢管安装施工技术

侯孝军/中国水利水电第十四工程局有限公司

【摘　要】泸定水电站压力管道钢衬段压力钢管直径大（内径9.1～9.6m），钢管材质强度高，制作、安装、焊接工艺复杂，质量要求较高。压力钢管单节吊装重量大、工作面与其他工序交叉，施工难度大，施工技术复杂。现场运输路面坡度较大、转弯较多，道路狭窄，且没有多余的场地作为运输倒车使用。压力钢管分布在洞内及洞外部分，采用直接运输至工作面吊装焊接无法实现，需要在转弯段对钢管进行翻身运输、洞内铺设轨道运输等工序。本文主要介绍泸定水电站压力管道钢衬段压力钢管运输、安装、焊接施工技术及工艺。

【关键词】泸定水电站　压力钢管安装　焊接

1　工程概述

大渡河泸定水电站压力管道共平行布置4条，管轴线间距为29.3m，压力管道由上平段、上弯段、斜井段、下弯段及下平段组成，其中下平段（管）0＋112.058～（管）0＋193.98段采用钢板加外包回填混凝土衬砌。

压力钢管管型有直管和渐变管两种。渐变管内直径由9.6m渐变至9.1m，上游钢管内直径为9.6m，下游钢管内直径为9.1m。单条钢管道轴线总长度为82.182m（其中，渐变管上游直管长为55.122m，渐变管长15m，渐变管下游直管长为11.8m），每条压力钢管共设有65道加劲环，在钢管进口端设有2道阻水环。压力钢管主管道采用16MnR低合金钢板，管壁厚度分28mm、30mm、32mm三种。阻水环和加劲环材质为16MnR，厚度均为28mm，加劲环间距为1.25m，高度为200mm，阻水环高度为300mm。安装工程总量约为2869.18t，其中压力钢管为2454.23t，阻水环、加劲环为414.95t。压力钢管安装纵向布置见图1。

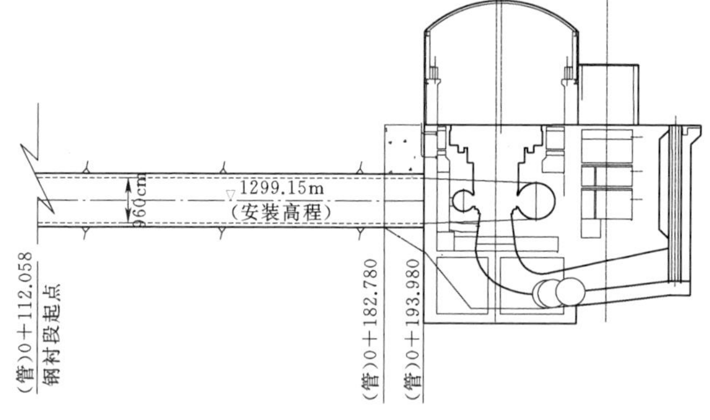

图1　压力钢管安装纵向布置图

2　压力钢管安装施工方案及技术

2.1　安装施工总体顺序安排

4条压力管道钢衬段每条总长82.182m，分别由标准段、渐变段组成，标准段内径为9.6m和9.1m，渐变段内径为9.6～9.1m，每条压力管道由44个管节组成，压力钢管最大运输体形尺寸（钢管首节）为ϕ10256×2010mm，最大起吊运输重量为20.01t。压力钢管分成两个阶段安装：第一阶段从桩号EL0＋112.058～EL0＋182.180；第二阶段从桩号EL0＋182.180～EL0＋194.280，并且为了不受土建施工的影响，将同时开设两个安装作业点（1＃、2＃压力管道同时施工），先将1＃压力管道安装至EL0＋122.558处，移交工作面给土建，然后安装作业转移到2＃压力管道并安装到EL0＋122.558处，再次回到1＃压力管道，依次循环采用相同的方法进行其他压力钢管的安装。

2.2　压力钢管运输

压力钢管运输包括洞外运输及洞内运输。

2.2.1 洞外运输

（1）洞外场外运输：钢管制作厂→进厂公路→1#机尾水下游调头→厂房左侧通道→钢管翻身→安装作业面。洞外场外运输道路示意图见图2。

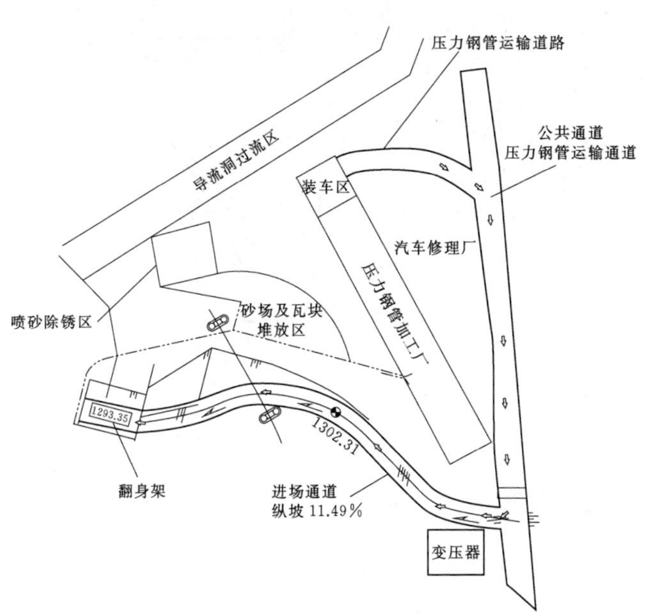

图2 洞外场外运输道路示意图

（2）压力钢管洞外场外运输采用50t汽车吊装车，25t平板拖车运输，钢管平放，车上固定托架，用手拉葫芦对钢管进行加固，为防止运输过程中造成变形，用ϕ100的钢管制成米字撑，作为压力钢管的内支撑。洞外运输示意图见图3。

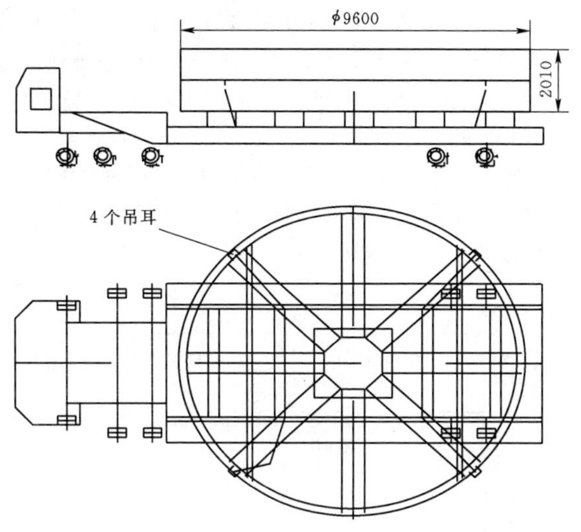

图3 钢管洞外运输示意图（单位：mm）

（3）洞外场内运输：预先在1#压力管道上游侧布置一台钢结构翻身架，用门架上配置的2个20t电动葫芦进行钢管的卸车和翻身，翻身后钢管放置在平台运输小车上；厂房上游马道及洞内均铺设轨道。采用预先安装在EL0+107.058处的卷扬机作为牵引动力，按安装方向将管节运输至洞内安装位置。运输轨道布置详见图4。

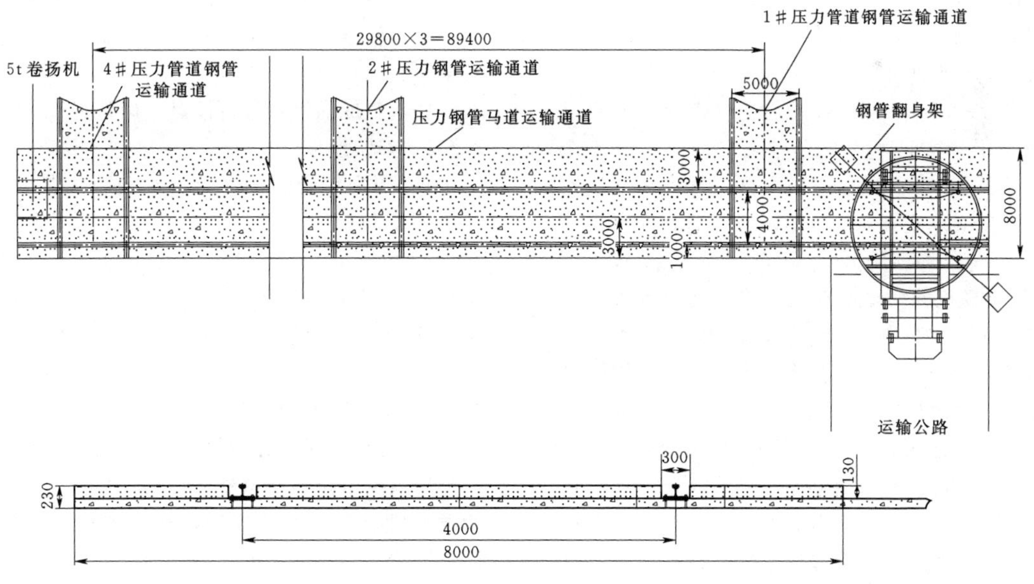

图4 压力钢管运输轨道布置图（单位：mm）

翻身场地和运输轨道作为以后压力钢管安装的主要设施应满足以下要求：

（1）在1#机组尾水下游附近预留出一块12m×12m（长×宽）的场地作为压力钢管运输车的调头场地。

（2）在1#压力管道左侧安装翻身架，基础要浇筑成1.5m×1.5m×1.5m（长×宽×高）混凝土，门架横梁上布置2个20t电动葫芦；钢管运输至翻身门架下，用门架卸车，运输车开走，用门架上的两个电动葫芦将钢管翻身立起，按安装方向竖立摆放在平台小车上，用手拉葫芦加固牢固。马道上铺设轨道，利用4#压力管道右侧马道上布置的5t卷扬机作为牵引动力，水平拉至各安装洞口，用4个16t螺旋千斤顶同步平稳顶起适当高度，再将4个运行装置（轮子和轮架）旋转90°；最后，4个螺旋千斤顶同步平稳下降，轮子落到轨道上，再用安放在EL0＋107.058处的卷扬机作为牵引动力，将运输平台小车拉至洞内安装位置。压力钢管吊装翻身架结构示意图见图5。

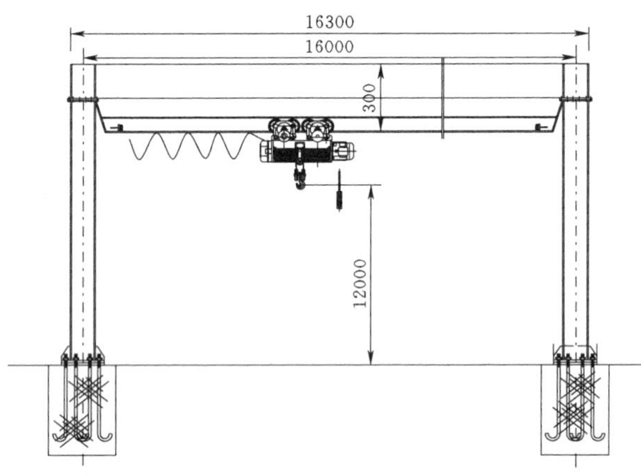

图5　压力钢管吊装翻身架结构示意图（单位：mm）

2.2.2　洞内运输

钢管运输至翻身门架下，用门架卸车，运输车开走，用门架上的两个电动葫芦将钢管翻身立起，按安装方向竖立摆放在平台小车上，用手拉葫芦加固牢固。马道上铺设轨道，利用4#压力管道右侧马道上布置的5t卷扬机作为牵引动力，水平拉至各安装洞口，用4个16t螺旋千斤顶同步平稳顶起适当高度，再将4个运行装置（轮子和轮架）旋转90°，最后，4个螺旋千斤顶同步平稳下降，轮子落到轨道上，再用安放在EL0＋107.058处的卷扬机作为牵引动力，将运输平台小车拉至洞内安装位置；在洞内两侧预先浇筑的混凝土平台上用4个千斤顶把钢管顶起，平台小车退出，进行钢管的安装对接压缝。洞内运输示意图见图6。

钢管在洞内运输采用铺设轨道平台小车运输的方式进行。压力管道内的轨道沿洞轴中心铺设，轨道均采用P38钢轨，轨距为5m。管节运输时，将钢管放置在小车托架上，并用手拉葫芦进行加固，钢索捆扎吊运钢管时，在钢索与钢管间加设软垫。

由于管径较大，在引水洞内要注意将钢管牢靠加固在运输小车上，并将运输小车与卷扬机钢丝绳可靠连接，在运输过程中，派专人巡查，发现问题及时用对讲机联络，以便采取相应措施。

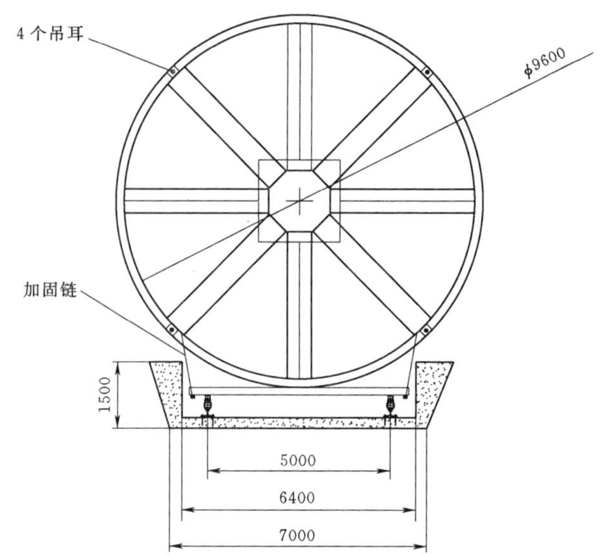

图6　引水洞内钢管的运输示意图（单位：mm）

2.3　压力钢管安装

2.3.1　施工准备

（1）在垫层混凝土浇筑完毕，进行轨道铺设、平台小车制作、卷扬机等牵引设备布置、翻身架制安及起吊设备布置，并对工作面进行检查和清理。

（2）由测量队放出压力钢管安装所需的中心、高程和桩号控制点，并在附近做永久或半永久的标志和记录。

（3）布置安装工作面的施工电源和施工设备。

（4）根据相关要求，对所有的施工人员进行技术和安全交底。

（5）对成品钢管进行清点，确认钢管出厂编号。

2.3.2　安装顺序

4条压力钢管分成两个阶段安装：第一阶段从桩号EL0＋112.058～EL0＋182.180，安装施工流向为：1#→2#→3#→4#；第二阶段从桩号0＋182.180～0＋194.280，安装施工流向：4#→3#→2#→1#。每条压力钢管安装施工流向为：从上游到下游依次进行安装。

2.3.3　定位节（始装节）安装

通过全站仪监测钢管的安装中心、桩号及高程，利用千斤顶及手拉葫芦调整钢管安装位置，其安装偏差符合设计图纸和规范要求后，即可进行钢管的外支撑加固，钢管加固应牢固可靠，为确保钢管在混凝土浇灌时不产生变形和位移，在洞壁和管壁之间分成6～10个点（定位节）并用[10×800mm的槽钢材料来支撑，支撑材料一端与阻水环（加劲环）焊接在一起，另一端与洞内的预埋锚杆焊接在一起进行加固。其详细的外支撑加固图如图7所示。

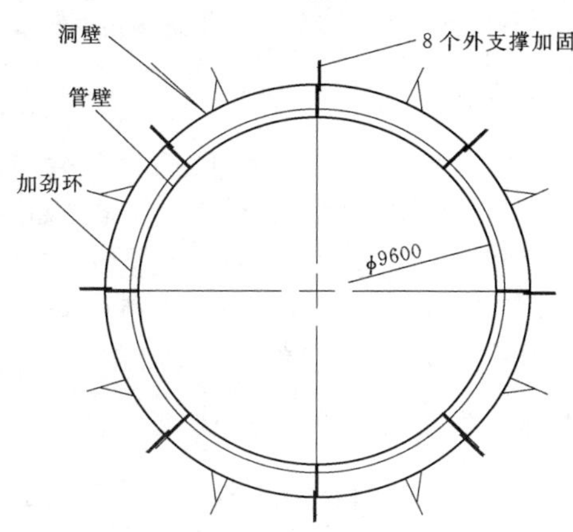

图7 首节钢管安装外加固示意图

2.3.4 其余管段安装

定位节安装完毕后，利用定位节作为安装基准将下游侧的第二节钢管慢慢靠近定位节，用千斤顶将钢管顶起退出运输小车，在底部用型钢与加劲环焊接支撑管节，用手拉葫芦配合调整待安装管节的各项安装尺寸符合要求后，即可进行环缝对接压缝，符合规范要求后即可进行钢管对接环缝定位焊，定位焊长度为50～80mm，间距控制在100～400mm之间，厚度不宜大于正式焊缝厚度的1/2。定位焊完毕即可进行钢管加固，钢管加固要牢固可靠，为确保钢管在混凝土浇灌时不产生变形和位移，在洞壁和管壁之间用10＃槽钢做支撑，支撑材料一端与加劲环焊接，一端紧顶洞壁，有锚杆的与锚杆焊接。在钢管对接过程中随时监测调整钢管的高程及中心变化。环缝组装完毕，做好各项记录，合格后交焊工对其焊缝施焊。施焊前，在管节间支放焊接支架或者焊接台车，以便于进行钢管焊接和探伤工序的施工。其余管段均按此方式进行安装。

2.3.5 压力钢管穿墙段的安装

土建在进行厂房边墙混凝土施工时把边墙浇筑成方形的孔状结构，且边墙厚度为2.7m，所需为1节钢管。将运输轨道铺至EL0＋193.980处，安装时可以先计算出城墙段的位置，利用运输小车和马道运输轨道提前运至墙体内用千斤顶顶起退出运出，待马道上的其他压力钢管安装完毕后，再对穿墙段的位置进行调整和加固，加固材料和方法以及其他压力钢管的加工方法一致。墙体外的部分（下游）利用运输小车运输至4＃压力管道左侧再利用土建安装在4＃基坑右侧的门机作为起吊工具将压力钢管提过边墙放置在安装位置，再加工。其余压力钢管的安装方法相同。

拆除临时工卡具、管壁缺陷修补拆除钢管上的工卡具时，严禁使用锤击法，应用碳弧气刨或气割在其离管壁3mm左右处切除，注意不伤及母材，切除后对残留痕迹再用砂轮磨平，并认真检查有无微裂纹。

钢管安装完毕，将钢管内壁的焊疤清除干净，局部凹坑深度不超过板厚的10％，且不大于2mm时，可用砂轮打磨至平滑过渡。

3 管节焊接施工

3.1 环缝焊接

环缝焊接分为内环缝和外环缝焊接。内环缝采用制作钢管结构焊接支架作为焊接平台，焊接时按8～10个焊接工位同向进行焊接，如图8所示。

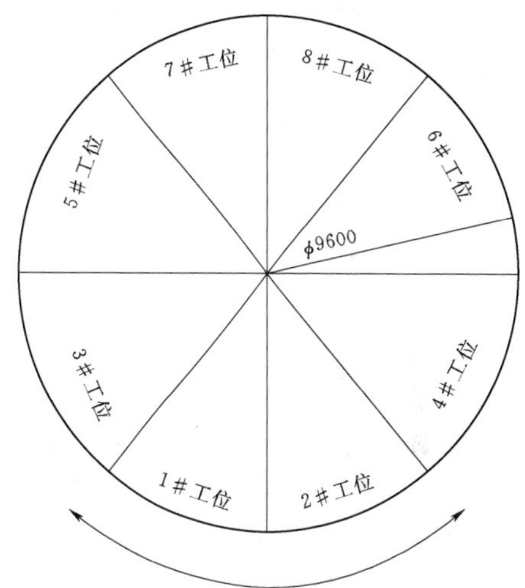

图8 安装外环缝焊接工位图

按多层多道、分段对称的原则进行焊接。外环缝用钢管搭设支架作为焊接平台，也是按8～10个焊接工位同向进行焊接，如图9所示。按多层多道、分段对称的原则进行焊接。

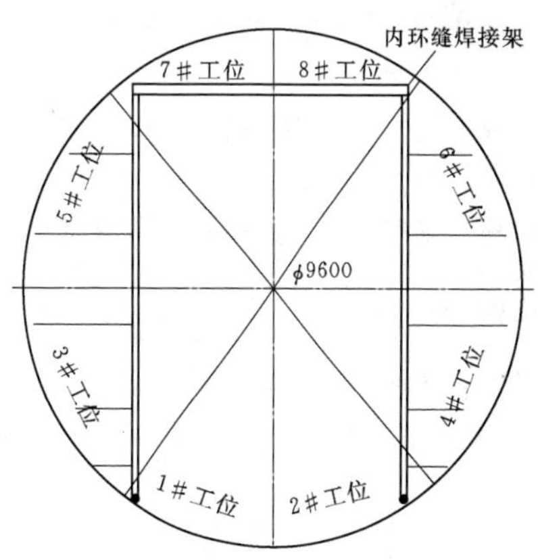

图9 内环缝焊接支架图

钢管定位焊后应尽快焊接安装环缝，每条焊缝应连续完成，不得中断。所有焊缝坡口两侧各10～20mm范围内的氧化皮、铁锈、油污及其他杂物应清除干净，每一焊道焊完后也应及时清理，检查合格后再焊。

环缝对接错牙不大于10％板厚，要均匀错牙。多层焊的层间接头应错开的焊接接头应错开 25mm 以上。

3.2 压力钢管焊后热处理

根据相关要求，对大于 30mm 的压力钢管校焊后进行消除应力处理。根据泸定水电站压力钢管制造安装技术要求以及压力钢管焊缝较长不易进行整体热处理消除应力，因此对于焊缝中的残余应力将采用局部热处理的方法进行应力消除。具体方法是把焊缝焊接完毕后及时在焊缝及两侧覆盖加热垫，采用火焰加热温度至 600℃左右，在焊缝两侧 200mm 处铺盖保温层，保温 1h。然后再进行降温至自然状态从而达到消除应力的目的。

4 安装质量要求

(1) 管节之间环缝焊接应满足下列条件：管口椭圆度不应大于 $5D/1000$，且不大于 40mm，至少测量两对直径。

(2) 管口环缝对口错位不应大于 3mm。

(3) 钢管始装节的里程偏差不应超过±5mm；始管节两端管口垂直度偏差不应超过±3mm。

(4) 其他部位管节的管口中心应不大于 25mm。

5 无损探伤

无损检测人员应经过专业培训，通过国家专业部门考试，并取得无损检测资格证书。评定焊缝质量应由Ⅱ级或Ⅱ级以上的无损检测人员担任。

5.1 焊缝分类

一类焊缝，主要受力焊缝：钢管管壁纵缝，厂房内明管（指不埋于混凝土内的钢管）环缝、凑合节合龙环缝。

二类焊缝：次要的受力焊缝，例如：管壁环缝，加劲环对接焊缝。

三类焊缝：不属于一、二类焊缝的其他焊缝。

5.2 外观检查

对压力钢管的所有焊缝均按照《水电水利工程压力钢管制造安装及验收规范》（DL/T 5017—2007）第 6.4.1 条进行外观检查，确保各项指标满足规范要求。

5.3 无损检测

焊缝焊接完成后，将焊缝两侧的飞溅打磨干净，以便对需探伤的焊缝进行无损检测工作。采用超声波探伤（UT）无损检测，比例为：超声波探伤一类焊缝为 100%，二类焊缝为 50%。本工程压力钢管无损检测焊缝质量评级满足规范及相关要求。

5.4 焊缝缺陷处理

根据检验确定的焊缝缺陷，提出缺陷返修的部位和返修措施，返修后的焊缝按技术条款的有关规定进行复检，并做好记录。所有焊缝同一部位返修次数不超过 2 次。

当每项制造或安装件的同类质量缺陷修补超过 2 次时，应分析原因，研究提出修补技术措施和质量预控措施。

6 结语

泸定水电站压力管道钢衬段压力钢管上接压力管道混凝土下湾段，下接水轮发电机，承担了从调压室向水轮机输送水量的任务。主要承受水电站大部分或全部水头，具有内水压力大、靠近厂房、承受动水压力等特点。压力钢管安装及关节焊接施工质量直接影响到后续水电站永久运行，在本工程中通过技术方案的合理运用和现场精心组织安排施工，压力钢管安装与焊接符合相关规范及水电站运行要求，取得了良好的效果。

参考文献

[1] 张自军，刘军，孟晓春. 公伯峡水电站引水压力钢管制作安装施工技术措施 [J]. 青海水利发电，2005 (4)：37-40.

[2] 刘平，雷秋娟. 黑河塘水电站压力管道钢管的安装施工 [J]. 四川水利发电，2007 (2)：45-47.

[3] 梁金亮. 金安桥水电站压力钢管制作与安装施工 [J]. 云南水利发电，2012，28 (4)：67-69.

[4] 曹丰群. 沙沱水电站压力钢管制作与安装施工技术 [J]. 贵州水利发电，2012，26 (1)：76-79.

本栏目审稿人：张林总

百米级超高墩垂直度影响分析

缪买和　刘龙宁　高小宝/中国水利水电第十四工程局有限公司

【摘　要】 百米级超高墩垂直度不仅影响高墩自身的稳定性，而且是桥梁施工水平的重要指标，甚至影响刚构桥病害产生的时间。本文结合洛泽河特大桥16＃、17＃百米级高墩实际特点，通过有限元分析软件Midas Civil建立了洛泽河特大桥主桥模型，在模型上墩柱一侧赋予温度、风荷载、施工偏载等，分析其对墩柱垂直度的影响，确定合理的施工及测量控制等技术，对墩身垂直度及爬升模板进行实时动态控制，并提炼施工经验。

【关键词】 超高墩　垂直度　温度　风荷载　施工偏载

1　引言

高墩在施工中通常存在多种偏差，包括截面尺寸偏差、标高偏差、垂直度偏差等，桥墩的垂直度成为评价超高墩施工质量的重要标准之一。随着目前百米级超高墩不断应用于各种桥梁结构，桥墩高度增加的同时，施工误差也随之变大，垂直度控制更加困难。本文通过分析桥墩在施工期间受到温度、施工偏载、风荷载的影响，研究超高墩的垂直度变化规律，以便找到最合理的控制方案。

2　工程概况

宜昭高速公路洛泽河特大桥主桥为80m＋3×150m＋80m预应力混凝土刚构，其下部主墩采用等截面双肢薄壁空心墩，16＃、17＃桥墩高墩均为百米级，等截面双肢薄壁空心墩下部为双肢相连形式，上部为双肢分离形式，下部双肢相连形式为10m×7m（长×宽），在墩柱内设置3个空心箱室，为2个1.8m×5.4m和1个4m×5.4m的内箱室，上部双肢分离形式为2个7m×3m的薄壁空心墩柱，墩柱横桥向壁厚为80cm，顺桥向壁厚为60cm，由于为等截面双肢薄壁空心墩，且16＃、17＃桥墩高度高、施工安全风险大，施工现场采用安全系数较高的爬模施工工艺，每爬升1模，浇筑混凝土高度为4.5m。墩顶顶部为2m的实心段，实心段之上为刚构0＃块，0＃块高度9m，长度12m。

3　高墩垂直度分析

薄壁超高墩在施工过程中受到施工误差及各种荷载的影响，导致其相对于设计结构尺寸存在几何线形上的偏差。控制墩身的垂直度是超高墩在施工中最重要的质量指标之一。

在实际工程中，保持高墩的施工质量，具有较高的难度，稍有不慎，就会出现轴线偏差，产生墩顶偏位，从而形成初始缺陷，包括施工造成的垂直度偏差、初始材料缺陷等，这些缺陷使得桥墩的稳定性大大降低。依据边缘纤维屈服准则，考虑结构的几何非线性，分析施工造成的垂直度偏差、温度、风荷载对桥墩稳定承载能力的影响。采用大型通用有限元软件Midas Civil建立仿真模型，分析温度、风荷载、施工偏载对桥墩垂直度的影响。高墩垂直度表达式为：$\rho=w/l$，w为任意工况下的桥墩墩顶位移，l为桥墩墩高。

3.1　温度作用影响分析

对于空心薄壁高墩，除了墩顶部和墩底部的小范围内，沿墩高方向的温度分布一般是非常接近的，所以在分析温度荷载对桥墩垂直度的影响时，忽略沿墩高方向温差的微小影响，只考虑桥墩水平方向的温度荷载。

混凝土的导热系数较小，热传导性能差，在日照作用下，当外部温度发生急变时，内部温度变化将出现明显的滞后现象，导致桥墩的内外产生较大的温度梯度。按照太阳照射方位的不同，分三种工况来研究日照温差对墩身垂直度的影响。日照引起的墩身温度梯度，参照《公路桥涵设计通用规范》（JTG D60—2015）第4.3.12条进行取值。各工况见图1。

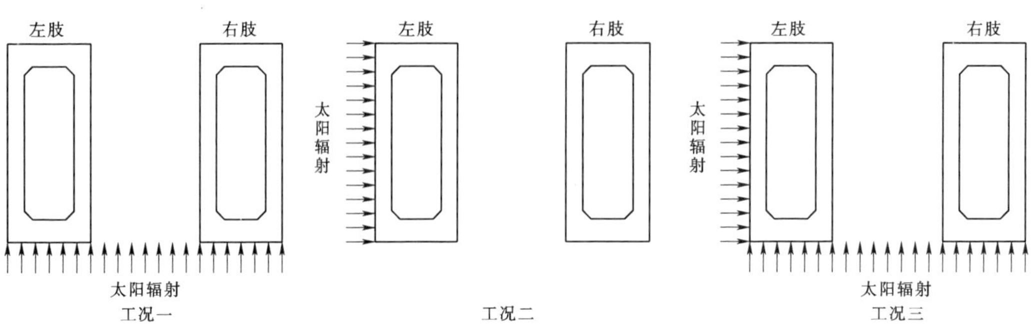

图1　桥墩受太阳照射方位图

工况一：仅考虑太阳光直射箱梁以下墩身横向的情况，在横向温度梯度作用下，桥墩产生的变形。

工况二：仅考虑太阳光直射箱梁以下墩身纵向的情况，在纵向温度梯度作用下，桥墩产生的变形。

工况三：考虑太阳斜射箱梁以下墩身的情况，将太阳光分解为同时照射桥墩横桥向和纵桥向，在横向温度梯度与纵向温度梯度共同作用下，桥墩产生的变形。

利用 Midas Civil，建立左幅17＃桥墩已施工114m的有限元模型，施加温度荷载，计算各工况下的桥墩位移。由表1可知，桥墩受到横桥向温度梯度作用，17＃桥墩墩顶产生28.0mm的横桥向位移；桥墩受到纵桥向温度梯度作用，17＃桥墩左右肢分别有25.8mm和15.5mm的纵桥向位移。

表1　日照温差引起的17＃桥墩墩顶位移

单位：mm

工况	左右肢	横桥向位移	纵桥向位移	竖向位移
工况一	左肢	28.0	0	0.8
	右肢	28.0	0	0.8
工况二	左肢	0	25.8	1.8
	右肢	0	15.5	0.2
工况三	左肢	28.0	25.8	2.7
	右肢	28.0	15.5	0.6

由于右肢处于左肢的荫避处，所以右肢比左肢位移小得多；桥墩受到双向温差荷载的作用，由图2可知，17＃桥墩左肢有最大38.1mm的位移。由此可见，桥墩日照温差对墩身垂直度影响显著。在施工前选择在清晨或夜间等温度较稳定的时间段测量确定好基准点，该基准点作为后期墩身模板校验的基准点，以减少降低日照温差对其产生的影响。

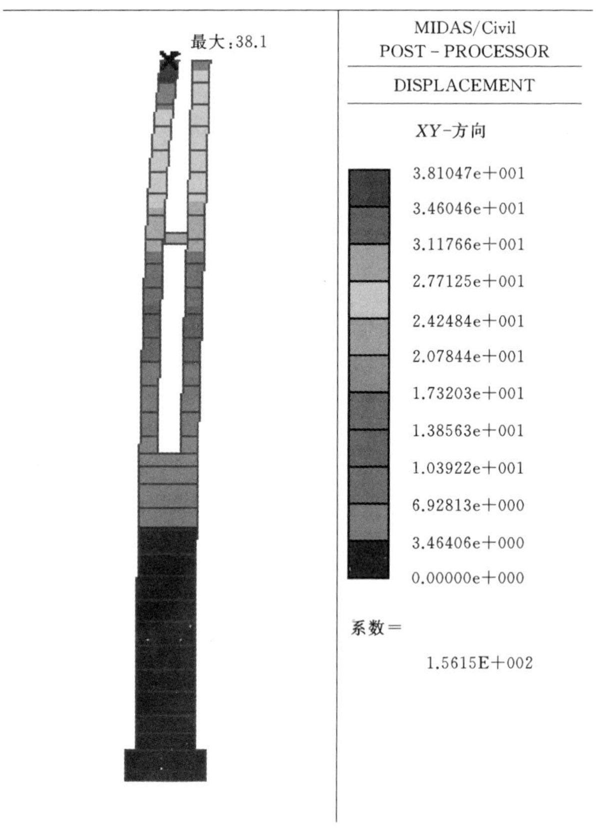

图2　工况三作用下17＃桥墩 XY 方向位移（单位：mm）

3.2　施工偏载影响分析

洛泽河特大桥主墩为空心墩，在施工过程中，不可避免地会出现施工偏载。在空心薄壁墩施工过程中，一侧的混凝土浇筑完成，另一侧的混凝土未浇筑时，桥墩将由轴心受压构件变为偏心受压构件，导致出现桥墩偏位。下面分析空心薄壁墩浇筑时的分层厚度对桥墩垂直度的影响。桥墩偏载示意图见图3。

在左幅17＃桥墩已施工114m后，浇筑下一节段混

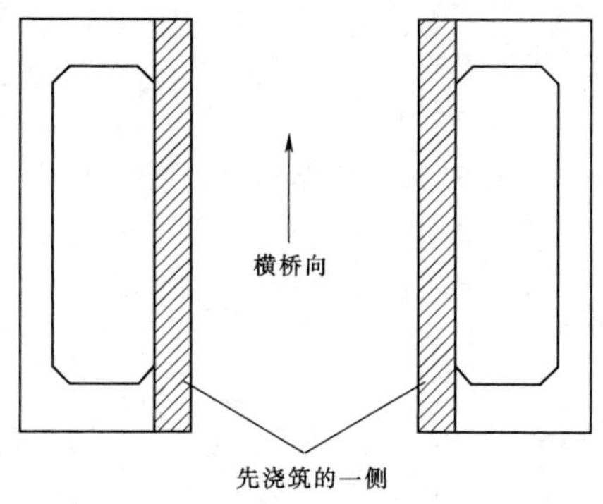

图3　桥墩偏载示意图

凝土时，利用 Midas Civil 计算，先浇筑一侧，分别浇筑20cm、40cm、60cm 及 80cm 的高度时，桥墩的偏位。各分层厚度下的桥墩位移见表2。

表2　　施工偏载作用下17#桥墩墩顶位移

分层厚度/cm	横桥向位移	纵桥向位移/mm	竖向位移/mm
20	0	0.41	4.71
40	0	0.45	4.73
60	0	0.48	4.73
80	0	0.52	4.74

由表2可知：先浇筑一侧的混凝土浇筑厚度为20～80cm时，17#桥墩墩顶有0.41～0.52mm的偏位，墩顶偏位均在1mm以内。分层浇筑厚度对桥墩偏位几乎没有影响，可忽略施工偏载对桥墩垂直度的影响。

3.3　风荷载影响分析

风对桥梁结构的作用可分为静力作用和动力作用。假设结构在受到平均风的作用时，在只考虑不变的空气动力作用，结构能够保持静止（或振动较小，不影响空气的作用力），称为风的静力作用。只需考虑静风荷载对桥墩垂直度的影响，其值根据《公路桥梁抗风设计规范》(JTG/T D60-01—2004) 进行计算。

依据《公路桥梁抗风设计规范》(JTG/T D60-01—2004) 第3.2.4条确定设计基准风速：

$$V_d = K_1 V_{10}$$

式中　V_d——设计基准风速，m/s；

K_1——风速高度变化修正系数，按表3.2.5取值；

V_{10}——基本风速，m/s，按附表A取值。

依据《公路桥梁抗风设计规范》(JTG/T D60-01—2004) 第4.2.1条确定静阵风风速：

$$V_g = G_V V_Z$$

式中　V_g——静阵风风速，m/s；

G_V——静阵风系数，按表4.2.1取值；

V_Z——设计基准风速，m/s。

依据《公路桥梁抗风设计规范》(JTG/T D60-01—2004) 第4.4.1条确定桥墩受到的静风荷载：

$$F_H = \frac{1}{2}\rho V_g^2 C_H A_n$$

式中　F_H——作用在桥墩上的静阵风荷载，N；

ρ——空气密度，kg/m^3，取1.25；

C_H——桥墩的阻力系数，按表4.4.2取值；

A_n——桥墩顺风向投影面积，m^2。

将求得的静阵风荷载施加到已建立的模型上，计算各工况下的桥墩位移。桥墩风荷载加载示意图见图4、图5。

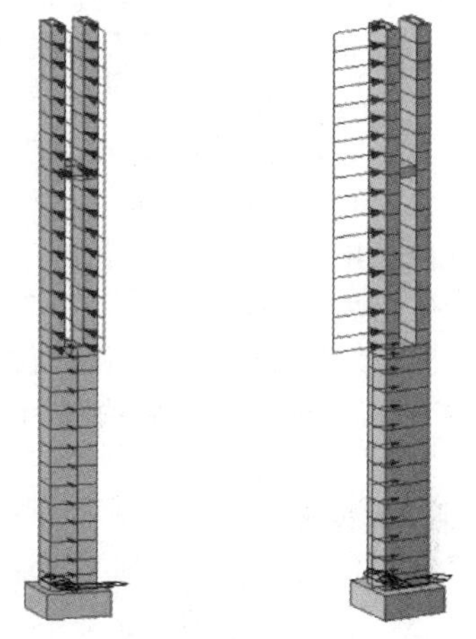

图4　横桥向风荷载加载示意图　　图5　纵桥向风荷载加载示意图

由表3可知：在横桥向风荷载作用下，17#桥墩墩顶有26.4mm的横桥向位移；在纵桥向风荷载作用下，17#桥墩墩顶有最大9.4mm的纵桥向位移。随着桥墩高度的增加，桥墩偏位呈现增大的趋势，尤其是横桥向风荷载引起的墩顶偏位增大趋势更明显。在施工过程应采取必要的抗风措施：迎风侧设置临时挡风结构，减少风荷载对墩身模板的影响，确保墩身垂直度满足规范要求。

表3　　风荷载引起的17#桥墩墩顶位移

单位：mm

风向	左右肢	横桥向位移	纵桥向位移	竖向位移
横桥向	左肢	26.4	0	0
	右肢	26.4	0	0
纵桥向	左肢	0	9.4	0.3
	右肢	0	8.2	0.3

3.4　施工过程控制措施

由于温度和风荷载对桥墩垂直度影响较大，所以在施工过程中应选择严格的垂直偏差控制标准、合理的测量控制方案、爬模施工工艺。

3.4.1 垂直度偏差控制标准的选定

由于桥墩垂直度偏差直接影响到桥墩承载力，故其施工造成的垂直度偏差应当越小越好，但实际垂直度极难控制，结合《公路桥涵施工技术规范》（JTG/T F50—2011）第13.4.1条及洛泽河特大桥设计图纸中桥墩垂直度要求，综合选定洛泽河特大桥左幅17#桥墩垂直度控制在2cm以内较为合理。

3.4.2 选择合理的测量控制方案

超高墩基准点的选择：在清晨或夜间等温度较稳定的时间段测量确定好基准点，该基准点作为后期墩身模板校验的基准点，以减少降低日照温差对其产生的影响。

由于主墩为百米级超高墩，采用常规的锤球吊线测量方式极难实现并难以控制其精度，针对超高墩的垂直度控制一般采用全站仪，但采用全站仪进行测量虽能实现测量但无法复核，另外，采用激光自动垂准仪控制，故采用全站仪加激光自动垂准仪双控的方式进行模板的复核，通过相互检验确保测量数据的精确性。

3.4.3 优选采用爬模施工工艺

爬模施工集工作平台、支架、模板于一身，无须专用提升设备，无须为施工模板搭设工作平台，也不须为模板搭设支架，依靠自身动力即可交替垂直或斜向爬升，爬模施工仅用一个液压滑动模板，爬模系统由模板系统和液压爬架组成，爬升模板是逐层分块安装的，施工中的垂直度和平整度易于控制，能有效避免施工误差的积累。

4 结论

本文结合宜昭高速公路洛泽河特大桥主桥 Midas Civil 计算模型对温度、风荷载、施工偏载的影响及施工过程控制措施等做了简要的阐述。由于温度和风荷载对桥墩垂直度影响较大，且墩柱高度越高，其所受影响呈线性增大，119m的高墩受到温差引起的最大墩顶位移达到38.1mm，119m的高墩受到风荷载的作用，最大墩顶位移为受到横桥向风荷载的作用达到26.4mm。通过模型计算选择合理的施工过程控制措施：合理选择墩身基准点、墩身模板在迎风侧设置挡风结构、采用全站仪加激光自动垂准仪双控的方式进行模板的复核、严格的垂直度偏差控制标准等，极大地提高了施工效率，而且对墩身垂直度的控制有保障，对后续薄壁高墩施工提出了指导意义。

参考文献

[1] 白浩，杨昀，赵小星. 高墩大跨径弯连续刚构桥梁空间非线性稳定分析［J］. 公路交通科技，2005（5）：111-113，151.

[2] 田仲初，曹少辉，张恒，等. 温度对空心薄壁高墩垂直度的影响分析［J］. 公路与汽运，2010（5）：125-128.

[3] 陈铨恺. 大跨连续刚构桥的双肢薄壁高墩施工稳定性分析［D］. 长沙：湖南大学，2007.

[4] 罗川. 双肢变截面超高空心薄壁墩垂直度控制技术［J］. 湖南交通科技，2013，39（4）：90-92.

LocaSpace Viewer 在高速公路测量中的实践应用

朱罗方　张春旭　孙克良/中国水利水电第十四工程局有限公司

【摘　要】使线形公路测量加密控制点选点达到省时省力，通过谷地 Goody GIS Ver 选择不少于 2 对同名点求取四参数，将 CAD 矢量图导入，并另存为 .kml 格式；在 LocaSpace Viewer 电脑端内加载该 kml 格式文件，利用【通视分析】和【添加地标】功能选设加密控制点，然后将其另存为手机端加载的 .lgd 和 .ldl 格式，加载后利于未踏勘现场的同事外业实地定位找寻既定目标位置。在 AutoCAD 中套入下载的谷歌影像，制作展示图。实现电脑端和手机端的云端分享，利于数据协同，为内外业建立了较好的通道。

【关键词】LocaSpace Viewer　高速公路　测量

1　引言

随着信息技术的逐步发展，市面上涌现了很多类似谷歌地球（Google Earth）的地理信息技术软件。谷地地理信息系统（Goody GIS），是一款基于谷歌地球和谷歌地图免费资源开发的地理信息系统软件，旨在扩展谷歌地球和谷歌地图的应用。本文运用谷地地理信息系统生成 .kml 格式文件，其操作简单，能实现比对实地控制点误差 1m 的精度要求，满足了实践应用中快速找寻目标的结果。LocaSpace Viewer（LSV）是互联网免费三维数字地球软件之一，针对陌生地理环境下，将既定的高速公路总体布置图导入 LSV 中可虚拟实现在真实地理环境中的实时可视化，获取分析高速公路项目所属的自然地形，多角度查阅现场规划布置概况，如桥梁、路基、隧道、弃土场、施工便道的实地位置，提前预判是否满足现场施工要求，并初步做出预处理意见或建议；LSV 移动端加载 .lgd 和 .ldl 格式文件现场实地检验既定目标，根据实际情况采集点、线、面、运动轨迹，通过云端、扫描二维码或发送好友分享码实现同步分享，解决了内外业数据同步应用。

2　准备工作

准备工作包含安装必备的电脑端软件和手机端软件，根据工程情况选择比较理想的同名点，保证误差整体在可控范围内。

2.1　安装软件

电脑端安装软件：Goody GIS Ver、AutoCAD 2007、LocaSpace Viewer 电脑端（电脑端解压即可使用，无须安装）；手机端安装软件：LSV（LocaSpace Viewer 手机端），并用手机号免费注册、设置登录密码，便于下次直接和云端同步使用。

2.2　选取同名点

高速公路为宜宾至昭通高速公路彝良（海子）至昭通段第 A5 段，全长 18.86km，采用四参数计算匹配同名点，四参数通常至少需要 2 个公共已知点，为了将误差整体控制较小，根据选择原则：有显著的、独特的点，且成带状均匀分布，即采用 4 个控制点 Y082、Y085、Y097、Y104。

3　实践流程

通过 Goody GIS Ver 利用 4 个同名控制点转存为 .kml 格式，并验证同名点是否满足使用要求；通过 LocaSpace Viewer 加载 .kml 格式文件，并另存为 .lgd 格式，利于手机端软件 LSV 加载使用。

3.1　Goody GIS Ver 转存 .kml 格式

打开谷地地理信息系统 Goody GIS Ver，步骤如下：

（1）单击【设置】，选择【系统设置】，将地球单位设置为小数度。

（2）单击【设置】，选择【求四参数】，转换方式：选择平面→地球；选择地面：为了区分以本项目名称简写为宜昭 A5，地面：宜昭 A5。

（3）将某同名点的地球上经纬度与 AutoCAD 中的点坐标，按此格式输入：地理坐标（*L*，*B*），软件框内 AutoCAD 中的点坐标［*Y*（6 位），*X*（7 位）］。依次将 4 个控制点 Y082、Y085、Y097、Y104 的 2 套坐标一一对应粘入。注：地理坐标 *L*、*B* 的单位必须为小数度，软件框内 AutoCAD 中的点坐标 *Y* 为测量坐标系下的 *Y*，软件框内 AutoCAD 中的点坐标 *X* 为测量坐标系下的 *X*；4 个控制点同名点的坐标表详见表 1。

表 1　控制点同名点坐标表

点名	经度/(°)	纬度/(°)	X/m	Y/m
Y097	104.27411010000	27.57622633889	3051548.9218	477672.3782
Y104	104.33082866944	27.60368518333	3054583.3500	483278.4200
Y082	104.14708551667	27.56331104167	3050146.5470	465121.1874
Y085	104.19561547222	27.55156430833	3048831.8417	469911.4017

（4）中央经线：104.50（本项目中央经线为 104°30″，输入单位为小数度）。

（5）点击【计算四参数】，缩放系数 K 理论应无限接近于 1 较好，见图 1。

图 1　四参数输入、计算图

（6）点击【验证参数】，计算结果如图 2 所示，本文作者要求精度在 0.5m 内即可，能满足既定要求。

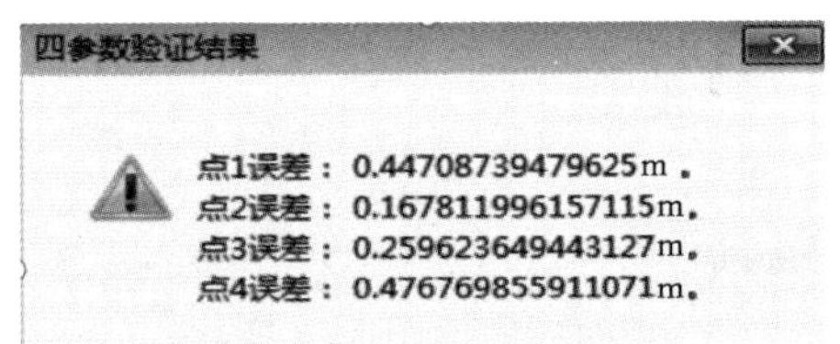

图 2　四参数验证结果

（7）点击【添加】，保存后，利于本项目下次直接使用。

（8）点击【文件】，选择【导入 CAD 文件 | dwg dxf】，在弹出的 AutoCAD 文件导入谷歌地球（.kml）窗口里，选择【浏览】，选中所需的 CAD 图后，点击【打开】，最后点击【导入】，若文件较大，图形较多，需耐心等待（一般耗时 3～4min），直至提示：CAD 文件导入成功。

（9）浏览查阅四参数转换成果是否无误，检查方法：通过加载含 CAD 文件内的道路、房屋等显著特征点，与谷歌影像叠加后即可判断是否准确无误，若有误，请检查四参数的同名点的 2 套坐标是否输入准确，CAD 图形文件的比例尺是否是 1∶1000，防止因比例尺有放大、缩小造成转换不匹配。

（10）点击【文件】，选择【导出 kml/kmz 文件 | Google Earth】，保存类型：KML 文件（*.kml），文件名：自定，选择目录路径后，点击【保存】即可。

3.2　LocaSpace Viewer 加载 .KML 格式

打开 LocaSpace Viewer 电脑端（电脑端解压即可使用，无须安装），加载 .kml 格式步骤如下：点击【加载图层】，选中 Goody GIS Ver 转存 .kml 格式文件，点击【打开】即可。

3.3　LocaSpace Viewer 另存 .lgd 格式

鼠标右击加载的图层，另存为矢量数据 .lgd 格式，填入文件名，选择目录路径后，点击【保存】，在该目录路径下生成 .lgd 和 .ldl 格式文件，将这 2 个格式文件一起拷贝或通过 QQ、微信下载后移动至智能手机 LocaSpace/Download 内，便于 LSV 移动端加载使用。

4　LocaSpace Viewer 布设加密控制点

通过 LocaSpace Viewer 电脑端的高分辨率地表模型影像和高速公路总体布置图（.kml）叠加后，分析判断加密点位置，通过通视分析判断相邻 2 点位是否可见，实时调整确保相邻 2 点位可见，直至图上选设点位完成，将高速公路总体布置图（.kml）图层（包含添加全线加密控制点的地标属性），另存为矢量数据 .lgd 格式，利于手机端软件 LSV 加载 .lgd 格式，现场实地核实图设点位是否合理，若不合理处，勘查就近落动，确保相邻 2 点位均通视，并采集记录点位，利于后续埋设、观测工作。

4.1 电脑端布设加密控制点

在以往选埋加密复测控制点中，先根据设计院移交的控制点，经过复测无误后，将全线的征地红线标定在实地，并根据设计院下发的 1∶2000 地形图进行控制点点位初步选择，然后结合实地红线，实地踏勘选埋控制点于红线外，便于长久保存，由于该地形图现势性较差，直观性不强。现利用 LocaSpace Viewer 电脑端的高分辨率地表模型影像和高速公路总体布置图（.kml）叠加后，可以对辖区状况进行多角度浏览，更直观地掌握辖区的地形地貌、建筑物、植被覆盖情况，利用【分析】的【通视分析】和【编辑】的【添加地标】功能选设加密控制点，步骤如下：

（1）点击【加载图层】，选中高速公路总体布置图 .kml 格式文件，点击【打开】，即可完成高分辨率地表模型影像和高速公路总体布置图（.kml）叠加，根据设计院移交的复测无误的控制点、地形地貌和远离红线 30m 外，分析判断加密控制点的位置。

（2）利用【编辑】的【添加地标】，在确定的加密控制点的位置上，单击鼠标左键添加地标，会自动打开地标的属性对话框，设置地标的名称，样式、定位参数以及贴地模式，依次将所有全线加密控制点添加地标和注记点名。

（3）利用【分析】的【通视分析】，在进行通视分析的相邻两个地标点上单击鼠标左键；会自动绘制从起地标点到终地标点的通视情况（可见区域为绿色，不可见区域为红色）。

（4）若初拟相邻 2 点位不可见，通过【编辑】下的【编辑】，单击要编辑的对象，进行拖拽或者直接修改空间信息的方法移动地标；重复步骤（3），直至全线所有加密控制点点间通视，符合了闭合或附合导线相邻点间通视要求。

（5）鼠标右击高速公路总体布置图（.kml）图层（包含添加全线加密控制点的地标属性），另存为矢量数据 .lgd 格式，填入文件名，选择目录路径后，点击【保存】，在该目录路径下生成 .lgd 和 .ldl 格式文件。

4.2 手机端导航定位加密控制点

将这 2 个 .lgd 和 .ldl 格式文件一起拷贝或通过 QQ、微信下载后，移动至智能手机 LocaSpace/Download 内。打开 LocaSpace Viewer 手机端（LSV），登录后，点击图层管理，点击加载，点击本地图层，打开 Download 文件夹，找到需要加载的文件名 .lgd 加载，加载成功后，再点击该文件 .lgd 后即可显示所在区域的加载信息，放大界面，3 人一组同时找寻相邻的控制点，如现场踏勘找寻 Y104 控制点，点击【定位】，确定实地位置，查询距离目的地距离，若距离较远坐车，实时查询距离目的地位置，距离 200m 左右时根据提前规划的路线即可到达目的地。现场加密和复测控制点间相互通视，既易于保存，又利于 GPS 接收卫星信号后，现场挖坑，并在醒目处喷水油漆或系上红色彩带，利于下次现场埋点。依次由小里程往大里程找寻所有原有控制点和加密控制点。

若现场个别点间不通视，踏勘另选合适位置，再现场挖坑，并在醒目处喷水油漆或系上红色彩带，通过点击【定位】，再点击【采集】，修改名称，在备注栏写明情况，点击拍照，拍摄不少于 3 个不同方向的现场照片，最后点击【保存】。

5 LocaSpace Viewer 的云端标绘和分享

将 LocaSpace Viewer 手机端（LSV）采集的点、线、面、运动轨迹通过点击【云端】，再点击【上传】，将同时选中标点、标线、轨迹、标面，最后【上传】，在办公室的同事打开 LocaSpace Viewer 电脑端即可通过点击【云端】，再点击【云端标绘】，选择所需的内容下载，立即下载到我的地标（18213509798）图层下，若需要查看某一实测点，双击，然后多角度浏览，实现了手机端和电脑端的同步分享。

6 LocaSpace Viewer 的下载影像套入 AutoCAD

通过 LocaSpace Viewer 电脑端的下载海子立交区域 19 级影像，在 AutoCAD 2007 中打开本项目的高速公路总体图，并插入下载的影像作为底图，找寻影像上较显著的特征点如桥头、道路交叉处、房角等特征点，通过旋转、缩放直至 CAD 矢量图与谷歌影像叠加完成。

6.1 LocaSpace Viewer 电脑端下载影像

打开 LocaSpace Viewer 电脑端（电脑端解压即可使用，无须安装），登录成功后，找到需要下载谷歌影像的如海子立交这个区域，下载步骤如下：

点击【下载】，再点击【影像/地图】，在弹出对话框中，点击【绘制矩形】，从左上方至右下方绘制矩形，在弹出的下载任务 2 配置栏中修改任务名称，便于区分下载部位，底图：选择谷歌影像 .lrc，下载级别：勾选 19（0.265m/像素），下载线程：选择 8，点击【开始下载】，在弹出的对话框中选择下载目录路径（海子立交），下载即可。

6.2 将谷歌影像套入 AutoCAD 中

在 AutoCAD 2007 中打开本项目的高速公路总体布置图 .dwg 文件，点击【插入】，再点击【光栅图像参照】，找到目标路径后，选择海子立交-19.tif，点击【打开】，再点击【确定】，在空白处鼠标左击，指定缩放比例因子为1。通过找寻影像上较显著的特征点如桥头、道路交叉处、房角等的影像长度和CAD内的真实长度，确定放大倍数K，通过【缩放】，输入比例因子K，至此影像长度和CAD图内的真实长度一致。

为使下载影像作为底图，AutoCAD 2007版内新建图层名为海子立交，把此影像放入海子立交图层中，自定一个选择基点后，将海子立交图层锁定，然后将图内所有的内容以此选择基点向下移动1000m，再向上移动1000m，至此影像图作为底图，所有点、线、文字、填充等都位于影像图之上，方便比对影像图的道路、房屋是否缩放旋转一致，不一致再重复缩放或旋转即可。CAD套入影像后效果图见图3。

图3 CAD套入影像后效果图

此案例实现了CAD矢量图与谷歌影像图叠加，方便打印，贴于工作场所，熟悉工程概况。

7 总结

根据实践，采用谷地Goody GIS Ver处理.kml格式文件，精度较理想，操作简便；采用LocaSpace Viewer电脑端可以免费下载19级谷歌影像，可以制作内部学习效果展示图，其电脑端和手机端的云端分享，多角度浏览，实时记录，快捷分享，利于数据协同，为内外业建立了较好的通道，能实现比对实地控制点误差小于1m的精度要求，满足了实践应用中快速找寻目标的结果。

参考文献

[1] 陈春景，潘泽，王瑾，等. 谷地Goody GIS软件在国外地勘项目中的应用［J］. 建筑工程技术与设计，2015（17）：1877.

[2] 常红斌，张辉. Goody GIS在电力工程测绘中的应用［J］. 测绘工程，2014，23（8）：73-76.

[3] 王文宝. Google Earth及Goody GIS在水文工作中的初步应用［J］. 珠江现代建设，2013（5）：15-17，30.

[4] 周书胜. LocaSpace Viewer和Surfer制作校园等高线地形图［J］. 地理教学，2018（22）：50-51，64.

[5] 易共才，王彦军，高宏. Google Earth在公路工程中的应用研究［J］. 中外公路，2008（1）：1-4.

手机测量员 App 与 Casio FX－5800P 计算器在上寨大桥施工测量中的应用

肖小伟　陈　波　李文思/中国水利水电第十四工程局有限公司

【摘　要】从上寨大桥设计线路及其上部构造箱梁几何结构施工测量的难点，阐述了在施工测量中应用测量员 App 与 Casio FX－5800P 计算器计算并配合全站仪放样现浇箱梁梁体每节段特征点三维坐标的过程方法，应用于宜昭高速公路一期第 2 标段上寨大桥箱梁施工测量，对大桥顺利合龙及全桥顺利完工具有很大的指导作用，对线性、几何结构复杂，计算烦琐的工程施工测量具有一定的参考价值。

【关键词】测量员 App　Casio FX－5800P　箱梁现浇　施工测量

目前，建设工程项目的施工测量既有完整的施工测量方案，也有很多可以用来计算的计算器工具程序和方法，其技术已成熟且广泛应用于各类建构筑物的施工测量，取得了巨大的成功，但是在国家基建迅猛发展的时代，各种大型项目线性，几何结构复杂，如果没有高效的测量工具和测量程序的辅助，将会使测量工作成倍增加。老一辈测量工作者用辛勤的汗水，见证着国家测量事业的发展，其成就有目共睹。随着时代的发展及科技的进步，“移动互联网信息化”已成为时代的潮流，测量行业受此影响，以智能手机为载体的各种有关测量的 App 种类较多，最具代表的有南方 MSMT、测量员 App、工地通路测 App、工程计算器 App（苹果机）等，移动终端应用于测量行业给测量工作带来了较大的便利。本文正是基于此，针对在建上寨大桥的施工测量，选取测量员 App 配合经典 Casio FX－5800P 计算器更高效、轻松进行测量放样的实践应用经验分享。

1　测量员 App

测量员 App 是一款运行在智能手机上的测量应用程序，由河南冰测科技有限公司开发者刘炎冰 2013 年推出，具有计算精确、轻松高效、智能便捷、强大的图形化显示特点。测量员可以应用在道路、桥梁、铁路、隧道、地铁、市政等工程中，软件在基本的计算方面稳定又准确，支持以下特性：可以建立多条线路，相互独立，快捷切换。支持断链，包括长链、短链。支持交点法和线元法两种平曲线输入方式，支持各种线形的线路，如匝道、卵形曲线、回头曲线、S 形曲线。支持多种平曲线计算方法，例如常用计算展开式（6 项）、高斯 5 节点积分等。竖曲线不但支持变坡点，同时支持折线点，适用性更广。标准横断面采取板块概念，每个板块有独立的超高、加宽，适用性强。超高、加宽有多种渐变方式：线性、三次抛物线、四次抛物线。隧道断面和边坡断面支持直接导入 CAD 断面图，省去编辑断面的复杂和烦恼。支持地铁隧中偏移，支持隧道随超高全段旋转和局部横坡段旋转。支持蓝牙联机全站仪测量。

2　Casio FX－5800P 计算器

Casio FX－5800P 计算器于 2006 年推出，具有体积小、重量轻、性能稳定、耗电量小、野外携带方便（可装在口袋里）、价格适中等特点，且计算函数丰富、编写程序容易，使用非常方便。它可帮助工程师在野外或室内进行大量烦锁的计算分析工作，极大地提高了工作效率和质量。CASIO 编程计算器非常适用于从事路桥工程的技术人员，特别是在野外从事测量放样工作的测量工程师使用，堪称测量工程师的“好帮手”。它具有科学计算、统计串列、复数及类 BASIC 语言程序功能。

3　上寨大桥工程项目概况

宜宾至昭通高速公路彝良（海子）至昭通段第 A2 段，路线起止桩号为 K194＋120.000～K213＋850.000，起点为彝良县角奎镇大马村苦李寨的谭家隧道中点，途经青山隧道、上寨大桥、双树子隧道、流沙坡中桥、包谷山隧道、炉房沟大桥，形成360°螺旋展线布线。其中上寨大桥平面位于分离式路基段内，左线桥位于 $R=992$m 的右偏圆曲线上，右线桥位于 $R=970$m 的右偏圆曲线上，如图1所示。

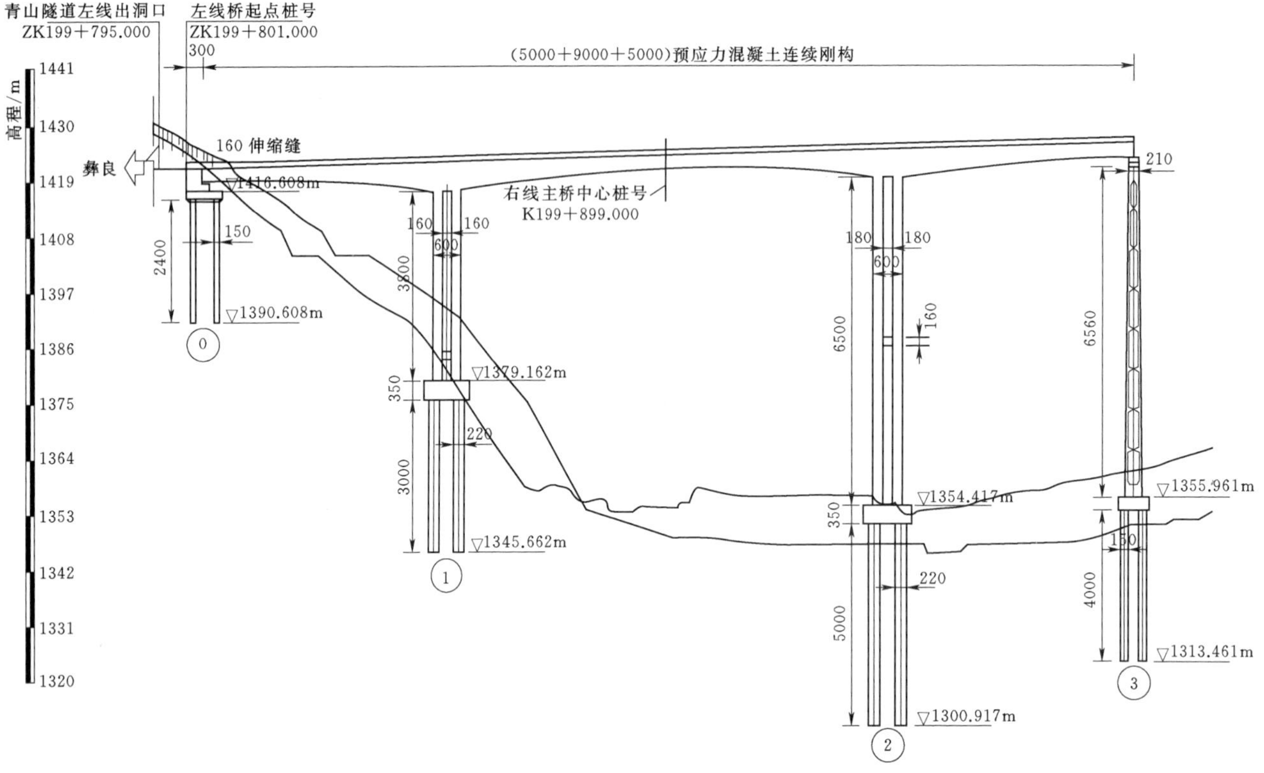

图1　上寨大桥主桥桥型布置图（单位：cm）

左线桥位于 $i=2.636\%$ 的上坡直线段上，右线桥位于 $i=2.7\%$ 的上坡直线段上。左线桥起点桩号为ZK199+801.000，终点桩号为ZK200+237.040，桥全长436.04m；右线桥起点桩号为K199+708.000，终点桩号为K200+144.040，桥全长436.04m。孔跨布置为（50+90+50）m+（6×40）m，其中主桥（50+90+50）m采用变截面预应力混凝土连续刚构箱梁；引桥采用预应力混凝土T梁。主桥上部结构为（50+90+50）m预应力混凝土连续刚构箱梁，箱梁采用单箱单室截面，箱梁顶宽12m，底宽6.5m，顶板悬臂长度2.75m。顶板悬臂端部厚20cm，根部厚70cm，桥面及箱梁顶板均设3%的全超高横坡。箱梁根部梁高5.6m，跨中梁高2.5m，顶板厚30cm，底板厚从跨中至根部由32cm变化为70cm，腹板从跨中至根部采用50cm、75cm两种厚度，箱梁高度以及箱梁底板厚度按2次抛物线变化，如图2所示。

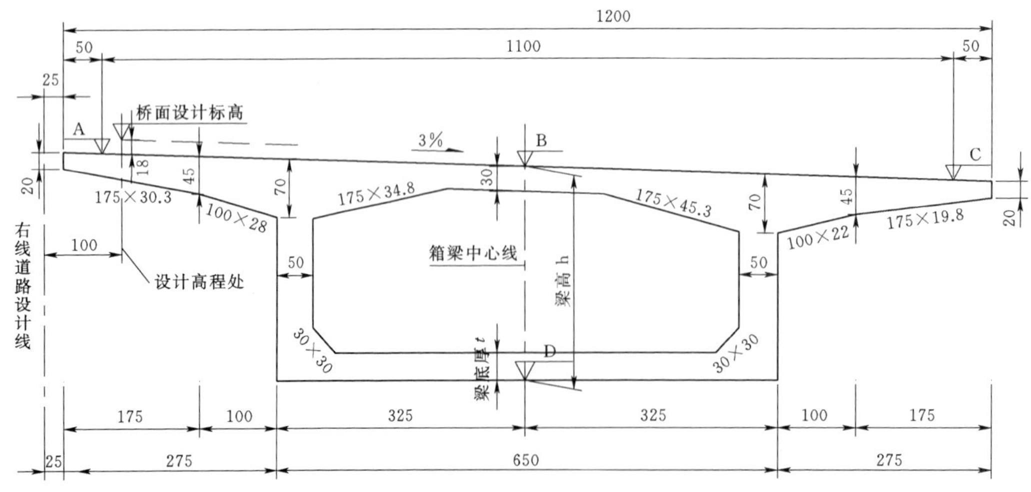

图2　上寨大桥箱梁设计截面几何尺寸图（单位：cm）

按路中心线展开计算，箱梁 0＃节段长 12m，每个悬浇“T”构纵向对称划分为 10 个节段，梁段数及梁段长从根部至跨中分别为 4×3.5m、6×4.0m，节段悬浇总长 38m。边、中跨合龙段长均为 2m，边跨现浇段长 4m。箱梁根部设 2 道厚 1.6m 的横隔板，中跨跨中设一道厚 0.5m 的横隔板，边跨梁端设一道厚 1.2m 的横隔板。如图 3 所示。

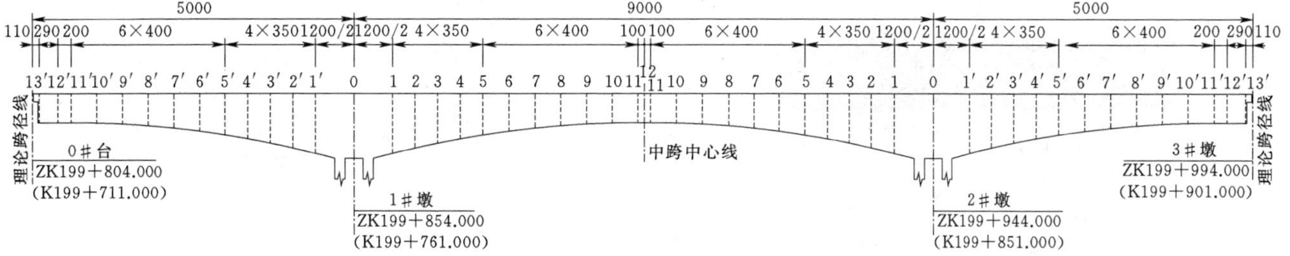

图 3　上寨大桥主桥箱梁梁段划分图（单位：cm）

鉴于本桥设计线路及其上部构造箱梁几何结构的复杂性，因而急需采用一套完整的施工测量方法，所以大桥线路和箱梁标准横断面采用测量员 App 编制后计算线路上的箱梁标准横断面特征点的平面坐标，箱梁标准横断面特征点施工标高采用 Casio FX－5800P 计算器编制程序后计算，利用徕卡 TS09 Plus1″全站仪在施工等级导线点设站蓝牙联机测量员 App 放样箱梁三维坐标值（前面两者计算值结合），以实现大桥线路上的箱梁精准定位。

4　测量员 App 编制上寨大桥线路和箱梁标准横断面

根据上寨大桥设计图纸里平曲表和竖曲表，首先采用手机测量员 App 软件平曲线交点法和竖曲线抛物线法编制好线路，其名称分别是上寨大桥左线和上寨大桥右线，App 软件可独立切换线路，本案编制好的线路计算逐桩坐标成果与设计图纸线路的逐桩坐标和纵断面图逐桩标高表比对后无差值两者成果一致，比对成果用来验证输入参数后软件编制的线路正确性及软件计算是否可靠。其次采用软件的标准横断面编制好箱梁标准横断面带标准 3％横坡，本文以图 2 设计图纸几何尺寸参数特征值，打开手机测量员 App 软件标准横断面界面，按照软件输入规则，将右线箱梁截面参数值输入软件，编制好的测量员 App 箱梁标准横断面软件界面图如图 4 所示。

图 4　测量员 App 箱梁标准横断面软件界面

到此，箱梁的标准横断面特征点的三维坐标分别可以利用测量员 App 的里程计算坐标功能界面（见图 5）或坐标反算里程功能界面（见图 6），输入待计算的数值后通过软件计算获得，软件输入值及计算结果显示界面：本文以上寨大桥右线桥 1＃墩悬臂箱梁→2＃墩 10 节段（见图 3）箱梁 D 点（见图 2）所在里程 K199＋801.000、偏距 6.25m、层厚 2.71m 正算或以上寨大桥右线桥 1＃墩悬臂箱梁→2＃墩 10 节段（见图 3）箱梁 D 点（见图 2）的设计坐标值 $X=3057695.173$、$Y=500991.739$、$Z=1420.700$、层厚 2.71m 反算演示输入，分别进入软件各界面输入数值，点击计算分别得到如图 5、图 6 所示软件界面。

图 5 界面说明，顺序从上到下：

本图为图 2 箱梁 D 点的 K199＋801.000 里程计算坐标和标高软件界面。

里程栏：输入数值 199801。

偏距栏：输入数值 6.25

层厚栏：输入数值 2.71（2.71＝0.18＋2.53，层厚＝0.18＋梁高 h，注：梁高 h 可以采用下文 Casio FX－5800P 程序计算的梁高数值，K199＋801.000 计算梁高

2.53m）

点击计算按钮，界面显示计算结果值：

X：3057695.173

Y：500991.739

Z：1420.700

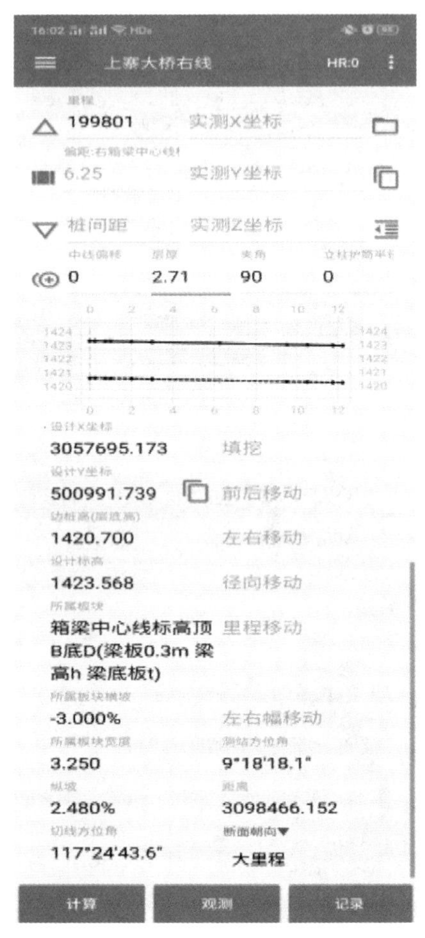

图 5　测量员 App 的里程计算坐标功能界面

图 6 界面说明，顺序从上到下：

本图为图 2 箱梁 D 点的 X：3057695.173、Y：500991.739、Z：1420.700 坐标值（这些数值可以手工输入 App 或 App 蓝牙联机全站仪直接获取坐标）计算里程、偏距、标高填挖软件界面。

实测 X 坐标：输入数值 3057695.173

实测 Y 坐标：输入数值 500991.739

实测 Z 坐标：输入数值 1420.700

层厚栏：输入数值 2.71（2.71=0.18+2.53，层厚=0.18+梁高 h，注：梁高 h 可以采用下文 Casio FX-5800P 程序计算的梁高数值，K199+801.000 计算梁高 2.53m）

点击计算按钮，界面显示计算结果值：

里程：K199+801.000

偏距：6.250

边桩高（层底高）：1420.700

填挖：0m

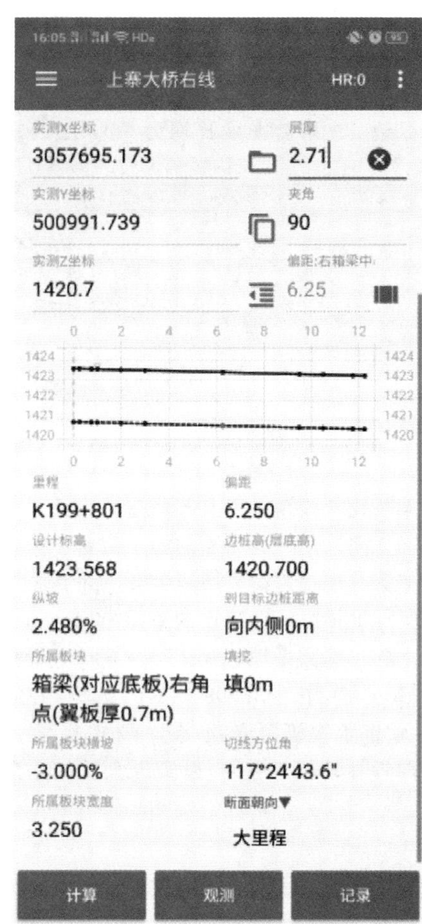

图 6　测量员 App 坐标反算里程功能界面

5　箱梁挂篮施工测量任意截面标高的 Casio FX-5800P 计算程序

因箱梁腹板从跨中至根部采用 50cm、75cm 两种厚度，箱梁高度以及箱梁底板厚度按 2 次抛物线变化，考虑到设计提供的固定节段的里程及标高在施工测量中检查校核箱梁模板因挂篮或托架遮挡难以施测，故以任意测量点来计算确定标高值较为高效。采用 Casio FX-5800P 计算器编制程序，程序原理依据设计图纸箱梁控制点标高表、箱梁节段长度及控制点坐标示意图、箱梁中跨、箱梁边跨、箱梁梁高和底板厚的抛物线公式综合变化的规律、箱梁现浇段综合施工标高值的计算设计参考公式编制循环程序语言实现标高的计算。其中施工标高值计算较为重要，施工标高=箱梁顶面设计标高+施工预拱度值（包括支架弹性变形）+施工调整值（包括温差引起的变位等）+成桥预拱度值（查设计提供的表图 7 或监控指令），即 Hi（施工标高）$=H_s i$（设计标高）$+\Delta hi$（预抬值），注：i 节段号，特别说明的是根据节段的不同公式后面三个值均为动态调整值，由监控单位和设计共同确定。本桥 Casio FX-5800P 箱梁节段标高程序如下：

上寨大桥箱梁标高计算 Casio FX－5800P 程序（每句程序语言带文字说明）

SZDQXL

LBI 0:“K0－K11－ZHONG KUA OR K11′－BIAN KUA OR K11′－BAIN KUA OR K7 OR K7′－FU BAN”? A:

（1）输入 K0 值即抛物线起点中跨 K11 或边跨 K11′节段 X=0 里程桩号或腹板变化 K7 或 K7′节段起始里程桩号（本案例取上寨右线桥 2＃墩悬臂箱梁→3＃墩边跨示例，K11′=K199＋895.000）。

″K OR ZK″? K:

（2）输入右线或左线箱梁节段实测里程桩号（桩号由测量员 App 蓝牙联机全站仪坐标反算里程直接计算的结果值）。

″Hs－XIANG LIANG BIAN ZHUANG BIAO GAO″? S:

（3）输入箱梁设计顶面边桩（箱梁中心 B 点标高值）标高值［同（2）里程值的边桩标高值由测量员 App 蓝牙联机全站仪坐标反算里程加 0.18m 层厚，右线偏距 6.25 或左线偏距－6.25 直接计算的结果值］。

″H－SCGC″? H:

（4）输入实测高程值（由全站仪数据高程 H 读取或测量员 App 蓝牙联机全站仪读取的 H 值）。

″SGYGD(ZJTX)″? Z:

（5）输入施工预拱度值（包括支托架弹性变形值）。

″SGTZ(WC)″? W:

（6）输入施工调整值（包括温差引起的变位）。

″CQYGD″? Y:

（7）输入成桥预拱度值（查图 7 设计图纸主桥箱梁预拱度图表里对应节段预拱度值的数值或监控指令，最终由监控指令确定，本处仅供参考）。

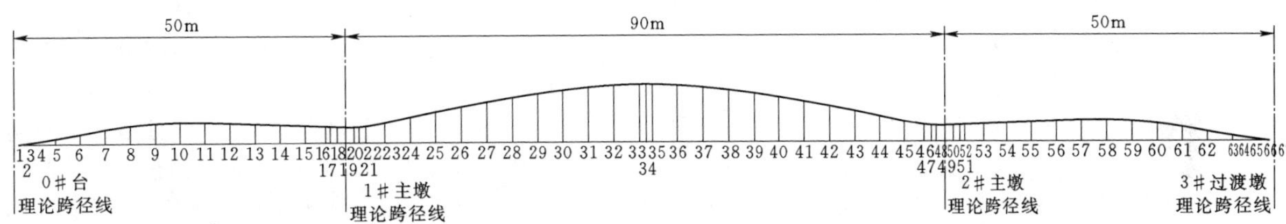

主桥箱梁预拱度值

节点		1	2	3	4	5	6	7	8	9	10	11	12	13	14	15	16	17
节点坐标/m		0.9	1.6	2.1	4	6	10	14	18	22	26	30	33.5	37	40.5	44	47	47.8
预拱度/cm	收徐单项	－0.01	0.00	0.01	0.02	0.02	－0.01	－0.04	－0.10	－0.18	－0.27	－0.34	－0.39	－0.43	－0.47	－0.49	－0.51	－0.52
	活载最小	－0.02	0.00	－0.02	－0.12	－0.21	－0.37	－0.48	－0.53	－0.53	－0.49	－0.42	－0.34	－0.27	－0.19	－0.12	－0.06	－0.04
	成桥预拱度	0.02	0.00	0.02	0.10	0.19	0.37	0.52	0.63	0.71	0.75	0.76	0.73	0.70	0.65	0.61	0.57	0.56
节点		18	19	20	21	22	23	24	25	26	27	28	29	30	31	32	33	34
节点坐标/m		48.6	50	51.4	52.2	53	56	59.5	63	66.5	70	74	78	82	86	90	94	95
预拱度/cm	收徐单项	－0.52	－0.54	－0.55	－0.55	－0.56	－0.59	－0.62	－0.64	－0.64	－0.63	－0.59	－0.52	－0.45	－0.38	－0.34	－0.32	－0.32
	活载最小	－0.03	－0.02	－0.05	－0.07	－0.09	－0.19	－0.33	－0.48	－0.64	－0.82	－1.04	－1.26	－1.47	－1.65	－1.78	－1.84	－1.84
	成桥预拱度	0.56	0.56	0.59	0.62	0.65	0.78	0.94	1.11	1.28	1.45	1.63	1.77	1.90	2.02	2.10	2.14	2.14
节点		35	36	37	38	39	40	41	42	43	44	45	46	47	48	49	50	51
节点坐标/m		96	100	104	108	112	116	120	123.5	127	130.5	134	137	137.8	138.6	140	141.4	142.2
预拱度/cm	收徐单项	－0.33	－0.37	－0.44	－0.52	－0.61	－0.69	－0.74	－0.76	－0.76	－0.74	－0.71	－0.68	－0.67	－0.66	－0.65	－0.64	－0.64
	活载最小	－1.84	－1.79	－1.66	－1.49	－1.28	－1.06	－0.84	－0.66	－0.49	－0.34	－0.20	－0.10	－0.07	－0.05	－0.02	－0.04	－0.05
	成桥预拱度	2.15	2.13	2.08	1.99	1.88	1.74	1.58	1.41	1.24	1.08	0.91	0.77	0.74	0.72	0.68	0.68	0.68
节点		52	53	54	55	56	57	58	59	60	61	62	63	64	65	66	67	
节点坐标/m		143	146	149.5	153	156.5	160	164	168	172	176	180	184	186	187.9	188.4	189.1	
预拱度/cm	收徐单项	－0.63	－0.61	－0.58	－0.54	－0.49	－0.44	－0.36	－0.26	－0.16	－0.09	－0.04	0.00	0.01	0.00	0.00	0.00	
	活载最小	－0.06	－0.12	－0.20	－0.28	－0.36	－0.43	－0.50	－0.54	－0.54	－0.49	－0.37	－0.21	－0.12	－0.02	0.00	－0.02	
	成桥预拱度	0.69	0.73	0.77	0.81	0.85	0.86	0.85	0.79	0.70	0.58	0.41	0.21	0.11	0.02	0.00	0.02	

图 7　设计图纸主桥箱梁预拱度图表

″X－JIE DUAN CHANG－XLC OR X－JIE DUAN CHANG－DLC″: IF K＞A: THEN K－A→X ◢ ELSE A－K→X ◢ IF END:

（8）判断节段是否大于 K0 值是否位于中跨或边跨的大里程或小里程并计算显示节段长 X 值。

IF AbS(X)≥0 AND ≤41: THEN

（9）判断计算的 X 值是否在节段长条件限制范围 0～41m 间。

″h－LIANG GAO″: $3.1X^2÷41^2+2.5$→C ◢

（10）代入 X 值由梁高抛物线计算公式计算并显示梁高 h 值。

″t－LIANG DI HOU″: $0.38X^2÷41^2+0.32$→T ◢

（11）代入 X 值由梁底厚抛物线计算公式计算并显

示梁底厚 t 值。

"f-FU BAN HOU-K7-9 OR K7′-K9′": 0.75-0.25÷8×AbS(X)→F ◢

（12）由程序起始输入 K7 或 K7′节段里程桩号计算得到的 X 值（小于 8m）带入腹板线性渐变计算公式计算并显示腹板厚 f 值。

"Δh-DTTZ":Z+W+Y→P ◢

（13）计算并显示第 i 节段 Δh_i（预抬值）总和。

"XIANG LIANG BIAO GAO DING BAN(ABC)":S+Z+W+Y→B ◢

（14）计算并显示箱梁顶板 A 点、B 点、C 点标高值的施工标高理论值（挂篮或施工托模架的标高值）。

"+OR-ABC":H-B→I ◢

（15）计算并显示实测高程与箱梁顶板 A B C 点标高值的施工标高理论值的差值 +降低-抬高（挂篮或施工托模架的标高值）。

"XIANG LIANG BIAO GAO DI BAN (D)":S-C+Z+W+Y→D ◢

（16）计算并显示箱梁底板 D 点标高值的施工标高理论值（挂篮或施工托模架的标高值）。

"+OR-D":H-D→U ◢

（17）计算并显示实测高程与箱梁底板 D 点标高值的施工标高理论值的差值+降低-抬高（挂篮或施工托模架的标高值）。

"XIANG LIANG BIAO GAO NEI DI BAN":S-C+T+Z+W+Y→N ◢

（18）计算并显示箱梁内模底板点标高值的施工标高理论值（挂篮或施工托模架内模板的标高值）。

"+OR-ND":H-N→M ◢ IF END:

（19）计算并显示实测高程与箱梁内模底板标高值的施工标高理论值的差值+降低-抬高（挂篮或施工托模架内模板的标高值）。

Goto 0 ↲

（20）返回程序循环。

6 算例

本例计算主要选取图 3 所示的上寨大桥右线主桥 2 #墩悬臂箱梁→3 #墩里的 0～13′这段 0、1′、2′、3′、4′、5′、6′、7′、8′、9′、10′、11′、12′、13′等节段序号各自对应的断面里程与图 2 所示断面各特征点（A、B、C、D）的偏距值和 Casio FX-5800P 计算器计算的节段里程的梁高值参与层厚值累加，各断面分别通过手机测量员 App 软件的里程计算坐标界面（见图 5），输入以上各个断面对应数值计算并记录，通过软件导出 Excel 成果表，如表 1 所示。成果表与设计图纸图表各节段所列坐标数值完全一致，由于设计图纸图表数据量大，考虑文章篇幅所限未列出。

表 1　测量员 App 计算标准箱梁横断面控制点（图 2 特征点 A、B、C、D）坐标的成果表

上寨右线桥 2 #墩悬臂箱梁→3 #墩

截面号	特征点	里程	偏距 /m	层厚（0.180 或 0.180 +梁高）/m	设计 X 坐标	设计 Y 坐标	边桩高（层底高）/m	所属板块
0	A	K199+851.000	0.75	0.180	3057675.921	501038.011	1424.655	A
0	B	K199+851.000	6.25	0.180	3057671.176	501035.230	1424.490	箱梁中心线标高顶 B 底 D（梁板 0.3m、梁高 h、梁底板 t）
0	C	K199+851.000	11.75	0.180	3057666.430	501032.450	1424.325	C
0	D	K199+851.000	6.25	5.780	3057671.176	501035.230	1418.890	箱梁中心线标高顶 B 底 D（梁板 0.3m、梁高 h、梁底板 t）
1′	A	K199+857.000	0.75	0.180	3057672.875	501043.174	1424.808	A
1′	B	K199+857.000	6.25	0.180	3057668.147	501040.364	1424.643	箱梁中心线标高顶 B 底 D（梁板 0.3m、梁高 h、梁底板 t）
1′	C	K199+857.000	11.75	0.180	3057663.418	501037.555	1424.478	C
1′	D	K199+857.000	6.25	5.343	3057668.147	501040.364	1419.480	箱梁中心线标高顶 B 底 D（梁板 0.3m、梁高 h、梁底板 t）
2′	A	K199+860.500	0.75	0.180	3057671.083	501046.177	1424.898	A
2′	B	K199+860.500	6.25	0.180	3057666.365	501043.351	1424.733	箱梁中心线标高顶 B 底 D（梁板 0.3m、梁高 h、梁底板 t）
2′	C	K199+860.500	11.75	0.180	3057661.647	501040.524	1424.568	C
2′	D	K199+860.500	6.25	4.875	3057666.365	501043.351	1420.038	箱梁中心线标高顶 B 底 D（梁板 0.3m、梁高 h、梁底板 t）
3′	A	K199+864.000	0.75	0.180	3057669.280	501049.174	1424.988	A
3′	B	K199+864.000	6.25	0.180	3057664.572	501046.330	1424.823	箱梁中心线标高顶 B 底 D（梁板 0.3m、梁高 h、梁底板 t）

续表

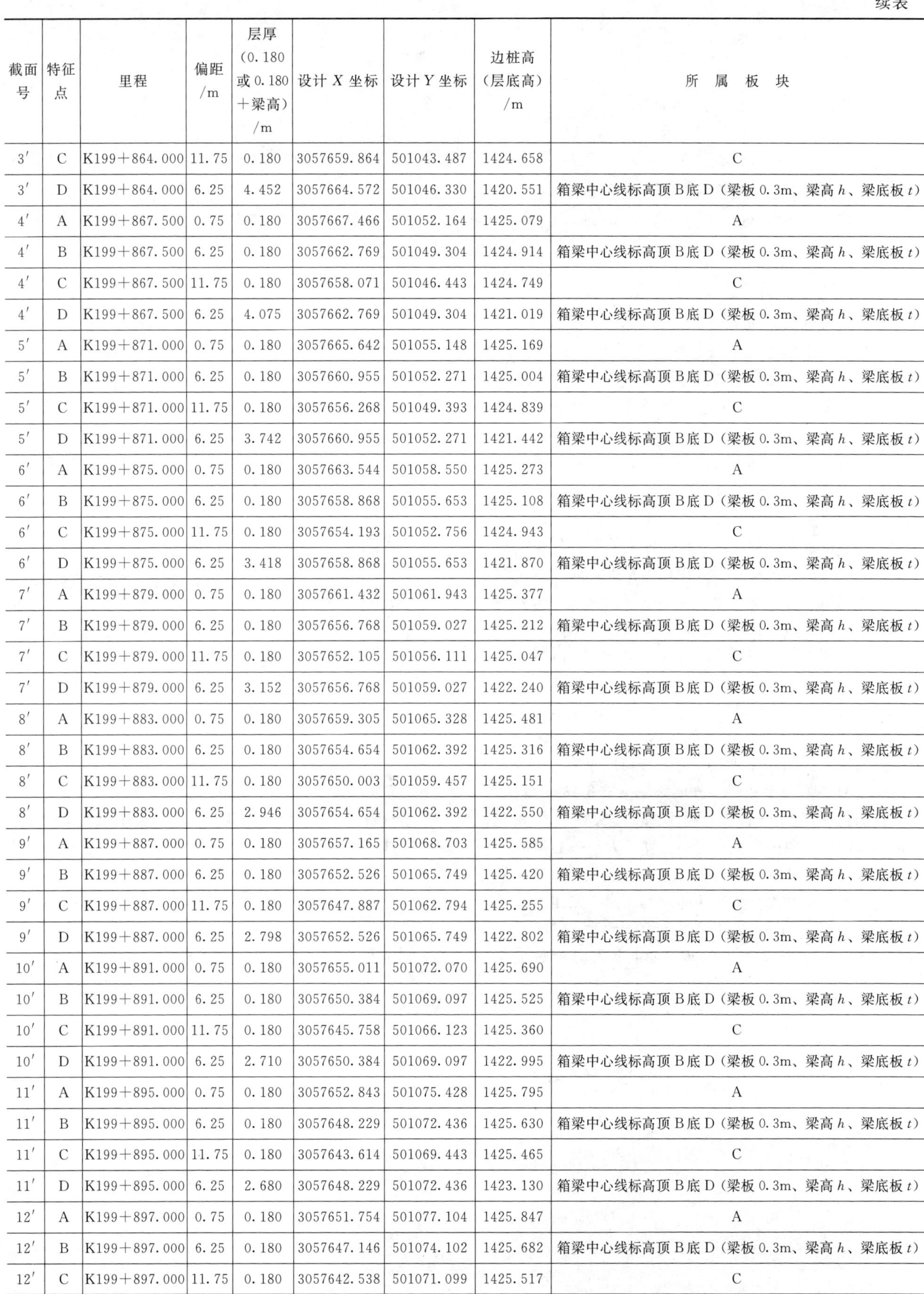

截面号	特征点	里程	偏距/m	层厚（0.180或0.180＋梁高）/m	设计 X 坐标	设计 Y 坐标	边桩高（层底高）/m	所属板块
3′	C	K199＋864.000	11.75	0.180	3057659.864	501043.487	1424.658	C
3′	D	K199＋864.000	6.25	4.452	3057664.572	501046.330	1420.551	箱梁中心线标高顶B底D（梁板0.3m、梁高 h、梁底板 t）
4′	A	K199＋867.500	0.75	0.180	3057667.466	501052.164	1425.079	A
4′	B	K199＋867.500	6.25	0.180	3057662.769	501049.304	1424.914	箱梁中心线标高顶B底D（梁板0.3m、梁高 h、梁底板 t）
4′	C	K199＋867.500	11.75	0.180	3057658.071	501046.443	1424.749	C
4′	D	K199＋867.500	6.25	4.075	3057662.769	501049.304	1421.019	箱梁中心线标高顶B底D（梁板0.3m、梁高 h、梁底板 t）
5′	A	K199＋871.000	0.75	0.180	3057665.642	501055.148	1425.169	A
5′	B	K199＋871.000	6.25	0.180	3057660.955	501052.271	1425.004	箱梁中心线标高顶B底D（梁板0.3m、梁高 h、梁底板 t）
5′	C	K199＋871.000	11.75	0.180	3057656.268	501049.393	1424.839	C
5′	D	K199＋871.000	6.25	3.742	3057660.955	501052.271	1421.442	箱梁中心线标高顶B底D（梁板0.3m、梁高 h、梁底板 t）
6′	A	K199＋875.000	0.75	0.180	3057663.544	501058.550	1425.273	A
6′	B	K199＋875.000	6.25	0.180	3057658.868	501055.653	1425.108	箱梁中心线标高顶B底D（梁板0.3m、梁高 h、梁底板 t）
6′	C	K199＋875.000	11.75	0.180	3057654.193	501052.756	1424.943	C
6′	D	K199＋875.000	6.25	3.418	3057658.868	501055.653	1421.870	箱梁中心线标高顶B底D（梁板0.3m、梁高 h、梁底板 t）
7′	A	K199＋879.000	0.75	0.180	3057661.432	501061.943	1425.377	A
7′	B	K199＋879.000	6.25	0.180	3057656.768	501059.027	1425.212	箱梁中心线标高顶B底D（梁板0.3m、梁高 h、梁底板 t）
7′	C	K199＋879.000	11.75	0.180	3057652.105	501056.111	1425.047	C
7′	D	K199＋879.000	6.25	3.152	3057656.768	501059.027	1422.240	箱梁中心线标高顶B底D（梁板0.3m、梁高 h、梁底板 t）
8′	A	K199＋883.000	0.75	0.180	3057659.305	501065.328	1425.481	A
8′	B	K199＋883.000	6.25	0.180	3057654.654	501062.392	1425.316	箱梁中心线标高顶B底D（梁板0.3m、梁高 h、梁底板 t）
8′	C	K199＋883.000	11.75	0.180	3057650.003	501059.457	1425.151	C
8′	D	K199＋883.000	6.25	2.946	3057654.654	501062.392	1422.550	箱梁中心线标高顶B底D（梁板0.3m、梁高 h、梁底板 t）
9′	A	K199＋887.000	0.75	0.180	3057657.165	501068.703	1425.585	A
9′	B	K199＋887.000	6.25	0.180	3057652.526	501065.749	1425.420	箱梁中心线标高顶B底D（梁板0.3m、梁高 h、梁底板 t）
9′	C	K199＋887.000	11.75	0.180	3057647.887	501062.794	1425.255	C
9′	D	K199＋887.000	6.25	2.798	3057652.526	501065.749	1422.802	箱梁中心线标高顶B底D（梁板0.3m、梁高 h、梁底板 t）
10′	A	K199＋891.000	0.75	0.180	3057655.011	501072.070	1425.690	A
10′	B	K199＋891.000	6.25	0.180	3057650.384	501069.097	1425.525	箱梁中心线标高顶B底D（梁板0.3m、梁高 h、梁底板 t）
10′	C	K199＋891.000	11.75	0.180	3057645.758	501066.123	1425.360	C
10′	D	K199＋891.000	6.25	2.710	3057650.384	501069.097	1422.995	箱梁中心线标高顶B底D（梁板0.3m、梁高 h、梁底板 t）
11′	A	K199＋895.000	0.75	0.180	3057652.843	501075.428	1425.795	A
11′	B	K199＋895.000	6.25	0.180	3057648.229	501072.436	1425.630	箱梁中心线标高顶B底D（梁板0.3m、梁高 h、梁底板 t）
11′	C	K199＋895.000	11.75	0.180	3057643.614	501069.443	1425.465	C
11′	D	K199＋895.000	6.25	2.680	3057648.229	501072.436	1423.130	箱梁中心线标高顶B底D（梁板0.3m、梁高 h、梁底板 t）
12′	A	K199＋897.000	0.75	0.180	3057651.754	501077.104	1425.847	A
12′	B	K199＋897.000	6.25	0.180	3057647.146	501074.102	1425.682	箱梁中心线标高顶B底D（梁板0.3m、梁高 h、梁底板 t）
12′	C	K199＋897.000	11.75	0.180	3057642.538	501071.099	1425.517	C

续表

截面号	特征点	里程	偏距/m	层厚(0.180或0.180+梁高)/m	设计 X 坐标	设计 Y 坐标	边桩高(层底高)/m	所属板块
12′	D	K199+897.000	6.25	2.680	3057647.146	501074.102	1423.182	箱梁中心线标高顶B底D(梁板0.3m、梁高 h、梁底板 t)
13′	A	K199+899.900	0.75	0.180	3057650.169	501079.529	1425.924	A
13′	B	K199+899.900	6.25	0.180	3057645.570	501076.513	1425.759	箱梁中心线标高顶B底D(梁板0.3m、梁高 h、梁底板 t)
13′	C	K199+899.900	11.75	0.180	3057640.970	501073.498	1425.594	C
13′	D	K199+899.900	6.25	2.680	3057645.570	501076.513	1423.259	箱梁中心线标高顶B底D(梁板0.3m、梁高 h、梁底板 t)

使用测量员App与Casio FX-5800P计算器等工具计算上寨大桥主桥箱梁节段数据准确无误，成果可靠，完美的计算现浇箱梁任意节段标准横断面特征点三维坐标值并联机全站仪放样，对上寨大桥合龙及顺利完工具有很大指导作用。使用测量员App蓝牙联机全站仪可以任意切换App里上寨大桥左线与右线线路放样桥线路各特征点，手机直接读取全站仪大地坐标数据无须手工输入坐标，避免了常规计算器键入大坐标位数多，键入速度慢，数据键入易错等问题，软件强大的图形化显示直观明朗，计算运行速度快、放样数据精准，放样电子数据记录手机里，省去手工记录或全站仪记录大坐标数据的不直观，省去内业在PC电脑端再用内业软件处理换算线路里程偏距标高的烦琐计算，App软件自带导入、导出数据至电子表格Excel、文本TXT、CAD的.dwg或.dxf格式后通过蓝牙或通信软件(如QQ、微信)发送给电脑或接收方(其他手机)，快捷传递成果数据，数据互通高效，如导出Excel电子表格成果表(表1)，容易交流和清晰展示成果，方便第三者查阅审核数据。假如我们把软件App比作人的大脑，全站仪比作一双手，那么简单形象的大脑指挥手工作，大脑核心运算指挥手高效运作放样数据；但是App作为大型数据处理软件既定成型还需增加自编程功能，其无法键入使用者或工程上某些灵活的一些小公式计算参数的程序，而Casio FX-5800P计算器输入程序进行计算是测量工作中经典的计算方法(本案例自编Casio FX-5800P计算梁高 h、梁底厚 t、第 i 节段预抬值 Δh_i、施工标高)，可以弥补App的一些不足。综上所述，手机测量员App与Casio FX-5800P计算器两种工具相结合，在线性、几何结构复杂的上寨大桥施工测量工作的应用，工作效率高，计算成果可靠。对线性、结构复杂，计算烦琐的工程施工测量具有一定的参考价值。

7 结语

应用好的施工测量方法和先进工具软件使施工测量工作变得省时、省力、轻松、快速，具有常规测量手段无法比拟的高效性优势，并且随着时代的发展，科技的进步，各种先进的仪器、软件和各种新巧的方法会不断出现，施工测量也会更快更高效。

参考文献

[1] 覃辉，段长虹. CASIO fx-5800P编程计算器公路与铁路施工测量程序[M]. 2版. 上海：同济大学出版社，2011.

[2] 王中伟，王劲松，彭东黎. CASIO fx-5800P计算器与道路坐标放样计算[M]. 广州：华南理工大学出版社，2008.

满堂支架安全预警系性分析

卿　勇　罗　金　姜佩君/中国水利水电第十四工程局有限公司

【摘　要】随着我国桥梁工程建设规模的不断扩大，满堂支架体系在工程施工中被广泛应用。满堂支架体系因受力杆件多，杆件隐患难以逐一排查，施工中又受恶劣天气等影响较大，杆件受力发生的变化难以及时准确判断，容易导致支架坍塌事故，给国家和人民生命财产安全造成重大损失。满堂支架安全预警系统采用先进的传感技术和物联网技术，通过智能化数据分析，把支架受力、沉降、变形、位移等变化情况用数值形式表示出来，通过现场声光报警器、云数据平台、手机App全方位、全天候实时监测，分级自动报警，及时发现隐患，采取应急措施，有效防止事故的发生，具有很大的实用价值。

【关键词】满堂支架　安全预警系统　全方位　全天候　多平台

1　工程概况

宜昭A1项目北闸互通地处云南省昭通市昭阳区北闸镇，为亚热带、暖温带共存的高原季风立体气候，四季明显，具有雨热同季、干湿分明等特点，年平均气温11.4～20.9℃，水平和垂直方向差异显著，多低温阴雨天气。北闸互通桥梁工程共有24联现浇箱梁，为预应力混凝土现浇箱梁，共需浇筑C50混凝土约2万m^3，现浇箱梁采用满堂支架工艺施工，满堂支架需求量大、支架监测难度大、重特大事故风险突出。利用常规监测手段对满堂支架进行监测，无法做到全天候、全方位的监测，纵观社会公布的满堂支架事故典型案例，往往满堂支架发现异常时，已来不及采取措施消除隐患，一旦发生事故，极易造成群死群伤，承受巨大的经济损失与安全风险。根据住房城乡建设部办公厅《关于实施〈危险性较大的分部分项工程安全管理规定〉有关问题的通知》（建办质〔2018〕31号）要求，E匝道桥第五联现浇箱梁满堂支架施工：高度20.4m＞8m，跨度120m＞18m，施工总荷载（设计值）15.05kN/m^2＞15kN/m^2，故E匝道桥第五联现浇箱梁满堂支架工艺施工为超过一定规模的危险性较大分部分项工程。

为此，项目部高度重视，利用满堂支架重特大事故预防关键技术，通过该技术的安全监测系统网络运算，将监控数据实现24h、全天候、远程实时反馈，同时根据受力验算设置预警阈值，分绿色提示、黄色预警、红色报警三个级别，直观的在现场声光报警器、云数据平台、手机App上进行反应，从而实时对现浇箱梁满堂支架工艺施工进行安全监控，保证施工安全。

2　现浇箱梁施工简述

对现浇支架布设范围内（范围外1m）的表土进行清除，采用洞渣料换填、压实，设置单向横坡，坡度控制在1%范围内，利于排除雨水。浇筑20cm厚C15混凝土，增加现浇箱梁满堂支架基础稳定性。现浇箱梁满堂式支架采用$\phi 48 \times 3.0$mm规格的碗扣式脚手杆搭设，使用与立杆配套的横杆及立杆可调底座，按横向1.2m、纵向1.5m间距安放可调底座，剪刀撑按照横向每3.6m布设一道，纵向4.5m布设一排，纵横剪刀撑布置与立杆、横杆同步逐层搭设完成。在立杆底部采用与之配套的底托和5cm×20cm规格的方木，立杆与横杆必须用碗扣扣紧，防止立杆直接立于混凝土表面，应力过分集中损坏混凝土。高度方向浇筑分两次进行，先浇筑底板和腹板，待强度达到2.5MPa后即可进行顶板混凝土浇筑。混凝土浇筑按照纵向一次性浇筑的要求从低向高浇筑，竖向分层（分层厚度在30cm以内）按从中间向两边对称进行浇筑的原则进行。

3　满堂支架安全预警措施

满堂支架预警系统采用先进的传感技术和物联网技术，将支架受力、沉降、变形、温度等变化情况用数值形式表现出来，智能分析，分级预警，通过全方位、全天候实时监测，及时发现隐患，立即采取应急措施，有效防止事故发生。在满堂支架监测预警前，根据满堂支架实际施工环境，建立有限元分析模型，全面了解支架受力状态、变形状态以及支架可能存在的屈曲状态，对满堂支架预警监测参数设置、监测位置布置以及监测结果分析对比具有重要实际意义。通过实际监测结果与理论计算结果进行对比分析，可有效改进理论计算模型的参数取值，为下一次理论分析计算提供经验。根据监测数据，制定安全风险管控措施。

3.1 满堂支架安全预警监测内容

对重点部位的支架竖向受力、立杆竖向变形、支架顶横向位移、基础沉降以及温湿度进行全方位监测，包括：①支架重点杆件竖向受力预警；②重点部位基础沉降预警；③支架顶重点部位横向位移预警；④立杆竖向变形监测；⑤环境温湿度监测；⑥环境风速、风向及风压监测。

3.2 数据的分析方法

采用对比分析法，比对本次观测数据值与首次观测数据值之差（Δ 差值），Δ 差值＝本次观测值－原观测值。采用因素分析法，分析单个或多个影响因素与相应变量的关系，同时考虑多个影响因素之间的关系。

3.3 满堂支架安全预警监测设备的埋设

监测方法综合运用了传感器技术、激光定位、声光报警和数字化显示进行监测。通过有限元结构技术分析、模型推演，进行满堂支架受力情况分析，合理、快速布设监控量测布置点位。

（1）竖向受力监测预警仪器：安装在底托定位罩下，底垫钢板（厚度 5mm）放在支架底垫木上，设在墩顶受力最大的第一排杆件、跨中位置。

（2）基础沉降监测预警仪器：根据现场要求重点监测位置，传感器安装在跨中位置。

（3）支架顶横向位移报警仪器：在墩柱合适的位置固定仪器，安装横向位移监测仪器，跨中位置安装横向位移观测标尺。

（4）预警报警仪器：安装于桥面清晰可见位置。

（5）竖向变形监测仪器：监测立杆变形值，安装于跨中立杆顶部。

（6）温度及湿度监测：传感器安装于跨中支架背阴通风处，支架高度一半的位置。

根据上述监控量测布置原则，E 匝道桥第五联现浇箱梁满堂支架监测点传感器布置详见表 1。

表 1　　E 匝道桥第五联监测点传感器汇总表

序号	部位	监测类别	布置测点数（传感器编号）/个	备注
1	E 匝道桥第五联	重点部位立杆竖向受力监测	36 个点：12、107、77、103、3、114、78、49、86、13、99、113、118、116、82、59、97、47、63、18、136、61、8、66、73、37、137、39、34、14、108、87、75、68、28、88	
2		软弱部位基础沉降预警监测	12 个点：31、44、46、47、43、40、10、17、16、50、42、41	
3		支架顶横向位移监测	4 个点：163、164、166、133	
4		重点部位立杆竖向位移监测	4 个点：128、129、130、162	
5		施工环境风速、风向监测	2 个点：21、22	
6		施工环境温湿度监测	1 个点：2	
7		共计监测点	59	

3.4 满堂支架安全预警监测频率

（1）在支架搭设初期进场布设支架杆件竖向受力预警点，并检查传感器使用情况。

（2）支架搭设完成后，测量稳定的初始值，并记录。

（3）第一次浇筑混凝土浇筑过程，全程记录各监测传感器数据。

（4）第二次浇筑混凝土浇筑过程，全程记录各监测传感器数据。

（5）监测终止条件：在混凝土浇筑完成后 24h 内监测的数据一直稳定，24h 内数据不能稳定的监测至数据稳定。

3.5 满堂支架安全预警报警值设置

根据《建筑施工临时支撑结构技术规范》（JGJ 300—2013）第 8.0.9 条规定，监测报警值应采用检测项目的累计变化量和变化速率值进行控制，在内力指标监测时，监测报警值取设计计算值和近 3 次读数平均值的 1.5 倍；位移指标监测时，水平位移量取 $H/300$ 和近 3 次读数平均值的 1.5 倍。

根据《公路工程施工安全技术规范》（JTG F90—2015）第 3.0.16 条规定，大雨、大雪、大雾和六级及以上大风等恶劣天气不得进行露天作业。经查询六级风风速为10.8～13.8m/s。为了确保支架沉降、变形、受力等处于监控状态，通过设计计算、规范规定等确定预警基本值。本次预警采用三种信号（红色、黄色和绿色）、二级报警（黄色预警和红色预警）。在预警基本值的基础上，取0.8倍预警基本值作为黄色阈值，取0.9倍预警基本值作为红色阈值，满堂支架监测预警阈值详见表2。

表2　满堂支架监测预警阈值

监测参数	预警基本值	绿色	黄色阈值	红色阈值
支架沉降	15mm	<12mm	12mm	13.5mm
支架横桥向位移	8mm	<6.4mm	6.4mm	7.2mm
支架轴力	55.33kN（专项方案计算值）	<44.4kN	44.4kN	49.95kN
风速	10.8m/s	<8.64m/s	8.64m/s	9.72m/s

黄色报警状态：建议项目部的安全及管理人员根据报警内容，排查报警测点位置及周边情况，对支架顶底托支撑、地基沉降、横向位移等进行逐杆逐排检查，并调整监测频率，对报警点位置加强监测，必要时采取增加人工监测的辅助措施。

红色报警状态：建议项目部的安全及管理人员立即组织现场施工人员有序撤离支架。在监测值稳定且现场情况可控时，立即采取加固措施；加固后支架稳定，情况可控后继续施工。

立杆受力超限：当立杆底部受力超过报警阈值或立杆底部受力远远低于支架安装初始值（荷载非正常传递）时，采取在原有支架空隙间增加辅助支架，增加竖向斜杆、增加纵横剪刀撑，缩短水平横杆步距的方式处理。

沉降处理：在可控范围内采取应力扩散措施。支架底托下增加扩散应力的钢板或垫木；在原有支架空隙间增加辅助支架，减少地基应力。

支架顶位移超限：当支架顶横向位移超过报警阈值时，在支架竖向和横向水平杆件受力可控的情况下，在支架顶用钢绳横向施加水平力增加支架稳定性。

3.6　安全预警系统监测数据及分析

通过E匝道第五联现浇箱梁满堂支架现场施工，整理监测数据，对立杆竖向轴力监测、基础沉降监测、立杆竖向变形监测、支架顶横向位移监测、风速监测、温湿度监测的最大值进行统计，得到监测成果详见表3。

表3　监测成果汇总表

序号	监测类型	位置	测点	第一次浇筑最大值	第二次浇筑最大值	黄色阈值	红色阈值	备注
1	立杆竖向轴力监测/kN	第一跨	12	27	28	44.4	49.95	绿色安全
			107	35.9	37.7			绿色安全
			77	31.7	34.2			绿色安全
			103	35.9	43.9			绿色安全
			3	33.1	43.9			绿色安全
			114	27.8	39.8			绿色安全
			78	26.5	34.7			绿色安全
			49	18.5	24.9			绿色安全
			86	15.8	21.9			绿色安全
		第二跨	13	21.3	29.1			绿色安全
			99	22.7	27.9			绿色安全
			113	22.8	30.3			绿色安全
			118	26.8	32.6			绿色安全
			116	20.3	29.6			绿色安全
			82	41.2	37			绿色安全
			59	19.7	20.9			绿色安全
			97	22	26			绿色安全
			47	17.9	26.9			绿色安全
		第三跨	63	12.2	15.6			绿色安全
			18	23	27.5			绿色安全

续表

序号	监测类型	位置	测点	第一次浇筑最大值	第二次浇筑最大值	黄色阈值	红色阈值	备注
1	立杆竖向轴力监测/kN	第三跨	136	21.9	29.3	44.4	49.95	绿色安全
			61	19	33			绿色安全
			8	23.7	33.7			绿色安全
			66	17.8	28.6			绿色安全
			73	23.1	27.2			绿色安全
			37	27.7	32.2			绿色安全
			137	28.3	35.8			绿色安全
		第四跨	39	21.4	23.9			绿色安全
			34	31.5	35.1			绿色安全
			14	22.2	30.8			绿色安全
			108	22	31.1			绿色安全
			87	16.1	20.2			绿色安全
			75	27.1	42.9			绿色安全
			68	22.5	28.3			绿色安全
			28	34.6	38.5			绿色安全
			88	34.5	34.5			绿色安全
2	基础沉降监测/mm	第一跨	31	−4.732	−6.627	−12	−13.5	绿色安全
			44	−5.026	−6.49			绿色安全
			46	−4.706	−6.41			绿色安全
		第二跨	47	−4.714	−6.568			绿色安全
			43	−4.796	−6.118			绿色安全
			40	−4.672	−6.498			绿色安全
		第三跨	10	−4.79	−6.646			绿色安全
			17	−4.873	−6.438			绿色安全
			16	−4.747	−6.44			绿色安全
		第四跨	50	−4.722	−7.38			绿色安全
			42	−5.034	−7.73			绿色安全
			41	−4.654	−7.298			绿色安全
3	立杆竖向变形监测/mm	第一跨	163	−5.763	−6.445	—	—	绿色安全
		第二跨	164	−3.996	−5.437			绿色安全
		第三跨	166	−4.25	−5.79			绿色安全
		第四跨	133	−3.725	−5.93			绿色安全
4	支架顶横向位移监测/mm	第一跨	128	−4.082	−4.048	−6.4	−7.2	绿色安全
		第二跨	129	−3.881	−5.103			绿色安全
		第三跨	130	−4.839	−6.195			绿色安全
		第四跨	162	−5.985	−4.248			绿色安全
5	风速监测/(m/s)	第一跨	21	2.6	3.7	8.64	9.72	绿色安全
		第四跨	22	2.9	3.5			绿色安全
6	温湿度监测	第三跨	2	21.1℃ (95.2%HR)	20.9℃ (94.2%HR)	—	—	绿色安全

本项目通过对支架沉降、支架竖向变形、支架横桥向变形、支架轴力、环境温湿度及风速风向等主要影响支架施工安全的因素进行监测。在浇筑及浇筑完成24h内，各监测点均处于绿色状态，浇筑及完成后24h内的数据变化情况如下：

（1）第一次浇筑最大支架轴力41.7kN，未达到黄色阈值（－44.4kN）和红色阈值（－49.95kN），第一次浇筑支架轴力监测结果安全。

（2）第二次浇筑最大支架轴力43.9kN，未达到黄色阈值（－44.4kN）和红色阈值（－49.95kN），第二次浇筑支架轴力监测结果安全。

（3）第一次浇筑最大沉降量－5.034mm，第二次浇筑累计最大沉降量－7.730mm，未达到黄色阈值（－12mm）和红色阈值（－13.5mm），支架沉降监测结果安全。

（4）第一次浇筑最大竖向变形量－5.763mm，第二次浇筑累计最大竖向变形量－6.314mm。

（5）第一次浇筑最大横桥向变形量－4.082mm，第二次浇筑累计最大横桥向变形量－6.195mm，未达到黄色阈值（－6.4mm）和红色阈值（－7.2mm），支架变形监测结果安全。

（6）浇筑期间及浇筑完成后24h内，环境最大风速3.7m/s，与现浇箱梁最大夹角80.25°，低于黄色阈值（8.64m/s）和红色阈值（9.72m/s），环境风速风向满足施工要求。

（7）浇筑期间及浇筑完成后24h内，环境最高温度21.1℃，最低温度6.0℃，最大湿度95.2%RH，最小湿度39.7%RH，环境温湿度满足施工要求。

3.7 满堂支架安全预警处理措施

一级报警状态：项目部的安全及管理人员根据报警内容立即对支架顶底托支撑、地基沉降、横向位移等情况进行逐排逐项检查，并采取增加人工监测的辅助措施。

二级报警状态：项目部的安全及管理人员立即组织支架上的施工人员有序撤出浇筑现场。在监测值稳定且现场情况可控时，立即采取加固措施；加固后支架稳定，情况可控后继续施工；当监测值出现快速发展的趋势时，建议施工人员远离施工现场。

浇筑现场应储备足够数量的应急常用处理材料，如：加固所需的立杆、横杆、斜杆、顶托、底托、扣件、ϕ25钢绳、钢管及垫木等，基础处理所需的厚度1cm以上且面积大于0.1m^{2}的钢板，1.5m×0.15m×0.15m（长×宽×高）方木等。

沉降处理：在可控范围内采取应力扩散措施。支架底托下增加扩散应力的钢板或垫木；在原有支架空隙间增加辅助支架，减少地基应力。

立杆受力超限：当立杆底部受力超过二级预警值或立杆底部受力远远低于支架安装初始值（荷载非正常传递）时，采取在原有支架空隙间增加辅助支架，增加竖向斜杆、增加纵横剪刀撑，缩短水平横杆步距的方式处理。

支架顶位移超限：当支架顶横向位移 $S<9H/3000$ 且≤6.4mm，在支架竖向和横向水平杆件受力可控的情况下，在支架顶用钢绳横向施加水平力以增加支架稳定性。

3.8 满堂支架安全预警检测结果

现浇箱梁满堂支架工艺施工，通过满堂支架监测预警系统网络运算，将数据实现24h、全天候、远程实时反馈。根据受力验算设置预警阈值，分绿色提示、黄色预警、红色报警三个级别，直观的在现场声光报警器、云数据平台、手机App上进行反应，实时对支架安全状态进行监控，其理念先进，为打造智慧工地奠定重要基础，保证现浇箱梁满堂支架施工安全。根据观测数据，E匝道桥第五联现浇箱梁满堂支架施工安全可控，现场声光报警灯为绿色正常状态，立杆最大受力达到43.9kN，立杆竖向变形6.445mm，基础最大沉降7.73mm，支架横向最大位移6.195mm，温度21.1℃，湿度95.2%HR，现浇箱梁满堂支架施工处于安全状态。

4 结语

满堂支架安全预警系统克服了杆件隐患难以逐一排查，施工中受恶劣天气、地质情况影响较大，发生的变化难以及时准确判断等诸多难题，其采用先进的传感技术和物联网技术，把支架受力、沉降、变形、位移、温湿度等变化情况用数值形式表示出来，智能化数据分析，分级自动报警，通过全方位、全天候实时监测，及时发现隐患，立即采取应急措施，有效防止事故的发生，具有很大的实用价值。

浅谈山区高速公路施工便道设计与施工控制要点

肖小伟　赵思黎　刘贤成/中国水利水电第十四工程局有限公司

【摘　要】高速公路施工便道为临时工程，一般都认为比较简单，国内外对其研究较少，如何在满足主体工程需要的前提下，系统性地规划布置，关系到便道施工的安全、成本、进度等方面。本文以宜宾至昭通高速公路彝良（海子）至昭通段第A2段便道设计与施工为例，阐述山区高速公路施工便道设计与施工控制要点。

【关键词】无人机　便道设计　便道施工　错车道　交通洞

1　工程概况

宜宾至昭通高速公路彝良（海子）至昭通段第A2段，路线起止桩号为K194＋120～K213＋850，起点为彝良县角奎镇新场乡的谭家隧道中点，途经青山隧道、上寨大桥、双树子隧道、流沙坡中桥、包谷山隧道、炉房沟大桥，形成360°螺旋展线布线，然后经核桃树隧道、垭口中桥、新厂隧道、垭口大桥、孟家梁隧道、寨子上中桥、白岩沟隧道、宋坪大桥，最后终点位于洛泽河镇岭东村康家坪社的两河隧道中点，线路全长19.799km。

本项目沿线地形地貌主要有构造侵蚀夹溶蚀中山地貌及构造侵蚀溶蚀中山地貌，最高海拔2637m，最低海拔约900m，最大相对高差1737m。区域内地形崎岖，山高谷深，沟壑纵横发育，山峦跌宕起伏，地形切割强烈，山涧沟谷发育，多为深切峡谷，以V形、W形、U形狭谷为主。为满足主体工程施工，共计修建13条进场公路，总长度为56.18km。

因此，研究山区高速公路便道设计与施工，选择经济合理、施工难度适宜的线路及道路形式，选择得当的施工方法，能有效提高便道施工进度，节约施工成本，保障施工人员、机械安全。

2　施工便道设计控制要点

施工便道的设计主要为线路的选择、道路形式的确定，具体分为缺失地形补测、地形数据处理、施工便道设计三部分。

2.1　缺失地形补测

由于所处地形区域坡度较陡，部分区域无道路或道路较狭窄，施工测量受地形、测量基站信号的影响，无法对缺失的地形进行补测，为解决该问题，利用无人机对缺失的地形进行补测。另外，高山峡谷区域地形陡峭，测量过程中偶有事故发生，采用无人机可以到达人员无法到达的空域、高度或危险地区，能够很好地利用无人机进行地形测量活动，使得地形测量工作更为安全可靠。

无人机进行地形补测应选择天气明朗，无大风、大雾等影响测量精度的白天进行，补测完成后及时对照片进行整理，为后续地形数据处理做准备。

无人机体型小，升空时间短，再加上较低的运营成本以及遥感操作系统的不断发展，其操作和运营成本更低，利用率也随着技术的研发得到了较高的提升。无人机的控制系统较为简单，技术较新，在搭载影像处理设备上的兼容性也更好，数据处理的硬件配置也比较低，使得数据处理费用较低。

与传统的地形测量相比，由于无人机操作的便捷性，而且不需要人为因素的加入，采用无人机进行地形测量，具有数据处理成本更低，灵活性好、安全性高的优点。利用无人机进行地形补测，在较短的时间内完成地形补测，为后续便道设计施工节约了时间，有利于施工进度的保证。

2.2　地形数据处理

数据处理主要包括照片的经纬度处理、地形数据、坐标处理、照片三维图形校正等。

（1）将拍摄并整理完成的照片导入到Pix4Dmapper，使拍摄照片生成POS经纬度地形数据文件。

（2）利用ArcGIS软件对POS数据进行进一步处理，主要将POS地形数据坐标转换为地方坐标，坐标转换以公共点为基础。包括数据校正、坐标添加，完成原始数据及坐标的初步处理。

（3）地形数据建模主要利用Context Capture Master－Center edition软件，该步完成数据的建模过程。

（4）将ArcGIS软件导出的数据进行处理，为数据导入建模软件做准备。建模软件处理主要包括空间参考系统选择、控制点编辑、控制点校准、模型计算等，模型计算采样采取由低至高的步骤对模型进行校准，完成地形数据模型的计算及建立。

（5）地形数据模型建立完成后利用EPS三维测图软件将数据进行转换。

2.3 施工便道设计

2.3.1 施工功能要求

汽车荷载等级按80t设计，根据彝良县气候条件，施工便道位于高山峡谷区域，雨季降雨量较多。便道截排水采用截水沟、排水沟、圆管涵及便桥作为便道临时排水。汇水较大高边坡挖方路基开口线5m位置设置净空为60cm×60cm截水沟，挖方处在开挖坡脚处设置30cm×40cm排水沟、便道跨小沟设置直径为1m的圆管涵，便道跨冲沟处设置3m×2.5m（宽×高）的涵洞，有河沟部位设置2m×2m（宽×高）的改沟。

2.3.2 施工便道技术参数

施工便道主要干道按四级公路标准设计，设计时速为20km/h，路面宽度在4.5～6.5m之间，最小转弯半径15m，最大纵坡不大于12%。

2.3.3 土石方设计

A2段便道多位于陡坡处，便道多为挖方，便道施工过程中产生弃渣较多，前期弃渣多堆置于临时弃渣场或用于便道泥结碎石路面的基层，部分岩质较好的开挖骨料用于泥结碎石路面的原材料，以提高便道路面通行能力及节约施工成本。弃渣场建设完成后将弃渣运至弃渣场。

2.3.4 路面结构层

施工便道采用泥结碎石路面，部分路段需要采用混凝土路面。石料采用机制的碎石或天然碎石。石料等级不低于规范要求，扁平细长颗粒不超过20%，近似正方形有棱为好，不能含有其他杂物。

2.3.5 错车道设置

山区高速公路地形复杂，施工便道路面宽度按4.5～6.5m进行设计，较窄处按照单车通行进行设计，由于本标段施工车辆较多，为保证施工车辆的正常通行，按200～300m设置错车道，错车道设置在地势较平缓、无地质灾害区的地带，以改善施工便道的通行状况。

1#便道全长16.2km，共设置63个错车道，是本标段的主干道，施工车辆来往密集。从当前施工车辆通行的状况看，按200～300m的间距设置错车道，能满足施工车辆流畅通行的需求，若其他支线便道施工车辆通行流量较小，可适当增大错车道间距，以节约施工成本。

错车道的设立是施工便道运行畅通重要的一环，若施工便道错车道间距过密，由于高山峡谷地带地形复杂，势必大大增加便道开挖回填支护费用，且增加便道运行的安全隐患，如果错车道间距过大，则影响施工车辆通行，制约主体工程施工进度。

2.3.6 交通洞设置

当施工便道线路周边地形坡度较陡，道路开挖较为困难；便道下方有火车站、村镇等其他必须要避开的地方；便道线路较长，采用交通洞可缩短线路长度，节约工程造价，提升便道通行舒适度，减少施工控制风险。路线设计时可考虑采用开挖交通洞的形式，交通洞采用城门洞型，断面尺寸采用7.0m×6.5m（宽×高）能够满足施工通行要求。

本标段在4#、6#便道设置交通洞，4#便道K2+240处下方有内江至六盘水铁路邓家湾火车站，该处地形陡峭，为石质路段，采用浅孔松动爆破法开挖飞石及坡面滚石会对下方火车站运行安全及居民区造成较大安全隐患，且施工安全风险控制难度大；采用机械开挖则施工进度慢，施工成本高，便道开挖、支挡及临时防护工程量大，故在该处设置4#便道交通洞，总长368.7m，可缩短线路长度约240m。6#便道K2+420处由于地形陡峭，6#便道交通洞总长152m，便道开挖难度极大，采用交通洞可减小施工难度，极大地减小施工安全隐患及安全风险，缩短线路长度约200m。

2.3.7 施工便道防护工程

由于本标段施工便道均在陡坡上修筑，便道开挖完成后需对道路两侧进行支挡，采用仰斜式路肩墙及路堑墙进行防护，挡墙依据不同的高度采用不同的材料及形式，挡墙高度不大于6m时，墙体采用M7.5浆砌块石砌筑；挡墙高度大于6m时，墙体采用C15片石混凝土浇筑。

便道施工时道路开挖渣土容易沿坡面滚落至耕地，施工时采取双排脚手架+竹跳板、沙袋墙等防护措施及适当扩大征地范围的形式进行控制。

边坡依据现场实际情况采取SNS柔性防护系统进行防护，包括主动防护网及被动防护网。

便道路堤边坡高度大于2m位置处设置防撞墩，确保施工车辆通行安全。

通过本标段便道施工质量及后续施工车辆运行安全来看，采用上述防护能够保证便道施工质量及后期运行安全。

2.3.8 施工便道设计优化

施工便道设计完成后进行现场施工，现场施工过程中针对施工便道坡度、防护、回头弯半径等进行数据反馈，最后依据数据反馈结果对便道进行优化。

重点为回头弯半径的控制，半径过小不利于施工车辆通行，增加车辆通行的风险，半径过大则施工成本过高。

3 施工便道施工控制要点

因施工便道所处区域地形坡度较陡，地形地质条件复杂，如何确保便道施工的质量及安全尤为重要，便道的施工质量关系到后期道路运行状况好坏及主体工程的施工进度，需充分控制施工质量、施工安全环保及施工工艺。

3.1 施工质量控制

3.1.1 边坡开挖质量控制措施

（1）每层开挖前查看现场地质情况，现场跟踪工程施工，对工程施工过程中边坡不稳定因素及时发现及时处理。

（2）开挖前，按照设计道路放出边坡开口线，并撒灰线做标识。

（3）开挖严格按自上而下的施工顺序进行，开挖结束后根据现场地质工程师的意见及时进行边坡加强支护。

（4）做好成型坡面的施工期监测，发现问题及时处理，以防坡面移位或塌滑。

3.1.2 支挡工程施工质量控制措施

（1）路基支挡严格按照设计要求开挖基础，并做基础地基承载力试验，满足要求方可进行支挡工程的施工，为满足地基承载力要求的部位应采用挖深、扩大、换填等方案加强地基承载力，使之满足设计要求。

（2）砂浆拌制严格按照试验室所出具的配合比进行拌制，稠度达不到要求的砂浆严禁投入使用，拌制现场必须有配合比标识标牌及称量工器具。

（3）支挡砌筑过程中，严格按照设计要求分缝及预留排水孔，确保支挡工程质量满足要求。

3.2 施工安全环保控制

（1）危险作业、交叉作业必须有专职安全员进行监控，高边坡与危险的临边临空作业必须设安全防护措施，并派专人进行安全监护，暴雨过后应对开挖后的边坡工作面进行检查后再恢复生产作业，对恶劣天气下的工程施工制定专项安全技术措施。

（2）便道开挖料利用挖机、自卸车转运至指定存料部位或弃渣场，禁止向冲沟甩渣，破坏生态环境，施工中尽量减少边坡的开挖高度，避开软基、滑坡、泥石流等不良地质现象，禁止大挖大刷，力求便道简洁、美观、实用、经济及安全。

3.3 主要施工工艺

根据本项目施工便道特点，其施工总体按照：施工准备→场地清理→安全防护→土石方开挖→支挡工程施工（涵管、便桥施工）→土石方回填→排水沟施工→路面施工→防撞墩施工的程序。

土石方回填与支挡工程的施工顺序可根据现场实际情况调整，当填方区原地面线较为陡峭、无法直接回填或回填占地面积太大时，应先施工支挡工程，再进行土石方回填；当填方区原地面线较缓时，先形成道路，后期再施工支挡工程。如施工便道中有管涵和便桥，在便道施工过程中适时进行。为便于施工，加快施工进度，施工便道先修筑毛路，毛路形成后再对便道进行加宽修整处理，以达到设计要求。

4 实施效果评价

施工便道为临时性结构，主要功能为施工期间物资、设备及人员到达主线的通道，良好的施工质量及规划设计是后期便道运行的保障。宜昭高速公路 A2 段便道施工完成后，其施工工期、施工质量、安全环保均满足要求，后期使用状况良好，满足主体工程施工需求。

4.1 工期评价

宜昭高速 A2 段设计便道长度 56.18km，自 2017 年 8 月启动便道施工，4＃便道 K2＋240 处设置 4＃交通洞，节约工期约 50d，6＃便道 K2＋420 处 6＃交通洞，节约工期约 25d。对于较长的便道，采取挖掘机从冲沟绕到工作面的方式进行施工，另外先进行基本满足通行条件的毛路开挖，毛路开挖完成后再多工作面进行扩宽，至 2018 年 4 月，基本完成 A2 段便道的施工任务，节约总工期约 3 个月。

4.2 质量评价

便道施工过程中加强泥结碎石路面和挡土墙质量控制，后期便道运行过程中，路面及挡土墙运行状况良好。

4.3 安全环境评价

本标段 4＃便道 K2＋240 处下方有邓家湾火车站，通过设置交通洞，可以减少征地，减少对原始地貌的破坏及对邓家湾火车站等重要结构物的影响，减少便道施工对自然环境的影响。

4.4 使用效果评价

A2 段便道负责隧道及桥梁 356 万 m^3 弃渣及主体工

程施工所需材料的运输任务，便道运行过程中，未发生安全事故，回头弯半径及错车道设计较为合理，能保证施工车辆流畅运行，很好地保证主体工程施工进度。另外，施工区域在便道施工前均无施工道路，A2段施工便道的路线设计综合施工需要及周边居民的生产生活需要，便道修建完成后，对当地的经济及对外沟通提供了较大的便利，产生了较大的社会经济效益及社会影响。

5 结语

宜昭通高速公路第A2合同段施工便道设计及施工过程中结合工程实际，从地形、经济、安全和进度等方面综合考虑，采取增加交通洞、优化便道线路、多工作面进行施工、设置错车道等措施，可以减少施工难度，缩短线路长度，增加施工安全性，节约施工成本及加快施工进度。

参考文献

[1] 潘嘉泉，许文峰. 山区高速公路施工便道规划与优化[J]. 建筑工程技术与设计，2014（20）：264-265.

[2] 聂文英，欧阳哲，汪亚运. 道安高速公路TJ02标施工便道规划与设计[J]. 公路与汽运，2017（3）：118-121.

近居民区围堰微震爆破拆除施工技术研究

李宗荣　胡惠珍/中国水利水电第十四工程局有限公司

【摘　要】结合目前国内对于爆破所诱发的负面效应研究，从近居民区枯期围堰拆除控制（振动控制、振动监测、安全防护）爆破技术方面入手，尾水出口枯期围堰拆除，研究采用削高减薄、分层爆破、单孔单响、反铲出渣的方案和参数，拆除体预设工字钢＋钢筋网＋竹跳板＋沙袋的表面主动防护措施，保证了围堰拆除控制爆破顺利实施，在全面满足施工合同要求的前提下，达到了加快施工进度，缩短工期，产生发电效益的目的。

【关键词】近居民区　围堰　微震爆破　拆除技术

1　工程概况

黄金坪水电站引水发电系统Ⅲ标工程之地下厂房尾水边坡及尾水出口围堰拆除爆破施工区域与姑咱镇一河之隔，水平距离仅100m。大渡河在此段为峡谷地形，施工现场一侧山势陡峻，而对河一侧居民点部位地势平坦，人口集中，开挖作业面直接面对姑咱镇繁华地带（此处有丹巴至泸定的省道通过）。由于爆破点距离居民区较近，在开挖阶段，当地居民对爆破振动反映极为强烈。为了避免激化社会矛盾影响施工，从严控制爆破振动，枯期围堰拆除爆破对于需保护民房的振动允许值按0.2cm/s控制，按0.5cm/s校核。为此，采用现场试验与生产实践相结合，施工技术与过程管理并重，不断调整优化施工方案、爆破设计和钻爆参数，重视过程管理，总结得到一套成熟的近居民区微震爆破技术。

2　工艺原理

尾水出口距离姑咱镇居民区较近，为了有效控制爆破次生灾害发生，降低安全风险和社会环境影响，在尾水出口围堰拆除过程中，采用削高减薄、分层松动减弱控制爆破，利用毫秒微差雷管的延时特性，采用深孔微振梯段爆破开挖技术，实现深孔梯段爆破孔孔内分段装药、分段堵塞，孔口长堵塞，孔外采用毫秒微差雷管联网形成单孔单响网络，达到在单孔单响爆破的前提下实现单孔多响的目的，最大限度降低单响药量，降低了爆破质点振动速度，达到微振爆破的目的。调整爆破方向、增设爆破防护、调整爆破作业时间等措施，避免爆破飞石，控制爆破振动，降低对周边环境的影响。

3　施工工艺流程及操作要点

根据工艺原理，选择在枯水期适时对尾水出口枯期围堰进行拆除爆破，通过科学合理的爆破设计、有效的爆破防护设施、精细化的施工管理，加快了施工进度，将爆破振动影响降至最小，做到安全生产与民族和谐发展有机地结合起来。

3.1　施工工艺流程

近居民区围堰拆除微震爆破施工工艺流程如图1所示。

3.2　操作要点

3.2.1　围堰拆除爆破要求

（1）由于尾水出口围堰距离出口闸室较近，最近距离仅9m，且尾水明渠底板为$i=0.17$的倒坡，爆破不得危及出口闸室的安全。

（2）尾水出口枯期围堰距离姑咱镇最近距离仅有约110m，爆破飞石必须严格控制，不得砸坏周围的其他保护物。

（3）严格控制爆破振动对周围需保护的民用建筑物影响。

（4）根据类似工程的经验，主体围堰爆破后需要进行水下清渣，但水下清渣难度很大，很难清理干净，还是需要后期一定的水流冲渣，根据尾水出口的水流流速，爆破块度不大于50cm时，爆渣可以依靠水流冲走，因此围堰爆破的块度按不大于50cm控制。

（5）为了满足上述要求，需要采用科学安全的爆破

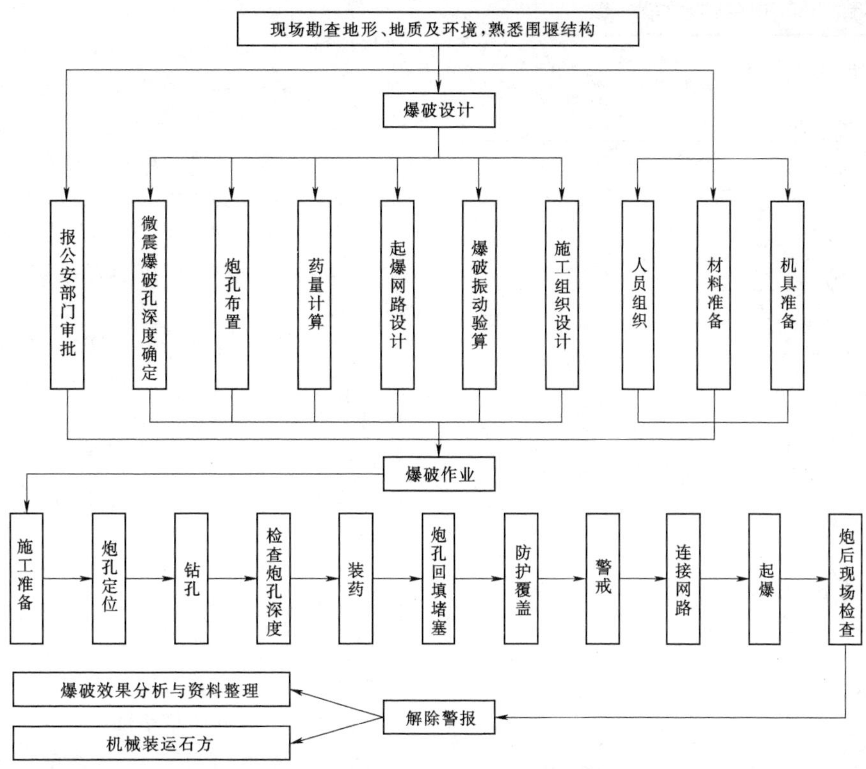

图1　近居民区围堰拆除微震爆破施工工艺流程图

设计，严格控制爆破振动、爆破飞石、爆破空气冲击波和爆炸水击波，防止这些爆破有害效应对周围保护物造成破坏。

3.2.2　围堰拆除爆破设计

（1）炮孔 $\phi 90$。钻孔设备：采用液压履带钻造孔（局部部位及保护层采用手风钻），造孔直径 90mm，对于成孔困难的部位或者有潜在塌孔风险的炮孔孔内一律下 $\phi 80$ PVC 套管，造孔直径加大为 100mm，炸药选用 $\phi 70$ 2＃岩石乳化炸药。

（2）炸药单耗 q。前期施工时，明挖岩石破碎爆破单耗约为 0.3kg/m^3，控制爆破最大粒径小于 60cm。本次枯期围堰拆除，根据爆渣部位的不同，考虑基岩有压渣及水压条件和抛掷需要，单耗选择在 0.3～0.5kg/m^3 之间。按照此炸药单耗，根据类似工程的经验，≤50cm 的渣量可以占到 70％以上，满足爆破要求，还有一定的富余度。

（3）炮孔间、排距及孔深。炮孔间距一般可按前期开挖经验确定，a 取 1.6m；炮孔排距可按经验公式 $b=(0.8\sim1.0)\times a$，a 取 1.6m。仅第二层开挖钻孔超深 0.5m，钻孔最大深度 5.1m。

（4）堵塞长度。堵塞的目的是防止产生过度的爆破飞石，保证爆破效果。堵塞长度选择在 0.95～1.78m。堵塞物袋装细河沙。

（5）单段药量。根据前期施工经验，控制孔内分 2 段，最大单段药量只能控制在 6kg。

（6）装药结构。为了避免药包集中导致爆破振动过大或爆破飞石，分散炸药能量，单个炮孔采用间隔装药结构，以Ⅰ、Ⅱ-①、Ⅱ-②层第一排孔为例，孔底装 4 节药卷，药卷上部采用袋装细河沙堵塞 80cm 后再装 4 节药卷，剩余爆破孔采用袋装细河沙进行封堵填塞，最后清除孔口附近的浮石后，在孔口放置沙袋，避免安全防护时损坏雷管脚线，1＃尾水隧洞出口围堰拆除爆破参数见表 1。

表1　1＃尾水隧洞出口围堰拆除爆破参数

序号	名称	孔径/mm	间排距/cm	最大单响量/kg	孔数/个	总装药量/kg	爆破方量/m^3	单耗/(kg/m^3)	备注
1	Ⅰ层	90	160/160	4.5	42	168	425.6	0.39	
2	Ⅱ-①层	90	160/160	6	60	306	627.1	0.49	
3	Ⅱ-②层	90	160/160	4.5	46	118.5	278	0.43	
4						592.5	1330.7	0.45	

为了避免药包集中导致爆破振动过大或爆破飞石，分散炸药能量，单个炮孔采用间隔装药结构，2＃尾水隧洞出口围堰拆除爆破以Ⅰ、Ⅱ层第一排孔为例，爆破参数见表 2。

3.2.3　起爆网路设计和爆破器材选择

起爆网路是爆破成败的关键，因此在起爆网路设计和施工中，必须保证能按设计的起爆顺序、起爆时间安全准爆。且要求网路标准化和规格化，有利于施工中连接与操作。黄金坪尾水出口围堰是水上爆破拆除和半水

表 2　2#尾水隧洞出口围堰拆除爆破参数

序号	名称	孔径/mm	间排距/cm	最大单响量/kg	孔数/个	总装药量/kg	爆破方量/m^3	单耗/(kg/m^3)	备注
1	Ⅰ层	90	160/160	4.5	24	180	335	0.54	
2	Ⅱ层	90	160/160	6	60	198	543	0.36	
3					84	378	878	0.43	

下爆破拆除，只能一次成功，又考虑当地高精度雷管采购困难，因此结合前期爆破经验，采用非电起爆系统。

（1）网路设计原则。

1）起爆网路的单段药量满足振动安全要求。根据周围建筑物允许振速，由爆破振动速度公式反算允许单段药量，单段药量控制在 6kg 可以满足振动安全控制的要求，且偏于保守。

2）在单段药量严格控制的情况下，同一排相邻孔尽量不出现重段和串段现象。

3）整个网路传爆雷管全部传爆，或者绝大部分已经传爆，第一响的炮孔才能起爆。

4）万一同排炮孔发生重段或串段，最大单段药量产生的振动速度值不超过 0.5cm/s 的校核标准。

（2）非电起爆网路设计。非电毫秒雷管非电起爆技术在水电行业得到普遍应用。其价格便宜、使用简便、分段灵活、不受雷电及杂散电流影响。现在已经成了水电行业爆破施工的最主要爆破器材。由于本次围堰爆破工程量小，雷管、炸药需求量较小，采购不到高精度非电起爆器材，便只能选择非电毫秒雷管起爆系统。但这种传统的非电毫秒起爆系统也有自身的缺陷，主要表现在：

1）误差大。例如 MS3 段雷管的延时是 50ms，但误差却达到±10ms；而 MS15 段雷管的延时是 880ms，但误差却达到了±60ms。误差大带来了一个不容忽视的问题，当低段雷管和高段雷管组合使用时，高段雷管的误差已经超过了低段雷管的延时，容易导致起爆顺序紊乱。

2）雷管延时的分布容易导致重段。传统非电毫秒雷管的延时顺序是 50ms、75ms、110ms、150ms、…，都有公约数 5，当网路比较大的时候极容易重段。

3）脚线的抗拉强度偏低。在孔内有水，装药困难的情况下，容易损坏导爆管脚线，导致拒爆发生。

本次围堰爆破拆除决定采用非电毫秒雷管接力式起爆网路。为确保接力起爆网路的安全、可靠，孔内起爆选用高段别雷管，孔外传爆选用低段别雷管，同时尽量确保孔内高段别雷管的延时误差小于排间雷管的延时。起爆网络采用非电导爆管起爆网路，起爆采用瞬发雷管，孔间及排间采用 MS5、MS3 延时，孔内采用 MS9、MS11 段非电毫秒雷管。

（3）起爆方案。为缩短起爆网路的孔外接力雷管的传爆时间、降低爆破振动、改善爆破效果，一般采用临空面中间开口，爆渣向开口部位抛掷。黄金坪水电站尾水出口 1#、2#枯期围堰，为了避免起爆网路的相互干扰，枯期围堰Ⅰ层均采取从河侧开口；Ⅱ层因考虑尾水渠反坡影响，提高爆破效率，采取从闸室侧开口，开口位置首先起爆，然后向河侧传爆。爆渣向开口位置堆积，最后Ⅰ层在围堰外侧形成爆堆，Ⅱ层在围堰内侧形成爆堆。

（4）网路连接和保护。起爆网路的防护是爆破成败的一个很重要环节，首先严格联网制度，由经过培训的爆破人员联网，并有主管技术工程师或安全监理工程师负责网路的检查，所有接力雷管必须采用沙袋覆盖保护。覆盖等防护工作不能影响到已经完成的起爆网路的安全。

联网过程跟班检查。在联网中，每班应有专人随后检查，检查雷管段数是否正确、捆扎是否牢固及是否有漏联。联网后分排检查，由主管技术工程师及安全监理工程师两人一组进行。

总检查。联网防护全部完成后，由专门技术人员及安全监理工程师从头到尾进行检查，重点检查是否防护牢固及是否漏接。

（5）其他爆破器材选择。黄金坪尾水出口围堰及岩埂爆破拆除属于水上和半水下爆破，由于较小的水压存在，考虑普通岩石炸药爆破有可能不完全，也就是说炸药的能量可能得不到充分作用。同时考虑经济性能，选用 2#岩石乳化炸药。

对炸药的基本要求是：炸药密度大于 950kg/m^3，炸药爆速在 3200m/s，作功能力大于 260mL，猛度大于 12mm，殉爆距离大于 3cm。药卷采用乳化炸药。乳化炸药具有抗水、抗压性能满足要求，起爆传爆性能好。1#尾水隧洞Ⅰ层围岩拆除爆破网路图如图 2 所示。

黄金坪尾水出口围堰及岩埂爆破拆除选用 2#岩石乳化炸药，猛度大于 12mm，殉爆距离大于 3cm，1#尾水隧洞Ⅱ-①层围岩拆除爆破网路图如图 3 所示。

黄金坪尾水出口围堰及岩埂爆破拆除选用 2#岩石乳化炸药，炸药密度大于 950kg/m^3，炸药爆速在 3200m/s，猛度大于 12mm，殉爆距离大于 3cm，1#尾水隧洞Ⅱ-②层围岩拆除爆破网路图如图 4 所示。

3.2.4　围堰拆除爆破施工工艺

（1）布孔。布孔由爆破工程师和测量技术人员进行。布孔的原则是：按照爆破设计参数正确标注每个孔的孔深及方向。在节理发育或岩性变化大的地方，要根据现场实际情况微调孔位，调整时要注意抵抗线、排距和孔距之间的关系。当情况复杂时，要注意抵抗线的变化，特别是防止因抵抗线过小而出现内部飞石事故。

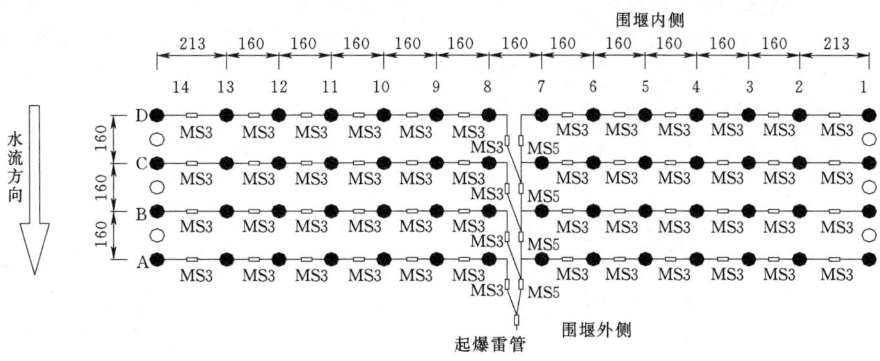

图 2　1#尾水隧洞Ⅰ层围岩拆除爆破网路图（单位：cm）

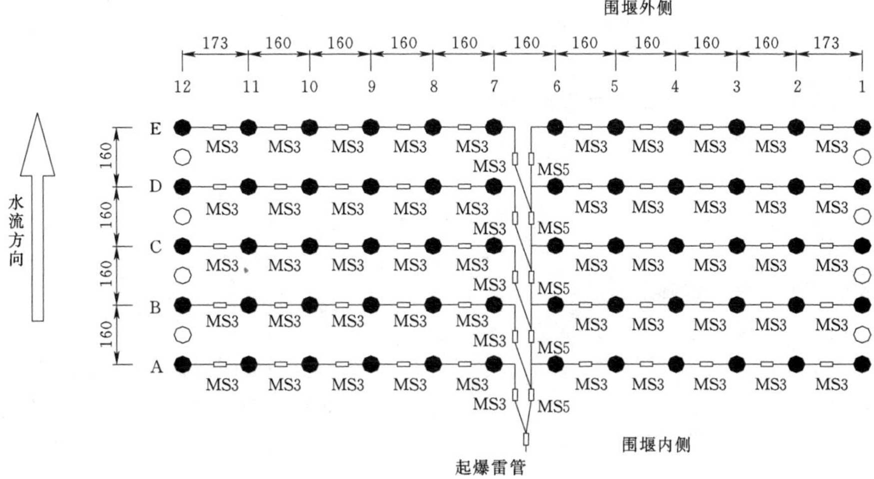

图 3　1#尾水隧洞Ⅱ-①层围岩拆除爆破网路图（单位：cm）

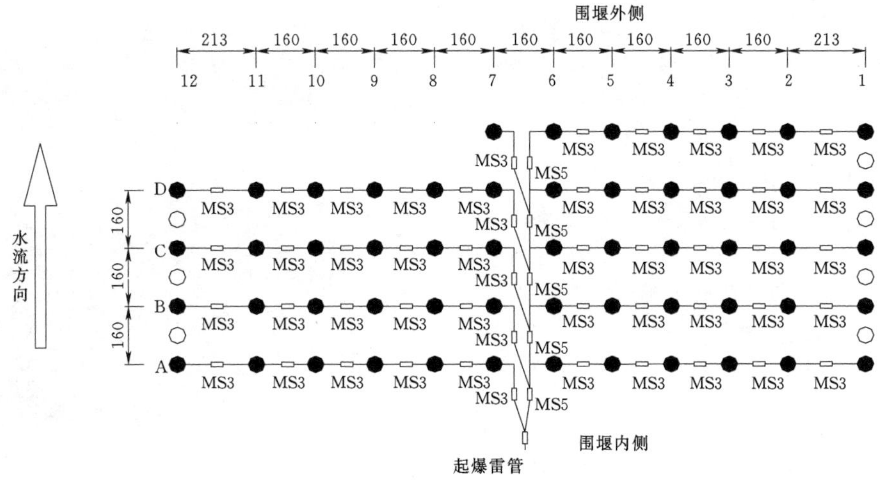

图 4　1#尾水隧洞Ⅱ-②层围岩拆除爆破网路图（单位：cm）

（2）钻孔。钻孔凿岩作业应严格遵守设备维护使用规程，按岗位规程的标准化作业程序进行操作。在进行钻孔作业时，要把质量放在首位，钻孔就是为了给爆破提供高质量的炮孔，孔深、角度、方向都需满足设计要求。

（3）检查验收。炮孔检查是指检查孔深和孔距。开孔孔距一般都能按设计参数控制，因此炮孔的检查，主要是炮孔深度的检查和倾角。孔深的检查，分三级检查负责制，即打完孔后个人检查、接班人或班长抽查及专职检查人员验收。

（4）炸药搬运。炸药搬运除了要遵照《爆破安全规程》（GB 6722—2014）对搬运过程的有关规定外，还要注意以下几点：搬运时要做到专人指挥，专人清点不同品种的炸药，做到按品种、数量运到炮孔周围。搬运炸药要做到轻拿轻放。汽车搬运炸药时，要有专人指挥车辆的移动，车辆移动前要鸣号示警，然后才能移动。人工搬运时，道路要平整，防止跌倒或扭伤。炸药搬运以后，要根据爆破设计核对爆区总药量，如有差错，及时采取措施。

（5）装药。爆区装药量核对无误，应在装药开始前先核对孔深，再核对每孔的炸药品种、数量，然后清理孔口附近的浮渣、石块，做好装药准备，核对雷管段别，装药时炸药应避免与岩渣接触，保持装药顺畅。

（6）堵塞。装药时，装药量严格按设计要求执行，装药量控制及填塞长度、密实度由专人负责，填塞长度满足设计要求，若孔口上部岩石破碎，可适当增加堵塞长度。填塞物用布袋装细河沙放入孔内，填塞时要防止导爆管被砸断、砸破，填塞的长度应按设计要求，不得用石头、木桩堵塞炮孔或代替充填物，以防飞石远抛事故。

（7）联网。导爆管等要留有一定富余长度，防止因炸药下沉拉断网路。网路的连接应在无关人员撤离爆区以后进行，联好后，要禁止非爆破员进入爆破区段。网路连接后要有专人警戒，以防发生意外。最后瞬发管引爆时，将导线擦去氧化层再接线，并用胶布裹紧。整个网路连接完毕，应由爆破技术负责人、现场爆破工程师对网路进行最后检查。

3.2.5 喷锚支护施工工艺

尾水出口枯期围堰拆除后，需对水上部分边坡采用锚喷支护，支护参数为：ϕ25 砂浆锚杆，$L=4.5$m@200cm×200cm 交错布置，入岩 4.4m，外露 10cm。挂钢筋网 ϕ8@20cm×20cm，喷 C25 混凝土厚 15cm。

（1）锚杆施工。尾水出口枯期围堰拆除后，需对水上部分边坡采用锚喷支护，支护参数为：ϕ25 锚杆，$L=4.5$m@200cm×200cm，入岩 4.4m，外露 10cm。根据施工规划及现阶段施工条件，锚杆采用潜孔钻造孔，锚杆均采用“先注浆、后插杆”的施工工艺施工，浆液均为 M20 砂浆；采用简易操作平台配合人工安装，现场拌制砂浆，由注浆机注浆。

（2）挂网施工。尾水出口枯期围堰拆除后，需对水上部分边坡采用锚喷支护挂钢筋网 ϕ8@20cm×20cm，喷 C25 混凝土厚 10cm，挂网一般在锚杆施工后进行，材料运输车运输至现场，采用钢筋调直机调直，根据挂设部位范围尺寸，切割机切断后装载机运输至平台车上，由人工铺设，钢筋网需与锚杆焊接或绑扎固定。

挂网可以采用先制作网片、后挂设的工艺施工，在钢筋加工厂按照网格间距加工成 4.0m^2 左右一片，运输至工作面后，贴在岩面上，与锚杆间牢固焊接或绑扎固定。

（3）喷射混凝土施工。喷射混凝土采用“湿喷法”进行，喷射混凝土与锚杆施工平行跟进、交叉作业，除特殊地质段先喷后锚的程序外，其他部位均按如下工艺流程进行施工。

喷射作业应连续向喷射机供料；保持喷射机工作风压稳定；完成或因故中断喷射作业时，应将喷射机和输料管内的积料清除干净，防止管道堵塞。

为了减少回弹量，提高喷射质量，喷头应保持良好的工作状态。调整好风压，保持喷头与受喷面垂直，喷距控制在 0.6～1.2m 范围，采取正确的螺旋形轨迹喷射施工工艺。刚喷射完的部分要进行喷厚检查（通过埋设点、针探、高精度断面仪检测），不满足厚度要求的，及时进行复喷处理。挂网处要喷至无明显网条为止。

4 安全措施防护

4.1 爆破安全防护技术措施

4.1.1 闸室结构混凝土及门槽的防护

主体围堰爆破时，由于爆破体和闸门及门槽之间距离较近，需在闸墩、门槽及尾水渠底板等建筑物上挂设轮胎及满铺竹跳板防止飞石破坏，并在尾水渠底板铺满沙袋，爆破前尾水洞内充水 1～2m 深，避免爆破石块砸伤尾水渠底板。闸墩混凝土废旧轮胎防护见图 5。

图 5 闸墩混凝土废旧轮胎防护

表面覆盖法：为减少爆破飞石，在爆破拆除体临空面挂设主动防护网＋竹跳板，达到控制爆破飞石的目的。

4.1.2 其他建筑物的保护

在进行枯期围堰拆除爆破时，爆破飞石有极大可能破坏周围的其他建筑物，因此需对其他建筑物进行安全防护。其他建筑物的安全防护有两种方法。

（1）被动防护。对保护建筑物的重要部位进行专门防护，即在重要部位铺设轮胎及竹条板进行安全防护。

（2）主动防护。被动防护针对的对象是保护物，主动防护针对的对象是爆区。主动防护的方法：

1）加强孔口的堵塞，严禁未堵塞或堵塞不牢的爆破。必须严格控制装药量和堵塞长度及质量。

2）设置合理的最大单段药量，通过对保护物的爆破安全控制标准的分析，提出合理的最大单段药量，通过控制单段药量达到控制爆破有害效应的目的。

3）严格联网。起爆网路的防护是爆破成败的一个很重要环节，首先严格联网制度，由专门、专人联网，并有主管技术工程师及安全监理工程师负责网路的检查，接力雷管的保护用沙袋包裹起来，固定在围堰上面。

4）对爆区表面进行覆盖。在爆区表面，爆破孔孔口部位放置沙袋，再覆盖Ⅰ18工字钢＋ϕ25@10cm×10cm的钢筋网，再满铺一层竹跳板，采用铁丝连接，最后在竹条板上放置沙袋。此外，爆破时，应将人员和可移动设备撤至安全地带。

5）为避免爆破扬尘，在覆盖完成后，采用水管将整个爆区用水浇透。

4.2 爆破振动安全监测措施

为评估爆破对姑咱镇建筑物的影响，对姑咱镇姑咱村A区、姑咱镇姑咱村B区、时济乡时济村进行爆破振动监测。

监测点主要布置在右岸姑咱镇、左岸时济村和叫吉村的民房基础底面、屋角等特征部位。为获得爆破振动传播规律，一般每个保护区位宜布置5个及更多监测点。根据现场情况，在姑咱镇保护范围内，布置7条测线，共有33个测点，每条测线布置5～10个测点，按照近密远疏的原则布置，对于距离爆源较近（小于200m）的房屋，保证每座房屋都有一个测点。在时济村布置5个测点。本次监测共计划布置38个测点，进行了19场次爆破振动监测，其中姑咱镇姑咱村A区工作量为8场次；姑咱镇姑咱村B区工作量为8场次，时济乡时济村工作量为3场次。尾水隧洞出口围堰拆除爆破振动监测结果，如表3所示。

表3　实测最大爆破峰值振速统计表

序号	测点编号	监测时间	速度峰值/(cm/s)
1	Hgzaz3－1#	2015.05.06　16：19	0.081
2	Hgzaz3－1#	2015.05.10　18：04	0.365
3	Hgzaz3－1#	2015.05.12　16：05	0.208
4	Hgzaz3－1#	2015.05.18　16：11	0.197
5	Hgzaz3－1#	2015.05.18　16：45	0.050
6	Hgzaz3－1#	2015.05.18　17：53	0.024
7	Hgzaz3－1#	2015.05.22　15：40	0.275
8	Hgzaz3－1#	2015.05.25　14：39	0.279
9	Hgzaz2－1#	2015.05.06　16：19	0.056
10	Hgzaz2－1#	2015.05.10　18：04	0.204
11	Hgzaz2－1#	2015.05.12　16：05	0.153
12	Hgzaz2－1#	2015.05.18　16：11	0.170
13	Hgzaz2－1#	2015.05.18　16：45	0.056
14	Hgzaz2－1#	2015.05.18　17：53	0.024
15	Hgzaz2－1#	2015.05.22　15：40	0.352
16	Hgzaz2－1#	2015.05.25　14：39	0.379
17	Hsjz1#	2015.05.10　18：04	0.091
18	Hsjz1#	2015.05.22　15：40	0.028
19	Hsjz1#	2015.05.25　14：39	0.025

参照《爆破安全规程》（GB 6722—2003）规定砖混结构房屋爆破振动允许值为2.0～2.5cm/s(＜10Hz)，为安全起见，本次围堰拆除爆破对于需保护民房的振动允许值按照0.2cm/s设计、控制，按0.5cm/s校核。

结合爆破振动监测成果，监测到的最大振动速度是0.379cm/s（竖直向），为距离爆源最近的Hgzaz 2－1#测点监测到的，随着距爆源距离的增加，其余测点峰值振速将会逐步衰减。这一数值虽大于0.2cm/s的设计值，但小于0.5cm/s的校核值，也小于《爆破安全规程》（GB 6722—2003）的规定，所以不会对周边建筑造成破坏性影响。

5 结语

通过对微震爆破安全控制技术研究，解决了爆破施工过程中爆破振动对当地居民及爆破冲击波对近距离建筑物造成的危害，避免了因爆破施工带来的负面形象而发生阻工现象，对于解决爆破负面效应危害，保证工程安全、快速施工具有重要意义。同时，防冲击波、飞石防护屏障的成功应用，也具有良好的社会意义。

城区大断面地铁暗挖隧道瓦斯控制技术

徐小劲　刘曙光　许　慧/中国水利水电第十四工程局有限公司

【摘　要】 随着城市建设的快速发展，地铁工程逐渐外延接触不良地段，尤其是在高瓦斯地层修建地铁暗挖隧道，安全风险极高，通过本文研究以及现场成功应用，采取科学合理的开挖方法有利于尽快封闭岩层瓦斯溢出通道，严控开挖、爆破各工序流程最大程度减少瓦斯爆炸风险，采取精细化管控制度，规范作业行为，切实有效控制瓦斯溢出风险，保证城区瓦斯地层隧道施工安全。

【关键词】 城区　大断面　地铁隧道　瓦斯　控制　技术

1　引言

成都地铁18号线一期工程武汉路暗挖隧道为大断面、高瓦斯隧道，隧道浅层天然气单位时间最大涌出量估算值为2.31m^3/min。隧道高度13m，宽度15m，单洞双线隧道，如何确保城区内安全快速完成高瓦斯隧道施工成为工程的难题。通过科学选用开挖方法、采取精细化管控制度严控各工序作业行为，最大程度降低隧道瓦斯爆炸风险，本文论述的城区地铁暗挖隧道瓦斯控制技术具有高效，操作性、适用性强等特点。

2　技术特点、原理

通过加强瓦斯监测、采取精细化管控制度，严格控制各工序作业行为。通过严控瓦斯溢出各工序管控时限，实现快速封闭，降低瓦斯溢出风险。

(1) 在开挖前、开挖中和开挖后等工序作业过程中，根据人员、物资、设备配置、施工组织等情况，采取多种瓦斯监测手段和精细化管控细则，瓦斯隧道施工按照“早预报、适排放、勤监测、禁火源、强通风、控浓度”的原则进行管理和施工，循序渐进向前推进，将瓦斯浓度控制在合理范围内，从而实现高瓦斯隧道安全施工。

(2) 瓦斯的渗透性极高，扩散速度快，其扩散性较空气高1.6倍，容易透过裂隙发育、结构松散的岩石或煤层，渗透到隧道（或矿井）开挖空间里。瓦斯在煤体和围岩中以游离状态和吸附状态存在，两种状态的瓦斯是处在不断变化的动态平衡中。通过优化开挖工法，采用中隔壁、三台阶左右交错开挖，减少一次开挖围岩面积。快速封闭，根据瓦斯渗透情况，提出防止瓦斯溢出各工序管控时限要求，降低瓦斯溢出风险。

3　开挖工法

根据隧道地质情况、断面形式、围岩情况、瓦斯情况，考虑到煤矿许用电雷管段数只有5段，以及断面较大无法满足全断面开挖施工要求，故洞身采用中隔壁、三台阶法开挖，减少瓦斯溢出风险。每循环进尺0.6～1m，中、下台阶开挖支护两侧交错进行，左右错开2～3m，一次循环开挖长度不大于2m。严格按照“管超前、弱爆破、短进尺、早封闭、勤量测、紧衬砌”的原则进行施工。

在开挖前，必须对工作面附近20m风流中瓦斯浓度进行检测，当瓦斯浓度小于1%时允许施工；采用湿式钻孔，严禁干式打钻，炮眼深度不应小于0.6m；炮眼最大抵抗线不得小于30cm。移挪钻机时，必须切断电源进行，严禁带电作业；在钻孔过程中，出现顶钻、夹钻、喷孔等动力现象时，应立即停止钻进，撤出人员，加强通风。

3.1　钻孔

人工用YT28气腿钻在自制施工台车上造孔，钻孔孔位偏差、孔向偏差、孔深偏差都必须符合规范要求。钻孔作业中必须保护好孔口，炮孔钻完后，立即用编织袋或棉纱堵塞孔口进行保护，防止石渣掉入孔内。对于因堵塞无法装药的钻孔，应予吹孔或补钻。钻孔经检查合格后，由专业炮工严格根据爆破设计要求装药。

3.2　装药、塞孔、连线

钻孔完成并经质检合格后，钻孔机具及人员立即撤离钻爆区。炮孔全部按设计图人工装药，经检查无误后方可进入下道工序。

装药、塞孔、连线操作需满足下列规定：

(1) 按设计图装药，必须按起爆顺序起爆雷管“对号入座”，最低要求：外圈眼的延时必须大于或等于内圈眼的延时。

(2) 装药时，需用木质炮棍将药卷送入炮孔，使药卷接触并捣紧。特别注意不要弄破导爆管，以避免瞎炮。

(3) 装药过程中严格按照设计装药量进行装药。

(4) 每个炮眼装药后，10min 内必须用炮泥全孔堵塞炮眼。

3.3 爆破材料

在瓦斯环境中选择符合规范要求的煤矿许用毫秒延期电雷管，最后一段的延期时间不超过 130ms。爆破施工中应使用安全等级不低于三级的煤矿许用炸药。

3.4 起爆

采用绝缘母线单回路爆破，以 MFBB 型煤矿发爆器作为起爆电源，一个开挖工作面不得同时使用两台及以上起爆器起爆。严格执行一次装药一次起爆，并在爆破前检查距掌子面 20m 内的瓦斯浓度，当 $\rho \geqslant 0.5\%$（风流中瓦斯浓度）时，严禁爆破作业。

3.5 出渣

爆破后至少等待 30min 并待炮烟吹散后，爆破员、专职瓦检员、安全员同时进入警戒区内检查通风、瓦斯、瞎炮、残炮、支护等情况，在瓦斯浓度小于 1%，二氧化碳浓度小于 1.5%，且确认安全后信号工方可发出解除信号。采用经防爆改装的装载机在洞内出渣，严禁非防爆型机械进入掌子面。装渣前喷雾洒水、冲刷岩壁，且必须将石渣洗湿，防止摩擦和碰击火花，严禁装载机和运输机械与渣体撞击。

4 瓦斯精细化管控

针对瓦斯隧道全过程施工，制定了洞内火源管理制度、特殊工序管理制度、瓦斯浓度检测异常报告制度、瓦斯自动监控系统定期检查制度、瓦斯监控检测档案管理制度、瓦斯监控检测交接班制度、信息沟通制度等精细化管控制度，保证瓦斯隧道施工过程中安全。

4.1 洞内火源管理制度

建立门岗检查制度，下井通道处设立门岗，严格控制火源进入洞内。洞内电气设备的选用符合要求，严禁带电检修、搬迁电气设备。电器在进洞前由物设部和安质部进行安全检查，合格后方可进入。隧道内动火作业先进行动火审批，批准后由当班瓦检员对动火部位前后 20m 的瓦斯浓度进行监测，符合要求后方能进行动火作业，动火作业过程中，瓦检员、安全员全程进行监督，作业结束后应对焊渣等高温物体进行喷水降温，保证无余火、残火，杜绝安全隐患。作业区域拥有供水管路，有专人负责喷水。各类机械设备、电器设备维修保养过程中使用的汽油、煤油、变压器油等，按照“特殊工序审批制度”执行。洞内使用的棉纱、布头、润滑油等必须存放在有盖的铁桶内，严禁乱扔乱放或抛在隧道内，并在使用完毕后应及时清运出洞。加强安全用电管理，按规定频率对各种用电设施进行检查。隧道洞口、通风机附近 20m 范围内不得有火源。

4.2 特殊工序管理制度

瓦斯隧道内动火应严格执行“暗挖区间瓦斯隧道特殊工序审批制度”。首先由工班长根据施工计划提前一天提出动火计划，由专职安全员审批后，报安全总监审批。专职安全员监督计划实施，实施过程中必须严格按作业指导书进行。在焊接、切割等工作地点前后各 20m 范围内，由检测人员现场检测，区域内瓦斯浓度必须小于 0.3%且不得有可燃物，两端各设一个供水阀门和灭火器，并在作业完成前由专人检查，对焊接部位进行降温，确认无残火后方可结束作业。施工时，瓦检员必须全过程监测瓦斯浓度，同时作业地点采用局部通风措施，保证该范围内瓦斯浓度不超标。动火施工现场无专职瓦检员监控不得实施作业。

4.3 瓦斯浓度检测异常报告制度

当班瓦检员发现瓦斯异常情况，立即采取果断措施（先组织撤离人员，立即断电停止作业，命令加强通风），并向上级汇报。在瓦斯浓度小于规定限制，二氧化碳浓度小于 1.5%，同时解除警戒后，工作人员方可进入开挖工作面工作。洞内安全员要将当日瓦斯最高浓度记录通知现场负责人和分管领导，对瓦斯浓度超过 0.5%以上的瓦检记录情况立即报告现场负责人、安全总监和项目经理。

4.4 瓦斯自动监控系统定期检查制度

自动监控系统的各类传感器及传输线路，项目部每 10d 检查一次，现场管理人员每天做例行检查。瓦检员、监控中心人员必须做好日常巡查。

4.5 瓦斯监控检测档案管理制度

瓦斯监控档案必须保持连续性，分类建档，专人负责。自动监控系统运行管理档案包括各种检查记录、调试记录、测量记录、运行记录、维护记录等，自动监控记录必须进行备份。监控中心值班人员每天对自动监控系统运行情况进行记录，现场负责人每天、分管领导每周分别对运行记录予以审核、签认。当班瓦检员进洞前必须将所有计时工具与瓦斯自动监控系统同步，人工检测结果经与自动监控系统相应数据校核签认后，与每日瓦斯浓度检测记录表一并交安质部归档。

4.6 瓦斯监控检测交接班制度

瓦检员、监控中心工作人员必须建立交接班制度，必须由交接双方签字认可，对上一班存在的问题、隐患、需注意事项、仪表设备状态等必须交接清楚，交接班记录由安全员每天定时予以审核签字。

4.7 信息沟通制度

瓦检班组、通风班组、机械设备班组、电气班组、施工作业班组每天及时沟通相关信息，确保生产安全、有序进行。

精细化管控制度的建立是基于瓦斯防控的管理理论上，其实施过程中的难点在于制度多、实施过程中无法一如既往执行下去。但是我们在高瓦斯隧道施工安全管理上决不能有一丝放松，通过合理安排制度执行过程中的内业、生产任务，确保制度不折不扣地执行，保证了瓦斯隧道安全。

5 结语

城区内进行高瓦斯隧道施工安全风险极高，通过本文研究，根据瓦斯特性以及暗挖隧道工艺要求，通过优化隧道开挖方式，严控爆破工序流程、制定较为详细的管控制度，规范各工序作业行为，最大程度降低了瓦斯溢出爆炸的风险，有效保证了隧道施工安全。本瓦斯防控技术简单、可操作性、适用性强，推广价值显著。

浅谈城市高瓦斯大断面隧道瓦斯探测、监控、预警技术

徐小劲　祁海峰　陈圆云/中国水利水电第十四工程局有限公司

【摘　要】 随着城市轨道交通的需求日益增加，地铁迅速发展。但由于地铁修建过程中受城市已有建筑和地形地貌的影响，大断面地铁隧道下穿复杂条件地层的案例越来越多，尤其是在城区进行高瓦斯地层地铁暗挖隧道施工，安全风险极大，控制要求极高，瓦斯及时准确探测并预警成为行业难题，通过本文分析及成功应用，提出适用于城市大断面地铁隧道的高瓦斯监测方法及实施要求，有效不间断对地层内瓦斯进行实时探测、监控，出现异常及时预警，隧道施工安全得到充分保证。

【关键词】 城市　大断面　地铁隧道　瓦斯　探测　监控　预警

1　引言

成都地铁18＃线一期工程武汉路暗挖隧道为大断面、高瓦斯隧道，隧道浅层天然气单位时间最大涌出量估算值为2.31m^3/min。隧道高度13m，宽度15m，单洞双线隧道，如何确保城区内安全快速完成高瓦斯隧道施工成为工程的难题。

2　技术原理

针对在城市高瓦斯地层修建地铁暗挖隧道，采取优化改良自动瓦斯监控系统和科学细致的人工瓦斯监控管理相结合的方式可有效对岩层内瓦斯溢出及时地探知、预警。

（1）瓦斯自动监控系统采用分部式网络化结构，一体化嵌入式设计，具有红外遥控设置，独特的三级断电控制和超强异地交叉断电能力，可实现计算机远程多级联网集中控制和安全生产管理。在检测到瓦斯浓度超过标准限值时采取自动措施（如报警、切断电源实施瓦电闭锁）。系统通过在洞内安装的甲烷传感器、硫化氢传感器、风速传感器、一氧化碳传感器等装置测定洞内瓦斯参数，并将此信息回馈到主控计算机分析处理，对洞内瓦斯、风速、风量和主要风机实施风电瓦斯闭锁及风量控制，瓦斯超标自动进行洞内传感器和洞外监控中心自动声光报警，再通过设备开停传感器、馈电断电器对被控设备自动断电。系统可及时准确地对洞内各工作面的瓦斯状况进行24h全方位监控，达到隧道安全生产的目的，具体如图1所示。

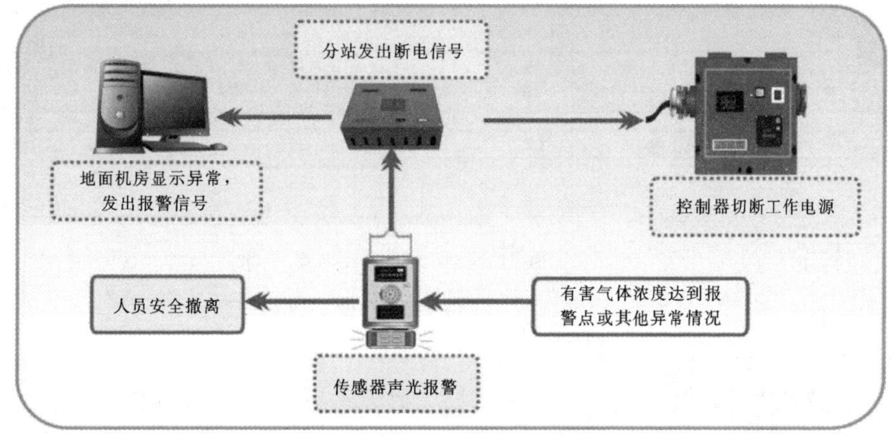

图1　瓦斯自动监控系统工作原理图

(2) 通风机和工作面的电气设备、机械设备安装风电闭锁和瓦电闭锁装置，以保证通风机停止运转或隧道内瓦斯超限时，能立即自动切断隧道中电气设备的电源，防止爆炸事故。

风电闭锁装置设置于洞口，不需要增加电气设备，将掘进工作面的总控开关与通风机专用开关中的一个辅助常开触头用外线连接。当风机电源停电，风机停止运转时，闭锁装置会立即切断掘进工作面内的一切非本安型设备的电源，且风机自动切换电源。另闭锁装置设置于风筒口处，当风筒破损，风筒口风压变小，风筒变瘪挤压传感器，闭锁装置会立即切断掘进工作面内的一切非本安型设备的电源。

瓦电闭锁是在风电闭锁线路的基础上增加一台瓦斯断电保护仪，将瓦斯断电仪中的一个常闭触头，串联于风电闭锁线路中，当掘进工作面瓦斯超限时，常闭触头断开，切断掘进工作面电源。

3 工艺操作要点

通过合理布置洞门门禁系统，设置安检室，在很大程度上杜绝火源。对掌子面有害气体采取瓦斯自动监测与人工检测相结合方式，及时掌握隧道施工造成的瓦斯涌入而导致的瓦斯超标后及时报警，保证人员安全撤离，避免瓦斯爆炸等重大灾害；通过设置瓦斯闭锁装置，及时停止瓦斯含量超标状态下设备的运转，排除引起瓦斯爆炸的隐患，实施安全控制。

3.1 施工准备

(1) 洞口应设置一个不小于 $30m^2$ 的系统监控室并设置不少于14个监控探头，探头分别布置在重大危险源点及工地最高点，并根据作业面变化对监控区域进行调整。

(2) 场地内地面设置LED显示屏，实时显示隧道施工进度情况、洞内瓦斯状况，并能根据瓦斯浓度智能报警。地面监控信息如下所示：施工进度情况、CH_4 浓度、硫化氢浓度、一氧化碳浓度、掌子面温度及掌子面、二衬背后、回风口风速等信息。

(3) 隧道洞口应设置安检室，室内设置隧道安全人员电子管理系统，并对进洞作业人员进行检查登记。洞口还应设置1～2间更衣室，用于检查、参观及工作人员更衣储物。

(4) 施工现场设置应急救援物资仓库，库房面积不小于 $30m^2$，根据施工情况配备应急物资。

(5) 隧道洞口设置安检室，人员必须经安检室，检查登记后由门禁通道进入隧道，施工机械由安检室旁车行道进入洞内。安检室分别配置置物架、物品储物柜、门禁系统。室内悬挂人员进洞须知、瓦斯隧道洞内作业要求、进洞人员登记制度、安检人员值班制度等。

3.2 瓦斯自动监控系统

高瓦斯隧道应安装自动监测系统实时监测洞内瓦斯浓度。隧道瓦斯自动监控系统，采用分布式网络化结构，一体化嵌入式设计，具有红外遥控装置，独特的三级断电控制和超强异地交叉断电能力，可实现计算机远程多级联网集中控制和安全生产管理。在检测到瓦斯浓度超过标准限值时采取自动措施（如报警、切断电源实施瓦电闭锁），实现24h不间断监测。

隧道内综合参数监控装置按每个工作面进行配置，隧道每个工作面安装2组传感器；在开挖掌子面处安装一组传感器，在距回风流一定距离处安装一组传感器，传感器布置示意图见图2。

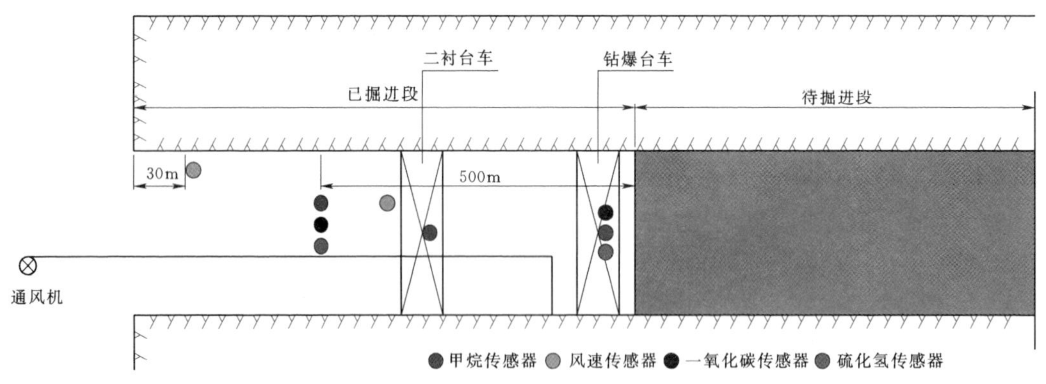

图2 传感器布置示意图

根据掌子面进尺可移动或调整传感器的位置，具体位置见表1传感器布置位置对应表。

(1) 安装注意事项：

1) 监控分站安设在便于人员观察、调试，周围支护良好，无滴水、无杂物的进风巷道或硐室中，其距巷道地板不小于300mm或吊挂在巷道中。

表1　　传感器布置位置对应表

名称	安装地点	安装位置	要求及标准
甲烷传感器	掌子面、衬砌台车、回风流20m处	掌子面的操作台车上、二衬台车、洞顶	甲烷传感器的吊挂离顶部不大于30cm，离隧道两边不小于20cm处，其迎风流和背风流0.5m内不得有阻挡物。吊挂处顶板完整，支护良好，无滴水
硫化氢传感器	掌子面、回流风处	掌子面操作台车、洞底部	掌子面操作台车下方的左侧或右侧1.5m、洞顶下部悬挂不大于30cm
一氧化碳传感器	掌子面、回流风处	掌子面操作台车、洞顶	掌子面操作台车上方的左侧或右侧、洞顶下部悬挂不大于30cm
风速传感器	回风流二衬台车背后、交叉位置处	隧道中部净高的三分之一	隧道顶以下的三分之一位置，迎向掌子面方向安装

2）瓦斯传感器应垂直悬挂，周围支护良好，无滴水、无杂物处，距拱顶不大于300mm，距边墙不小于200mm。

3）传输电缆应使用不延燃电缆，传输电缆不得与风水管路、动力电缆同侧敷设。传输电缆如与风水管路、动力电缆同侧敷设时，必须在风水管路上方300mm以上距离，动力电缆100mm以上距离。电缆敷设时要有适当的松弛度，要求在外力作用时能自由坠落。电缆悬挂高度应大于洞内作业机械的高度，并尽量位于人行道一侧。

4）监控电缆每节电缆要不低于200m。监控电缆接头处要用本安接线盒连接，电缆进线嘴连接要牢固、密封要良好，密封圈直径和厚度要合适，电缆与密封圈之间不得包扎其他物品。电缆护套应伸入器壁内5～15mm。接线应整齐、无毛刺，芯线裸露处距卡爪或平垫圈不大于5mm，腔内连线松紧适当。接线盒不得设置在淋水处，接线盒处电缆要有一定的余量，并用尼龙扎丝扎紧。

（2）使用注意事项：

1）爆破完成前应及时收回传感器，爆破完成后及时将传感器挂回掌子面，防止爆破飞石损坏传感器及监控电缆。

2）每天检查瓦斯监控设备及电缆是否正常，使用便携式检测报警仪或光干涉甲烷检测仪与甲烷传感器进行对照，并记录检查结果。

3.3　瓦斯测定及判断

超前钻孔施工完成后，采用光干涉甲烷检测仪对孔内瓦斯浓度进行检测，提前预知掌子面前方瓦斯情况。洞内瓦斯检测采用瓦斯自动监控系统及人工检测相结合的方式。

人工检测由瓦斯检查员执行检查瓦斯，瓦斯检查员必须经专门培训，考试合格，持证上岗。专职瓦斯检查员除配备低浓度光干涉式甲烷测定器外，还要配备光干涉式高浓度甲烷测定器，光干涉甲烷测定器可同时检测CH_4（甲烷）和CO_2（二氧化碳）等气体浓度，具体仪器配置要求如表2所示。

表2　　人工瓦检仪器配置表

仪器	功　能	优势	备　注
复合气体检测仪	多种气体检测（CH_4、CO、O_2、CO_2等）	适用范围广泛	每条隧道配置1台，另外备用1台
光干涉式甲烷测定器	隧道瓦斯检测	测量快速准确，视场清晰，调校、使用方便	每条隧道配置1台，另外备用1台
便携式瓦检仪	隧道瓦斯检测	携带方便	各班组配置1台、各作业机械配置1台

3.3.1　瓦斯检测点

甲烷、一氧化碳、硫化氢浓度测定的重点在隧道风流的上部，二氧化碳浓度测定重点在风流下部。无作业台架处配置辅助工具。巡检范围包括：隧道内各工作面（掌子面超前钻孔、掌子面开挖、掌子面初期支护、仰拱开挖、仰拱混凝土施工、防水板挂设、二次衬砌立模、二次衬砌混凝土浇筑等）。每个断面至少检查4～6个点，即拱顶、两侧拱脚、两侧墙脚和仰拱底中点各距坑道周边20cm处。硫化氢、一氧化碳等气体采用综合式气体检测仪进行检测。

3.3.2　人工瓦检频率

（1）正常情况下检测段内瓦斯浓度在0.5%以下时，高瓦斯隧道每班瓦检频率不少于3次，低瓦斯隧道每班瓦检频率不少于2次；瓦斯浓度在0.5%以上时，应随时检查，不得离开掌子面，发现异常及时报告，并采取有效措施保证施工过程安全。

（2）高瓦斯工区的开挖工作面及瓦斯涌出量较大、变化异常区域时，固定专人随时检测瓦斯。

（3）适当增加对洞内死角的检测频率，尤其是隧道上部、坍塌洞穴、避人（车）洞等各个凹陷处通风不良、瓦斯易积聚的地点；对各种通风死角每班进洞检测一次，对瓦斯浓度超过0.3%的地段，必须加强检测，增加检测的频率为每15min一次，在瓦斯浓度超过1.5%时，增加检测的频率为每5min一次，瓦斯浓度的测定应在隧道风流的上部。

（4）瓦斯工区经审批进行焊接等动火作业时，瓦检员必须跟班作业，随时检测动火点前后20m范围内的瓦斯浓度，确保动火作业区域瓦斯浓度小于0.5%。当瓦斯浓度大于0.5%时，严禁隧道内一切动火作业。动火点附近还应采取消防措施。

（5）瓦斯工区停风或停电，在恢复送电和启动洞内风机时，应按规定进行瓦斯检测工作。

3.3.3 瓦斯超限的处理

瓦斯超限时必须按制定的排放瓦斯安全措施分级进行排放瓦斯工作。在排放瓦斯的安全措施中，必须明确停电撤人范围、现场负责人以及排放作业人员，严格控制排放瓦斯作业的人数。

（1）其他地点瓦斯浓度不小于0.5%时，加强隧道通风，排放瓦斯。

（2）隧道内作业范围内瓦斯超限浓度在0.8%～3%时，由瓦斯专业人员检查瓦斯工作。

（3）隧道内作业范围内瓦斯超限浓度超过3%时，由救护队进行检查瓦斯排放工作。隧道瓦斯浓度的大小是危险程度的标志，根据《铁路瓦斯隧道技术规范》（TB 10120—2019）中的规定，施工中必须将瓦斯浓度控制在安全的限值以内。

（4）隧道中作业按回风流中的瓦斯浓度实行三级控制标准：①瓦斯浓度小于0.3%时，各作业点正常作业，进行日常瓦斯检测；②当瓦斯浓度大于0.3%且小于0.5%时，加强瓦斯监控检测频率，并加强洞内通风；③瓦斯浓度大于0.5%时，加强洞内通风，禁止洞内动火作业，机械设备断电。

4 结语

本文详细阐述了在城市高瓦斯地层实施大断面地铁暗挖隧道对瓦斯的探测预警技术，对自动瓦斯监控系统的原理以及隧道施工过程中对监控设备的高效应用做出了要求，提出了适用于该类型隧道的人工检测瓦斯详细流程及要求，明确了瓦斯探测位置、判定标准。该技术可及时有效地探测地层内瓦斯涌出情况，实时探测、实时预警，为隧道安全施工保驾护航。

本栏目审稿人：张正富

桥梁上跨既有运营线铁路的施工安全技术措施

李　涛　马社堂　王稀田/中国水利水电第十四工程局有限公司

【摘　要】 宜昭高速公路A1项目五马海1＃大桥上跨内六铁路，与内六线铁路斜交，交叉角度为38°，铁路桥下最小净空为9.624m，交点处为内六铁路路基段，进行涉铁施工时，需保证铁路运营安全。

【关键词】 上跨运营铁路　涉铁管理要求　安全技术措施

1　工程概况

五马海1＃大桥上部构造采用预应力混凝土T梁，先简支后结构连续（刚构）体系，按上、下行独立设置左右幅分离式桥梁，涉铁桥跨组合为1×40m，桥梁标准断面全幅宽为24.5m，单幅桥梁宽度为12m，两幅桥之间留缝2m×0.25m，内、外侧采用C30钢筋混凝土墙式防撞护栏，桥面铺装自下而上为：10cm厚C50混凝土＋防水层＋6cm厚AC－20沥青混凝土＋4cm厚AC－13沥青混凝土，进行涉铁施工时，需保证铁路运营安全。

宜昭高速公路A1项目五马海1＃大桥上跨内六铁路，与内六线铁路斜交，交叉角度为38°，铁路交点里程为内六线K354＋389.157。

交点处轨顶高程为2020.597m，公路桥梁上构梁底高程为2030.221m，桥下最小净空为9.624m，交点处为内六铁路路基段，桥下铁路建筑限界高7.7m＋施工期间防落棚架1.5m＝9.2m小于桥下最不利净空高度9.624m，见图1。因此施工期间及运营期间，桥下净高均满足要求。

2　涉铁管理要求

五马海1＃大桥涉铁施工由成都铁路工程总承包有限责任公司实施监管，对一般施工项目施工进行现场监管；对上跨铁路施工项目，分为Ⅱ级和Ⅲ级施工，须提

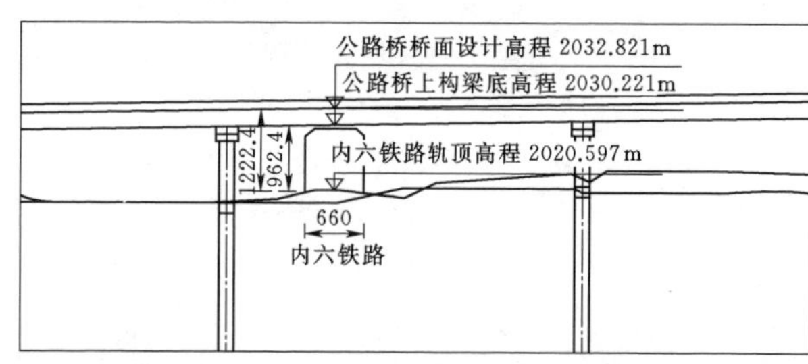

图1　五马海1＃大桥涉铁立面图（单位：cm）

前向成都铁路局申请月度施工计划，审批周期1个月，获批后在天窗点（对铁路沿线进行停电管控）进行施工，每个天窗点120min。涉铁施工项目包括：

（1）测量放线（监管）。

（2）临近既有线大型机械作业、基础开挖（监管）。

（3）墩柱、盖梁施工（监管）。

（4）1＃～2＃墩架梁（Ⅱ级施工）。

（5）桥面系施工（监管）。

（6）围挡搭设拆除（监管）。

（7）模板、支架搭设拆除（监管）。

（8）棚架搭设拆除（监管＋Ⅲ级施工）。

（9）10kV电力贯通线迁改（监管＋Ⅲ级施工）。

（10）0＃桥台至1＃墩处T梁架设、2＃～3＃墩处T梁架设（监管）。

3　施工安全技术措施

五马海1＃大桥上跨内六铁路涉铁监管施工，由成

都铁路工程总承包有限责任公司现场负责人及现场监管员进行全过程监管，通过采取技术措施，优化设计方案，确保涉铁施工安全。

3.1 下部结构施工

由于五马海1#大桥左右幅1#、2#墩桩基距离内六铁路路基较近，最近距离1.24m，冲击钻产生的震动对内六铁路造成较大影响。为确保施工安全，五马海1#、2#墩桩基施工拟采用人工挖孔+冲击钻钻孔成孔施工，每根桩基从桩顶高程人工挖孔8m后（1#、2#墩桩基原设计分别为54m、56m摩擦桩），再用冲击钻进行钻孔施工，其余下构施工为常规施工。

为监控桩基施工对既有铁路的影响，桩基施工时在既有线路上设置沉降、位移观测标，在施工前对其原始状态进行测量、记录；第1根桩施工过程中使用全站仪进行沉降、位移观测，每天上午、下午各观测1次，若铁路轨道路基沉降超过5mm、轨道位移超过±6mm，必须立即停止施工，分析原因，并确定解决方案后按确定的方案施工。如第1根桩施工过程中观测结果表明孔桩施工对路基稳定未造成影响，其余桩施工时每天观测1次。

3.2 防护棚架施工

五马海1#大桥施工过程中，为保证下方既有铁路的运输安全，临近铁路施工桥梁上部结构前，对铁路采取搭设钢结构防护棚架进行防护，防止公路桥梁施工期间掉落零星构件及工具影响铁路行车安全，最大坠物重量不得大于10kg，设计荷载为6kN/m²。临近铁路附近孔跨桥面附属设施施工完成后方可拆除防护棚架。

3.2.1 施工流程

（1）钢管架的架设：混凝土基础→纵向扫地杆→横向扫地杆→内排立杆→中排立杆→外排立杆→纵（内、中、外排）向水平杆→横向水平杆→横向斜拉杆→内、外排剪刀撑→跨线横杆15cm×15cm方木→方木上纵向双拼40C槽钢→纵梁纵向Ⅰ25b工字钢→横向10cm×10cm方木→摆放3cm木条、2cm竹胶板、防水彩条布、彩钢瓦。

（2）钢管架的拆除：摆放3cm木条、2cm竹胶板、防水彩条布、彩钢瓦→横向10cm×10cm方木→纵向Ⅰ25b工字钢→横向方木→内、外排剪刀撑→横向斜拉杆→横向水平杆→纵（内、中、外排）向水平杆→内排立杆→中排立杆→外排立杆→纵向扫地杆→横向扫地杆。

3.2.2 施工工艺

防护棚架基础采用厚度为1.2m的C20混凝土基础，并在右侧基础中设置长65m、ϕ50cm临时排水管。待棚架拆除后恢复水沟与既有水沟顺接。棚架支架采用ϕ48×3.6mm钢管满堂支架，立柱纵横间距0.6m，步距0.6m，棚架支撑架长57m，高9.155m，见图2。棚架顶距离桥梁底距离为1.2～1.25m，其距离内六铁路中心线水平距离为4m，底侧距离铁路轨面的竖直距离为9.6m。

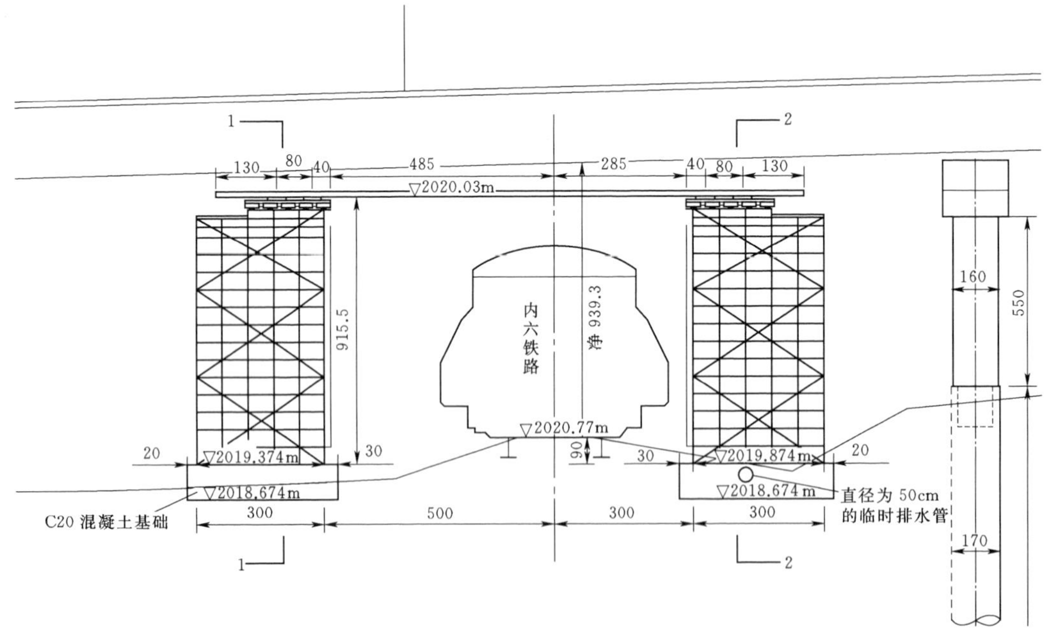

图2 棚架搭设示意图（单位：cm）

防护棚架架设计划6个天窗点（Ⅲ级施工），防护棚架拆除工字钢计划6个天窗点（Ⅲ级施工），合计12个天窗点，每个天窗点120min；防护棚架采用碗扣式钢管脚手架上铺设槽钢后，再利用Ⅰ25b工字钢过轨（Ⅲ级施工）。Ⅰ25b 工字钢上方依次为 10cm×10cm 方木、3cm 厚木条，满铺 2cm 竹胶板，防水彩条布和彩钢瓦，见图 3。经现场调查，内六线线路一侧具有回流线，为保护铁路设备（回流线），同时也为保证施工安全。搭设防护棚架时，防护棚架内边缘距离线路中心线一侧为 5m（有回流线），另一侧为 3m。另外根据现场调查，在 1＃支柱顶部防护棚架工字钢下方需要增设 4m×4m 的绝缘板以保证安全，防护棚架顶面设置 0.3%的排水坡度，以满足施工过程中的排水需要。

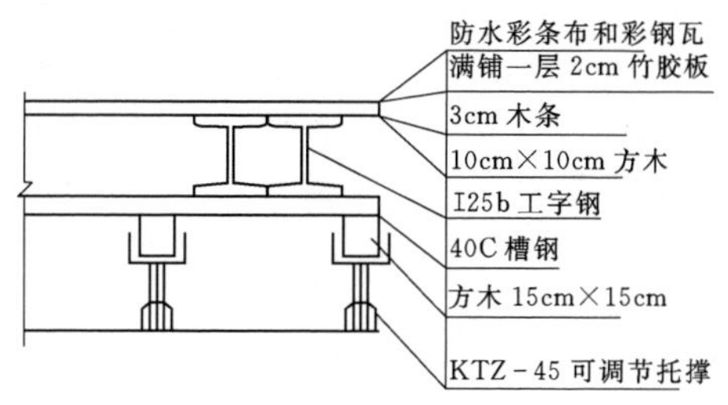

图 3　棚架搭设顶板结构图

本防护棚架为防止公路桥梁施工期间掉落零星构件及工具影响铁路行车安全，最大坠物重量不得大于 10kg，设计荷载为 6kN/m²。为保证铁路施工安全，满堂脚手架 4m 以上只能采用 1.2m 或 1.5m 的短接钢管搭设。因防护棚架与盖梁位置有部分重叠，搭设防护棚架之前将盖梁脚手架拆除，防护棚架与墩柱采用钢管进行“井”字形抱箍加固。

3.2.3　棚架吊装

（1）施工条件：内六线每天封锁线路 120min，供电段接触网停电配合施工。

（2）施工设备：50t 汽车吊 2 辆，汽车吊摆放在铁路线路两侧，见图 4，汽车吊最大有效工作半径 18m 左右。

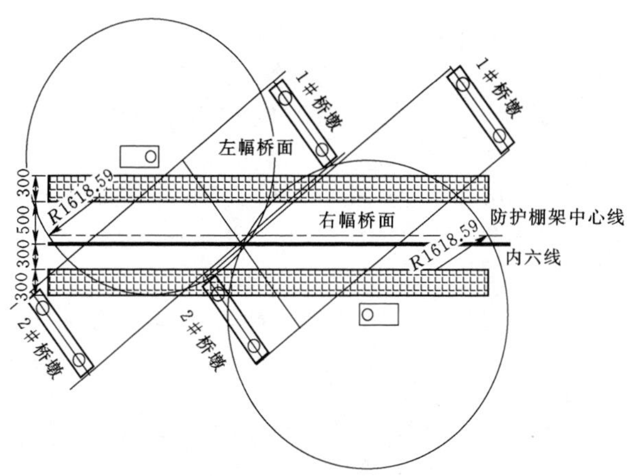

图 4　棚架现场吊装平面布置示意图（单位：cm）

（3）纵向工字钢采用Ⅰ25b，设计长度为 10.1m，施工采用定尺长 12m 工字钢，重量为 42.03kg/m×12m＝504.36kg，3 根工字钢为一组统一进行吊装总重：504.36kg×3＝1514kg。50t 汽车吊在 18m 的工作幅度下最小起重量 3.1t，3.1/1.514＝2＜2.5，满足安全系数要求。

（4）工字钢架设共计 115 根，计划在 6 个天窗点内吊装完成，每个天窗点（120min）平均吊装 19 根工字钢。方木、彩条布、彩钢瓦在封锁点内一次跟进工字钢吊装。

（5）工字钢拆除共计 115 根，计划在 6 个天窗点内吊装完成，每个天窗点（120min）平均拆除 19 根工字钢。先在封锁点内先拆除方木、彩条布、彩钢瓦，再拆除工字钢。吊车不能直接起吊的部分工字钢，人工用撬棍将其撬动到吊车可以起吊的位置后吊起。

（6）方木要用铁丝在工字钢上捆绑牢固，彩条布的四个角点也应可靠地捆绑在方木上，彩钢瓦使用压条牢固固定在方木上。

3.2.4　棚架施工控制措施

（1）防护棚架顶板底与承力索之间的净高必须满足铁路供电部门的要求，施工方必须和铁路供电部门协商解决防护棚架区段内接触电网电杆及承力索绝缘，否则无法实施棚架搭设。

（2）棚架横向线路两侧面及顶面需采用剪刀斜撑进行加固。防护棚架接近接触网电杆时，局部进行防电处理并加固。

（3）在整个棚架范围内，需设置棚架接地装置。

（4）棚架跨越线路横梁搭设需在停电封锁线路下进行搭设。

（5）架设防护棚架时，施工单位必须与铁路供电部门完善防护棚架范围内的电力线路保护措施。

（6）负责工字钢缆风绳的控制人员要听从现场指挥人员的指挥，并与吊车司机密切配合，在工字钢上升过程中控制好方向，避免工字钢晃动与接触网、钢管架等固定设施产生擦、挂，影响吊装安全。

（7）在施工天窗时间内将应吊装的工字钢吊装到达预定位置后，现场工程技术负责人进行现场复检、调整，达到构件安装规范标准后，及时将工字钢与钢管架搭设牢固后，方可进入下道工序施工。

（8）每一个封锁天窗可根据实际操作情况和熟练程度，在封锁时间内对吊装数量进行适时优化调整，以减少实际吊装作业时间，加快整体施工进度。

（9）为防止防护棚架在风荷载的作用下向铁路侧倾覆，影响铁路行车，造成铁路行车安全事故，在防护棚顺线路双侧每 10m 各设 2 条 ϕ28 斜拉钢丝缆风绳，分别用地锚固定。锚固基础采用 C20 混凝土浇筑，其厚度 0.5m，宽 0.8m，长 2.2m。

（10）外架施工层应满铺脚手板，脚手架外侧设防护栏杆一道和挡脚板一道，栏杆上皮高 1.5m，挡脚板高不应小于 180mm。栏杆上立挂安全网，网的下口与墩身挂搭封严（即形成兜网）或立网底部压在作业面脚手板下，再在操作层脚手板下另设一道固定安全网，挂设要求：安全网应挂设严密，用塑料篾绑扎牢固，不得漏眼绑扎，两网连接处应绑在同一杆件上。安全网要挂设在棚架内侧。脚手架与施工层之间要按验收标准设置封闭平网，防止杂物下跌。

3.3 上部结构施工

上部结构施工包括架梁、湿接缝施工、负弯矩施工、防撞护栏施工、桥面现浇施工。T梁架设在天窗点内进行，架梁拟定8个天窗点内完成，每个天窗点时间长120min。左幅桥梁过孔1个天窗点，架梁3个天窗点，平均每个天窗点架设两片梁，最后一片梁架设完成后，架桥机退回桥墩上。右幅桥梁架设同左幅。梁体架设时，按先中跨再次中跨，最后边跨的顺序架设。

架梁施工前，确保桥梁下构混凝土强度达到设计要求。架梁前先放出每个垫石的横向、纵向中心线及梁端横向、纵向中心线，安装好临时支座，当梁体横向、纵向中心线与支承垫石横向、纵向中心线重合后落梁，落梁完成后要用线垂检查梁的竖直度，经检查合格后方可拆除吊索，在拆T梁吊索前需及时用方木支撑加固已架设好的梁，预防T梁失稳倾倒，边梁不容许单独放置过夜。

按照《起重设备安装工程施工及验收规范》（GB 50278—2010）规范要求对架桥机进行验收，验收合格后进行试吊，先空运转，确定架桥机设备运作正常，再进行静负荷试吊，将小车停在桥式起重机的跨中，无冲击地起升额定起重量1.25倍的负荷，在离地面高出基础10～20cm的空中悬吊停留时间应不少于10min，并应无失稳现象，然后卸负荷将小车开到梁端。

T梁单幅每孔横设5片T梁，按先中梁，再次边梁，后边梁的顺序架设，即依次按3→2→4→1→5顺序进行。由于边梁在盖梁边缘，而边梁本身重心不在支座中心上，有偏心，稳定性较差，所以边梁安装到位后需临时支撑稳固，横向与盖梁形成拉结状态，防止倾斜。架设的T梁与已安置就位的T梁横隔板横向粗钢筋焊接固定连成整体。对于要通过运梁车的已架T梁，除了上述的横隔板粗钢筋要及时焊接外，还应保持梁端横隔板下支承方木、楔木，确保T梁的稳定。在T梁安装但未加固时，用水准仪测试梁顶标高，如果因砂筒沉降而偏低，可以在砂筒顶垫钢板，钢板厚度由顶标高控制。

在T梁架设好之后，立即进行相邻两片T梁间的湿接缝施工。湿接缝施工按照先施工横隔板接缝再施工顶板接缝的顺序进行，横隔板采用专业工作平台进行施工。预留人孔，进行负弯矩钢绞线穿束、张拉、封锚、压浆施工，浇筑人孔，完成湿接缝施工。

混凝土防撞护栏高度依据相关铁路规范要求不得低于1.2m，并设置防抛网，为确保在安装护栏模板时无外侧模板掉落，应设置双保险，施工前在每块模板上拴上两根安全绳，安全绳另一端拴在固定的湿接缝钢筋上。在进行桥面现浇施工时，洒水养护要勤洒水、少洒水，保持土工布处于湿润、不滴水状态，防止养护水滴漏到铁路高压接触网上造成安全事故。

3.4 涉铁施工关键控制措施

（1）严格执行施工“八不准”相关规定要求：①施工计划未经审批，不准施工；②未按规定签订施工安全协议书，不准施工；③没有合格的施工负责人不准施工；④没有经过培训并考试合格的人员不准施工；⑤没有召开施工协调会、没有准备好必须、充分的施工料具及其他准备工作的不准施工；⑥不登记要点不准施工；⑦配合单位人员不到位不准施工；⑧没有制订安全应急措施不准施工。

（2）施工地段采取隔离措施，防止闲杂人员进入作业现场及作业人员随意跨线。

（3）在任何情况下，施工机料及金属构件不得侵入接触网危险区内（接触网四周2m范围内）。

（4）严禁在天窗点外进行天窗点内的作业项目，严禁无计划、超范围施工。

（5）大型工程机械在铁路安全保护区内进行有碍行车安全的施工时，应按“一机一人”设置专人防护，坚持“车来机停”的原则。停工时机械停放安全地点后，防护员方准离开现场。

（6）涉及其他单位设备的施工，需提前通知设备管理单位配合，确定对电务、通信、供电光缆的保护措施。

（7）影响线路稳定施工必须在封锁点内进行，安排线路人员配合，定时进行线路巡查。

（8）大型机械必须有设备检验合格证，进场时必须填报《邻近营业线大型机械设备登记表》，对设备的名称、型号、编号、高度、状况、操作人员等进行登记编号管理。

（9）现场负责人加强对气象、气候信息的收集，提出现场措施和准备，减少雨、汛停工损失，雨后及时恢复施工。

（10）提前储备汛期施工保障材料，疏通既有排水系统，保证排水畅通，防止生产材料、设备和临时设施被淹。

（11）所有夜间施工人员应有足够的睡眠，避免作业人员出现疲劳状态，避免发生不必要的质量安全事故。加强夜间施工照明设施，保证现场有足够的照明。

（12）对五马海1#大桥上跨内六铁路施工实行视频全程监控，保证现场施工安全。

4 施工安全技术措施实施效果评价

五马海1#大桥上跨内六铁路既有运营线施工，坚持“精心组织、突出重点、统筹兼顾、科学安排、均衡施工、组织连续、确保工期、节约用地、合理投入、安全文明、注重环保水保、全面创优”的原则，强化现场管理，控制工程成本；强化安全管理，杜绝伤亡事故。坚持工程施工和铁路运营兼顾的原则，最大限度地减少对铁路运营干扰的原则，并同时保证施工和行车安全。施工中对既有运营线铁路沉降、位移进行观察，铁路轨道路基沉降最大值2.3mm＜5mm、轨道位移最大值1.2mm＜6mm，均满足铁路监管施工安全要求。遵循设计要求和验收标准，正确组织施工，保证施工质量优良。通过搭设防护棚架，有效保护了内六铁路既有运营线的运营安全，为建成云南省内的安全、环保、舒适、和谐的“典型示范高速公路”奠定基础。

5 结语

宜昭高速公路A1项目五马海1#大桥涉铁施工与成都铁路工程总承包有限责任公司建立合作关系，由成都铁路工程总承包有限责任公司负责相关涉铁施工手续审批，在涉铁工程实施过程中由其进行监管，项目部严格按照涉铁施工规范和成都铁路工程总承包有限责任公司涉铁管理要求进行施工，保障外围施工协调顺利、内围施工安全。

麻昭高速公路不中断交通的桥梁拼宽施工技术

郭　威　刘双冬　王稀田/中国水利水电第十四工程局有限公司

【摘　要】北闸互通与麻昭高速公路搭接存在桥梁拼宽施工，为避免扰动麻昭高速公路桥梁整体性，对拼宽桥梁桩基采用旋挖钻机施工，拼宽桥搭接麻昭高速公路桥面采用上连下不连的方式，搭接施工过程不中断交通，确保麻昭高速公路运营安全。

【关键词】高速公路　安全保通　桥梁拼宽　施工技术

1　概述

宜昭高速公路 A1 项目主线和麻昭高速公路均为双向四车道，行车道宽度（2×2×3.75）m，应急车道宽度 2.5m，设计时速 80km/h。北闸互通搭接既有线麻昭高速公路桥梁全长 906.08m/2 座（拼宽桥），均为 30m 预应力混凝土先简支后连续 T 梁，下部构造为圆形柱式墩＋旋挖钻孔灌注桩基础，分别为 MK73＋982 左幅拼宽桥，桥跨组合：2×(5×30)m，桥长 303.04m（即搭接麻昭高速公路长度），桥面宽度由 12.5m 变至 8.3m，设置贯通段（长度 412.66m），直接式减速车道（长度 204.51m），设计时速 60km/h；MK73＋832 右幅拼宽桥，桥跨组合：4×(5×30) m，桥长 603.04m（即搭接麻昭高速公路长度），桥面宽度由 12.5m 变至 6.6m，设置直接式加速车道（长度 414.58m），贯通段（长度 320.44m），设计时速 60km/h。

拼宽桥搭接麻昭高速公路为避免扰动麻昭高速公路桥梁整体性，对拼宽桥梁桩基采用旋挖钻机施工，其余下部构造采用常规工艺施工。拼宽桥梁搭接麻昭高速公路上部结构拼宽过程中，采用封闭麻昭高速公路行车道、预留超车道的交通组织方案。拼宽方案：采用上连下不连的方式进行拼宽，割除麻昭高速公路原桥外侧混凝土护栏、1m 宽桥面铺装，同时凿除 30cm 宽原桥 T 梁翼缘板作为湿接缝与新桥 T 梁翼缘板浇筑为一体，为确保新旧桥的整体性，新旧桥间再增设现浇横隔板，搭接路面结构自下而上均为：10cm 厚 C50UEA 补偿收缩混凝土（铺设 D10 冷轧带肋钢筋网，钢筋间距 10cm×10cm)＋0.6cm 厚防水层＋6cm 厚 AC－20C 沥青混凝土＋4cm 厚 AC－13C 沥青混凝土，见图 1。

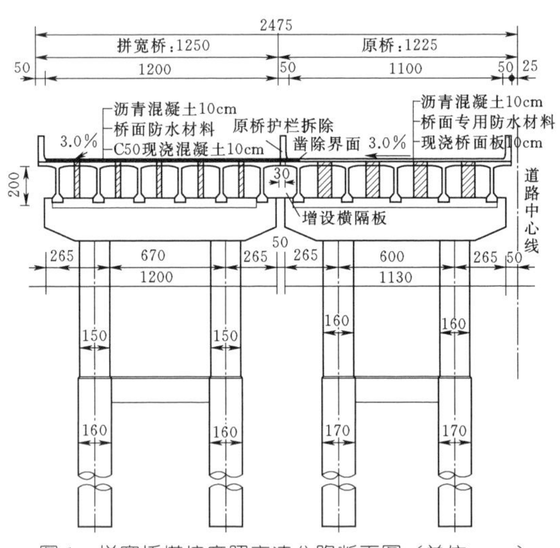

图 1　拼宽桥搭接麻昭高速公路断面图（单位：cm）

2　搭接施工重难点及解决措施

2.1　搭接路段道路交通环境

搭接路段与 G85 渝昆高速麻昭段的昭通北立交相距 2.037km，该路段设计速度为 80km/h，但是由于视线较好，路线顺直，日常车流量不大，来往车辆经常进行超速行驶，平均可到达 130km/h 左右，在一定程度上增加了保通施工的安全风险。

解决措施：增加上游过渡区的长度，封闭路肩施工最终限速值 40km/h 的允许上游过渡段长为 11.7m，即可满足规范的要求，本路段上游过渡区长度设置为 100m，能够确保行车更流畅，规避交通拥堵。

2.2 施工对麻昭高速公路车流量的影响分析

麻昭高速公路日平均流量约17000辆次，遇国庆节、春节等重大节假日日均高峰流量约24000辆次。由于麻昭高速公路施工区域通视条件较好，一般车速能达到130km/h，为保证施工安全与运营安全，要求行速逐步降至40km/h。由于安全保通麻昭高速公路需占用行车道、预留超车道通行，一定程度上会降低通行能力，参考公路养护作业控制区布置要素表中数据，车辆流量单车道每小时大于1800辆时将可能出现车辆滞留现象。

解决措施：与麻昭高速公路交警、路政等管理单位取得联系，并实际调查麻昭高速公路车流量，麻昭高速公路平均每小时实际车流量为1000辆，小于规范要求1800辆，可以保证车辆不会出现滞留现象。

2.3 施工期间安全保通措施

2.3.1 附属设施改迁

施工涉及多种附属设施改迁，产权单位众多，协调难度大，解决措施：①充分调研摸底，掌握基础信息，尽早与麻昭高速公路产权单位昭通管理处及管理单位交警、路政对接。②提前将情况汇报至参建各方，全力协调配合保通、拆除、搭接等工作，保证搭接施工进度在内控进度目标范围。

2.3.2 保证既有高速公路运营安全和施工安全的措施

（1）施工准备工作。①充分调研云南地区类似工程项目，咨询施工经验，采用科学合理、安全可靠的施工方案，从技术方面确保施工安全。②在交通组织方面，将施工方案报请麻昭高速公路交警、路政、昭通管理处等管理相关单位批示，严格按照批示意见进行交通组织。③保证安全措施拖入，加大施工管理力度，做好安全技术交底、日常安全巡视、紧急事件处理等工作，进行交通事故应急处理桌面推演和现场演练。④实施前通过媒体，昭通日报、昭通新闻网、昭通电视台、广播电台等媒介广而告之，保证昭通市人民日常出行、运输需求与安全。

（2）安全保通施工现场措施。

1）安全设施合规性要求。施工现场占用行车道、预留超车道通行区域严格按照《中华人民共和国道路交通安全法》《公路养护安全作业规程》（JTG H30—2015）设置相关安全防护设施设备、标志标牌。布控区域（警告区、上游过渡区、缓冲区、工作区、下游过渡区、终止区等）的安全标识标牌需保持规范、清晰、整洁。安全布控结束后，布控车辆由正常行驶方向离开布控区。根据麻昭高速公路实际通行最大设计小时交通量为1000pcu/h<1400pcu/h，虽然设计时速80km/h，为保证安全通行，按照行驶速度130km/h考虑，根据《公路养护安全作业规程》（JTG H30—2015），警告区设置距离为2000m，上游过渡区设置为100m，缓冲区设置为200m均满足规范要求。由于需保证作业区域麻昭高速公路行驶车辆车速不超40km/h，需对麻昭高速公路采取封闭行车道措施进行减速，下行线（云南昭通往四川宜宾方向）需3车道（2行车道＋1超车道）渐变1km直线段只预留超车道通行，上行线（四川宜宾往云南昭通方向）需2车道（1行车道＋1超车道）渐变500m直线段只预留超车道通行，采用防撞桶对应急车道进行封闭，采用水马对行车道进行渐变封闭，结合防撞桶布设。

2）警告区：距离2000m，在距离施工起点2000m处设置“前方2000m施工”标志和“限速80km/h”标志，在距离施工起点800m处设置“限速60km/h”标志和“前方800m施工”标志，在距离施工起点450m处设置“限速40km/h”标志和“前方450m施工”标志，每处限速标志位置均配设1个红蓝爆闪灯＋车速识别器。

3）上游过渡区：距离100m，设置“道路变窄”标志，采用水马＋防撞桶＋锥形桶进行防护；距离上游过渡区150m设置“前方450m施工”标志，距离上游过渡区50m设置“限速40km/h”标志和车速识别器。

4）缓冲区：距离200m，设置“附设施工警示灯的护栏”，采用铁马＋防撞桶＋锥形桶进行防护，在缓冲区起点设置1个红蓝爆闪灯。

5）作业区：采用彩钢板进行防护，拼宽桥梁起点和终点各设置1个红蓝爆闪灯，安设夜间照明灯等设施，到达作业区前500m设置振荡标线进行强制减速，确保作业区域范围麻昭高速公路车辆行驶速度不超40km/h，确保麻昭高速公路运营安全和施工安全。

6）下游过渡区、终止区：在施工作业结束区域向前每隔60m设置下游过渡区和终止区，采用铁马＋防撞桶＋锥形桶进行防护，设置“解除限速40km/h”标志。施工期间派专人疏导交通，确保交通安全。

7）锥形桶：布置间距根据《公路养护安全作业规程》（JTG H30—2015）规范要求，在上游过渡区布置锥形桶，布置间距2m<4m，满足规范要求；在缓冲区布置锥形桶，布置间距5m<10m，满足规范要求；在下游过渡区布置锥形桶，布置间距5m<10m，满足规范要求。防撞桶设置在分流端部，避免车辆直接撞击护栏端头，防撞桶使用时每三个为一组，按品字型放置，并将导向标志箭头方向对准行车方向，同时采取固定措施，保证碰撞时不飞散。防撞桶所用材料为玻璃钢，黄黑相间，外贴《道路交通反光膜》（GB/T 18833—2012）中规定的第Ⅳ类反光膜，使用时灌水，灌水量不小于其容积的90％。

8）采用水马封闭车道减速保通区域：为避免交通事故造成交通堵塞与交通隐患，对水马封闭超车道区域长度达1500m及以上时，每隔1000m采用锥桶对行车道进行封闭，锥桶封闭长度100m，锥桶设置间距3m。

对每处行车道进行渐变封闭（右道封闭路段）时，渐变封闭长度500m，在起点位置每隔100m设置1排防撞桶，设置6排。根据宜昭高速公路北闸互通搭接麻昭高速公路现场施工情况，沿麻昭高速公路减速区域完善设置“前方2000m施工标志”“前方1600m施工标志”“前方1000m施工标志”“前方800m施工标志”“前方500m施工标志”“前方300m施工标志”“前方100m施工标志”“前方50m施工标志”。

3 搭接桥梁施工方法

3.1 施工概述

搭接桥梁桩基采用反循环钻机成孔，提前对老桥锥坡和台背回填路基采用$\phi42$小导管（长度5m，间距1.2m，梅花形布置）注浆进行加固，以保证施工安全。30m T梁预制后，利用架桥机进行架设，翼缘板预制宽度在不影响负弯矩施工时，宽度减少预制30cm，由于架桥机结构不一样，可能对原有麻昭高速公路墙式护栏进行局部破除，利于架梁。为减小新桥收缩、徐变对原桥的影响，新桥建成后须放置6个月，待新桥收缩、徐变基本完成后，再实施拼接，以减小新桥收缩、徐变对原桥的影响，经测量观测，北闸互通左幅拼宽桥预压监控量测数据满足设计要求，见表1。上部结构拼宽过程中，采用封闭麻昭高速公路应急车道的交通组织方案，桥面搭接采用上连下不连的方式，对原桥钻孔、植筋，浇筑隔板，凿除原桥外侧混凝土护栏、1m宽原桥面铺装，同时凿除30cm宽原桥悬臂将其作为湿接缝与新桥T梁悬臂浇筑为一体，确保新旧桥的整体性。

施工前复测老桥的坐标和高程，计算并复核其在图纸上的位置和标高是否正确，如有偏差及时联系设计单位进行调整。为新老桥拼接后能够安全共同受力，拼接前对原桥进行全面检测，如不能满足相关规范要求，须进行加固处理，满足拼接要求后方可实施拼接。

表1　北闸互通左幅拼宽桥桥面预压监控量测数据表

序号	墩台编号	桩基类型	桩基直径/m	24h沉降量/mm	7d沉降量/mm	30d沉降量/mm	90d沉降量/mm	150d沉降量/mm	180d沉降量/mm	累计沉降数值/mm	备注
1	0#	摩擦桩	1.6	0	0	−2	−3	−2	0	−7	
2	1#	摩擦桩	1.6	0	0	−1	−2	−2	0	−5	
3	2#	摩擦桩	1.6	0	−1	−2	−3	−2	0	−8	
4	3#	摩擦桩	1.6	0	0	−2	−4	−1	0	−7	
5	4#	摩擦桩	1.6	0	0	−1	−3	−1	0	−5	
6	5#	摩擦桩	1.6	0	−1	−2	−2	−2	−1	−8	
7	6#	摩擦桩	1.6	−1	0	−1	−4	−1	0	−7	
8	7#	摩擦桩	1.6	0	0	−2	−2	−2	0	−6	
9	8#	摩擦桩	1.6	0	0	−1	−2	−2	0	−5	
10	9#	摩擦桩	1.6	0	0	−2	−3	−1	0	−6	
11	10#	摩擦桩	1.6	0	−1	−1	−3	−1	−1	−7	
北闸互通左幅拼宽桥桥面预压180d平均沉降数值/mm										−6.5	<20

3.2 施工工艺流程

3.2.1 桥台与桩基施工

桥台与墩柱基础均为桩基础，桥台桩基施工前对老桥的锥坡、防护网、波形护栏等进行拆除，管线进行改迁。对老桥锥坡和台背回填路基采用$\phi42$小导管（长度5m，间距1.2m，梅花形布置）注浆，小导管打设参数根据现场实际地质情况进行调整，采用M30水泥浆，加固锥坡和台背回填路基土体，防止土体变形，保证麻昭高速公路运行安全。新老桥台接触部位处理方法为：拼宽桥桩基施工完毕之后，在施工顶部盖梁（桥台）时与老桥盖梁（桥台）设置2cm沉降缝，采用沥青油毡填实。老桥与新桥搭板之间空余部位采用C30素混凝土填充密实。

为避免桩基施工对麻昭高速公路整体性产生扰动影响，采用旋挖钻施工工艺。同时在麻昭高速公路北闸大桥墩柱上设置监控点，加强监控量测，当发现数据变化较大时，立即对桩基进行混凝土回填，避免造成麻昭高速公路北闸大桥墩柱桩基扰动影响，保证麻昭高速公路北闸大桥结构稳定性。经监控量测观测，桩基采用旋挖钻施工工艺对麻昭高速公路基本无影响。

对麻昭高速公路北闸大桥墩柱采用现浇C20素混凝土防撞墩进行防护，尺寸：1500mm × 548mm × 900mm，长度根据现场实际施工情况进行调整，张贴醒目反光标识和安设标识标牌，严禁设备碰撞。

3.2.2 上部结构拼宽施工

T梁预制时，内边梁与老桥拼接处翼缘板宽度减少30cm，避免架桥过程中碰撞老桥。拼宽桥T梁架设完毕后，先进行新桥湿接头、湿接缝（预留负弯矩人孔）、负弯矩施工，待新桥连接为整体、预压空置半年后，进行新桥与老桥搭接施工。

桥面搭接采用上连下不连的方式，在新桥桥面上，通过绳锯割除施工范围内麻昭高速公路墙式护栏，采用人工破除老桥1m宽桥面沥青铺装层、0.5m厚桥面现浇混凝土调平层。对原桥钻孔、植筋，浇筑隔板，人工凿除30cm宽老桥悬臂将其作为湿接缝与新桥T梁悬臂浇筑为一体，确保原有结构的完好性与受力性能。施工要求如下：

(1) 为减小新桥收缩、徐变对原桥的影响，新桥建成后须放置6个月，待新桥收缩、徐变基本完成后，再实施拼接，以减小新桥收缩、徐变对原桥的影响。

(2) 在每孔拼接内边梁和原桥外边梁之间设置现浇横隔板，在拼接部分横隔板内安装预应力高强精轧螺纹粗钢筋，应采用以下施工顺序：

1) 架设加宽桥拼接内边梁，为预应力高强精轧螺纹粗钢筋制作孔道，钻孔前应探测原桥外边梁和加宽桥拼接内边梁腹板内预应力钢绞线的精确位置，严禁孔道与原桥、加宽桥预应力钢绞线相干扰。在原桥外边梁和加宽桥拼接内边梁孔道中穿入精轧螺纹钢筋，每片T梁7.5m布置一道隔板，共计5道隔板，见图2。

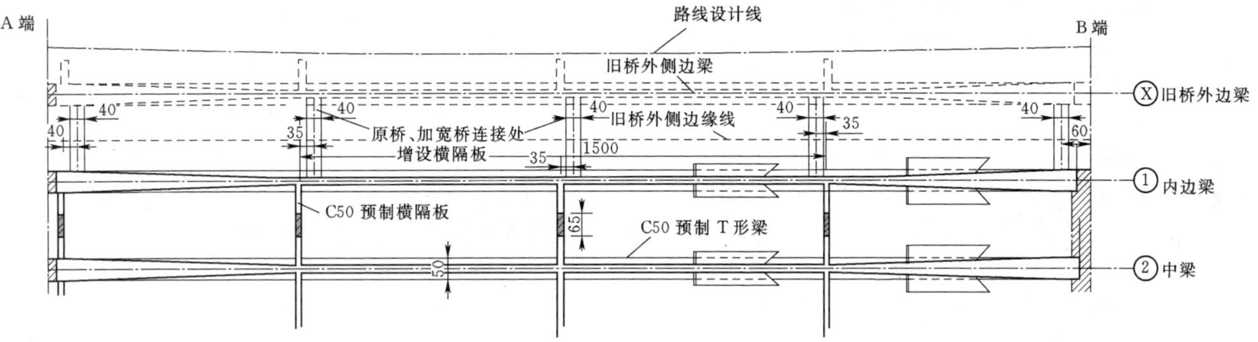

图2 连接隔板平面图（单位：cm）

2) 每道隔板布设2排，每排布置3根精轧螺纹钢筋，共计5排30道，见图3。

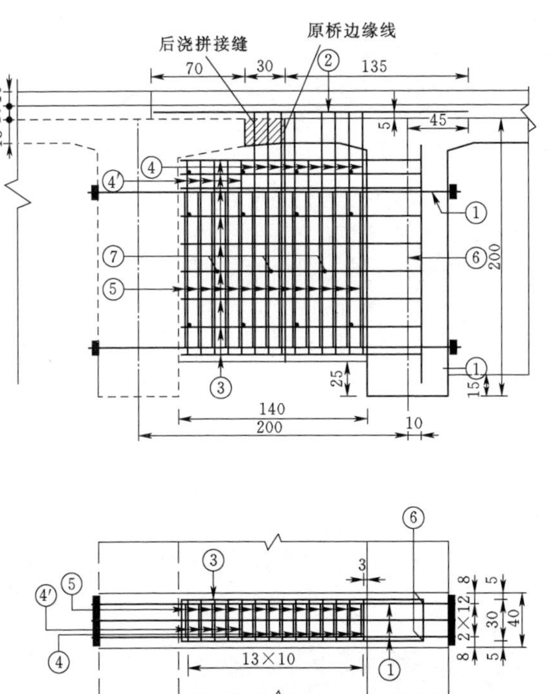

图3 精轧螺纹钢筋布置图（单位：cm）

3) 张拉JL25mm15Mn3SiB预应力高强精轧螺纹钢筋（标准抗拉强度$F[pk]=540$MPa），张拉前应在端隔板纵向两侧设置槽钢并楔紧以防止梁体变形，槽钢高度应靠近高强度精轧螺纹钢筋张拉高度，见图4，张拉过程中应监测梁体的变形，张拉控制应力为$0.4F[pk]=0.4\times540=216$(MPa)，每根JL25mm高强度螺纹精轧钢筋锚下控制张拉力为106kN。

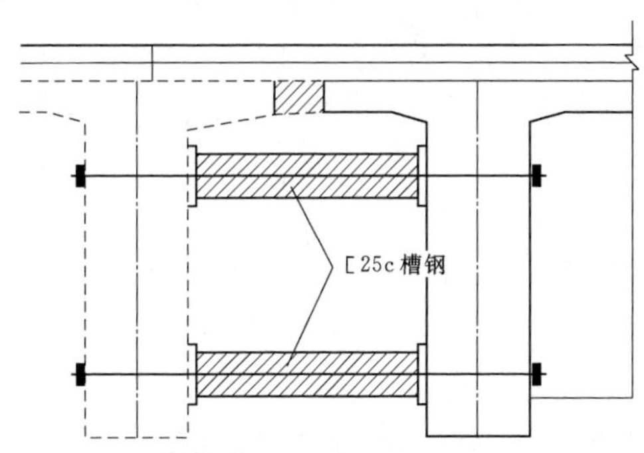

图4 槽钢设置立面示意图

4) 钢筋植入混凝土深度10cm，向原桥、加宽桥腹板孔道内注入喜利得HY-150化学胶封孔，再立模浇筑C50UEA补偿收缩混凝土，现浇混凝土强度达到80%后方可拆除槽钢，横隔板连接施工完成后需在锚具上涂上环氧树脂。

5）因拼宽桥梁的原结构另有他用，采用绳锯割除原有结构墙式护栏，采用人工凿除原桥外侧边板翼缘，确保原有结构的完好性与受力性能。

6）加宽桥与原桥桥面铺装、桥面连续进行拼接前，人工破除老桥1m宽桥面沥青铺装层、0.5m厚桥面现浇混凝土调平层、30cm宽老桥翼缘板，保留原桥面横向钢筋外伸25cm，再将加宽桥桥面铺装、桥面连续横向钢筋伸入原桥凿除部分，钢筋植入混凝土深度15cm，与原桥桥面铺装横向钢筋搭接，铺设桥面ϕ10冷轧带肋钢筋网（间距10cm×10cm），再铺筑C50UEA补偿收缩混凝土。

7）加宽桥面拼接处的钢筋较密，施工时应适当调整混凝土配合比，改进振捣措施，保证混凝土浇筑质量。对原桥和加宽桥拼接部分混凝土进行凿毛，外露混凝土骨料，采用高压水枪冲洗，确保接缝混凝土与原桥、加宽桥混凝土的有效粘接。高压水枪冲洗朝向新建拼宽桥梁，避免高压水飞溅麻昭高速公路，影响行车安全。

8）新老桥拼接应尽量选择在车流量较少的夜间施工，避免因车辆荷载作用引起的结构振动对湿接缝造成不利影响，保证拼接能取得良好的效果。拼接施工完成后，待湿接缝达到一定强度后需要二次观测新桥的沉降，并检查拼接部位有无异常情况，如出现裂缝等。对先行实施拼接桥梁取得的经验应及时总结，在后续进行的拼接桥梁中推广。

9）行车道板植入筋施工可按照下述施工顺序进行：①钻孔，钻孔直径16mm，注意钻孔位置必须避开原结构钢筋。②清孔，用GA18刷子刷出孔内灰尘，再用吹气泵吹出孔内残余灰尘。③填孔，用黏合剂从孔底部开始向外填孔。④植入钢筋，深度15cm，待1.5h且植入钢筋拔出力不小于37.9kN后方可进行下一步施工。

10）原桥和加宽桥拼接隔板、湿接缝及现浇横隔板采用C50UEA补偿收缩混凝土，C50UEA补偿收缩混凝土技术性能应符合规范与设计要求。施工前应做配比试验，控制UEA掺量及膨胀率，以保证桥梁在施工、运营状态下，结合面不出现收缩裂缝。C50UEA补偿收缩混凝土配合比：膨胀剂掺量8%（38kg，参照水泥用量）水泥（480kg）：细集料（783kg：粒径0～4.75mm）：粗集料2#料（865kg：粒径10～20mm）：粗集料3#料（216kg：粒径5～10mm）：减水剂（5.28kg），水胶比0.33∶1，坍落度180～200mm，容重2500kg/m^3。

（3）确保安全的前提下，进行相关附属设施施工。

4 实施效果评价

北闸互通拼宽桥搭接麻昭高速公路桥梁拼宽施工，为降低施工安全风险与麻昭高速公路运营安全风险，结合通车进度要求，策划搭接施工组织，压缩搭接麻昭高速公路桥梁施工工期，与麻昭高速公路管理部门对接，安全保通工期3个月。对新建拼宽桥梁进行预压处理，根据监控量测数据，新建拼宽桥桥梁180d平均沉降数值为－6.5mm（向下），最大值－8mm，满足设计和规范要求，进一步验证了设计方案的合理性。搭接麻昭高速公路桥梁拼宽时，提前与麻昭高速公路产权单位、管理单位对接，由于麻昭高速公路为国家高速，涉及产权部门多，审批程序复杂，搭接麻昭高速公路审批事宜时间长达6个月，结合进度规划，需提前进行相关审批事宜。搭接前对麻昭高速公路原桥的附属设施进行拆除、管线改迁。由于拼宽桥搭接麻昭高速公路桥梁施工在麻昭高速公路减速保通期间实施，施工安全环境和麻昭高速公路运营安全环境可控，满足麻昭高速公路使用功能。

5 结语

在不中断麻昭高速公路运营的情况下顺利完成了拼宽桥搭接施工，所用施工技术和对外联系解决审批程序的方法可为类似工程提供借鉴。

大跨度连续梁0#块托架法施工技术浅析

蒋　博　高小宝　梁许波/中国水利水电第十四工程局有限公司

【摘　要】连续刚构桥梁一般都属于高墩大跨结构，0#块作为现浇连续梁的第一个号块，所有的纵向预应力均需要穿过该部位，该部位施工质量控制要求极高，传统的搭设满堂支架的方式进行0#块的施工适用范围极其狭窄，只能用于墩高较低的。针对百米级高墩0#块的施工主要采用托架法施工，本文结合所依托的洛泽河特大桥0#块施工所用的三角托架从设计、施工、预压方面做简要的阐述。

【关键词】高墩　三角托架　设计　预压　0#块

1　工程概况

洛泽河特大桥主桥箱梁为80m＋3×150m＋80m连续刚构体系，箱梁0#块共计8个，0#块结构尺寸为：梁长12m，梁高9m，梁底宽7m，底板厚120cm，梁顶宽12m（两边翼板2.5m宽），梁顶板厚80cm，腹板厚为80cm。洛泽河特大桥主墩高度由71～119m不等，主墩为等截面双肢薄壁空心墩，双肢实心墩宽3m、长7m，两墩之间净距4m，0#块悬挑部分长度1m，为保证0#梁段的浇筑，双肢之间4m×7m范围及两端悬挑1m部分需要设置底部支撑，本工程底部支撑采用三角托架作为主要支撑系统。由于0#块高度高达9m，其结构形式复杂，预应力管道极多，一次浇筑施工难度及安全风险较大，本工程0#块分两次浇筑，托架的设计相关荷载参数按照第一层浇筑高度计算。

2　托架设计

托架分三种工况设计，托架1用于支撑两墩之间4m×7m范围荷载，托架2用于支持翼板荷载，托架3用于支撑0#块悬臂端荷载。本工程托架1共计8个，托架2共计4个，托架3共计8个，由于20个托架中仅有托架1所受荷载最大，设计时主要针对该托架进行受力验算，8个托架1用于承担包括第一层浇筑的混凝土荷载、冲击荷载、施工荷载、模板自重、振捣荷载在内的共计2000kN的施工总荷载，安全系数按照《路桥施工计算手册》要求，选取2.0。故8个托架1按设计理念能承受4000kN的荷载。

托架1水平杆及斜杆均采用双拼Ⅰ45工字钢组合截面，托架2顺桥向悬臂部分水平杆采用单拼Ⅰ45工字钢，斜杆采用单拼Ⅰ45工字钢，托架3横桥向三角托架水平杆及斜杆均采用单拼Ⅰ45工字钢组合截面，斜杆与水平杆、斜杆及墩柱预埋钢板之间采用焊接方式固定（待斜杆和水平杆调整好位置后进行固定），水平杆上铺设4根Ⅰ45工字钢做横向分配梁，横梁上根据梁体截面形式布置双拼Ⅰ32b工字钢做纵向支撑梁，支撑梁上根据梁体截面搭设Ⅰ10工字钢作为悬臂端的支撑结构体系；两柱之间对应Ⅰ45横梁，横梁顶上铺设Ⅰ32工字钢做纵梁。托架平面布置如图1所示。

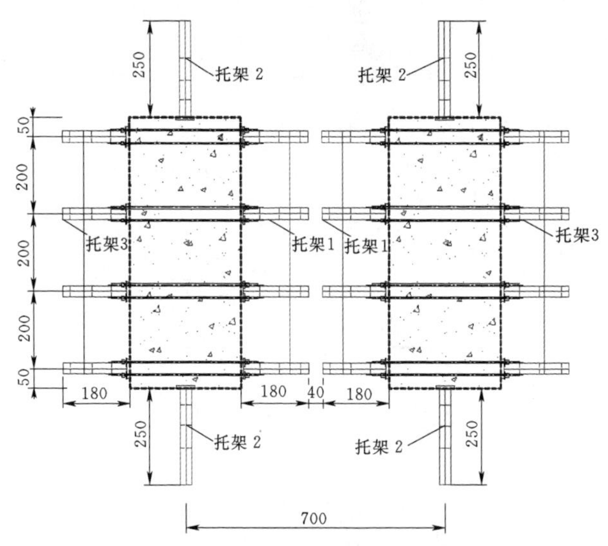

图1　0#块托架平面布置图（单位：cm）

针对托架1，根据上部传递的荷载进行受力模型简化，计算模型如图2所示。

根据简化的计算模型，托架的横向杆件根部位置弯矩最大，最大弯矩为572.89kN·m，弯矩图如图3所示。

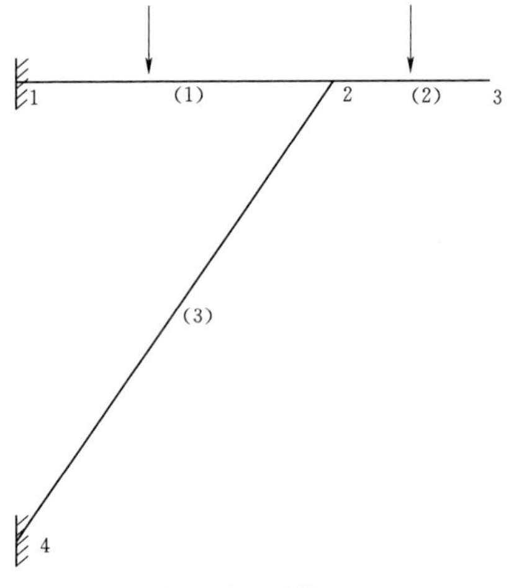

图 2　牛腿计算模型

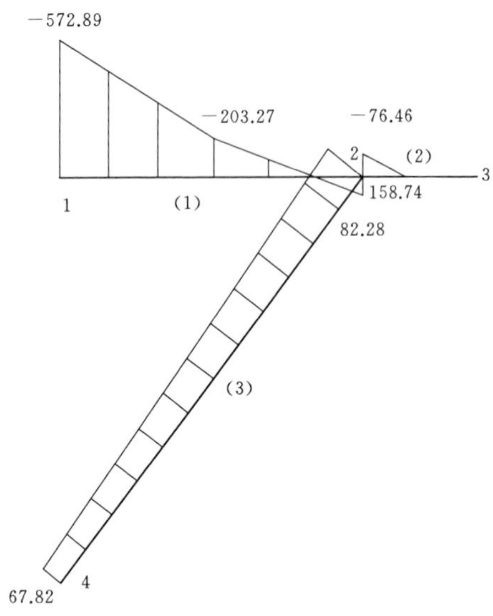

图 3　弯矩图（单位：kN·m）

根据简化的计算模型，托架的横向杆件根部位置剪力最大，最大剪力为 739.25kN，剪力图如图 4 所示。

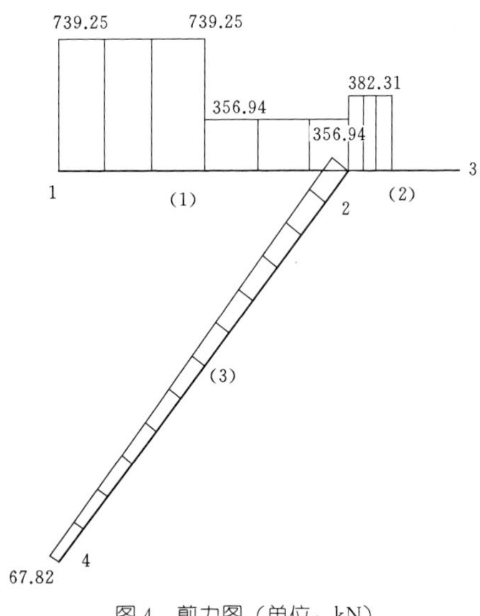

图 4　剪力图（单位：kN）

根据上述求得的最大弯矩和最大剪力，针对托架 1 双拼Ⅰ45 工字钢进行验算：

弯矩最大值 $M_{max}=572.89\text{kN}\cdot\text{m}$

剪力最大值 $V_{max}=739.25\text{kN}$

$$\delta_{max}=M_{max}\div W_z=572.89\text{kN}\cdot\text{m}\div(1432.9\times2\times10^{-6}\text{m}^3)=199.91\text{MPa}<[\delta]=215\text{MPa}$$

弯矩验算安全。

$$\tau_{max}=V_{max}/A=739.25\text{kN}/(2\times102.4\text{cm}^2)=36.09\text{MPa}<[\tau]=125\text{MPa}$$

剪力验算安全。

故托架 1 采用双拼Ⅰ45 的工字钢能满足要求。

3　托架施工

本工程洛泽河特大桥主桥横坡 2%，纵坡 2.45%，对角位置托架部位的高度差达到 24cm，给托架的施工带来了很大的难度，为保证托架的整体稳定性，托架必须保证水平，为解决该问题，通过在托架上部焊接型钢卸货块以调整横纵坡。

在墩顶实心段施工时预埋上下预埋钢板，预埋钢板设计参考《钢筋混凝土结构预埋件》（16G362）相关内容：上预埋钢板为 50cm×50cm×2.5cm 厚钢板＋ϕ28 螺纹钢＋对穿 ϕ32 精轧螺纹管，上预埋钢板示意图如图 5 所示。

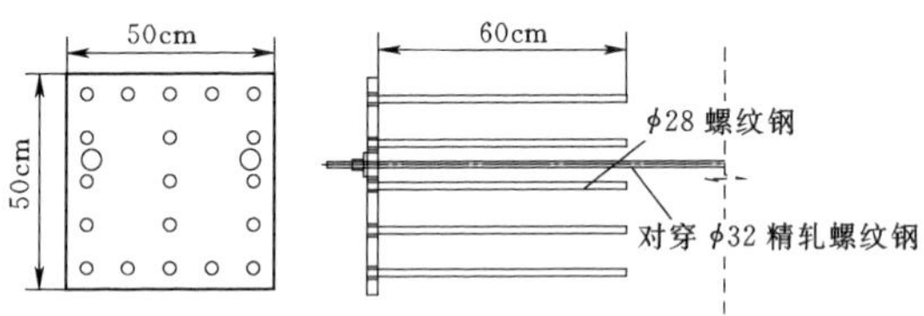

图 5　上预埋钢板示意图

下预埋钢板为 50cm×80cm×2.5cm 厚钢板＋ϕ28 螺纹钢，下预埋钢板示意图如图 6 所示。

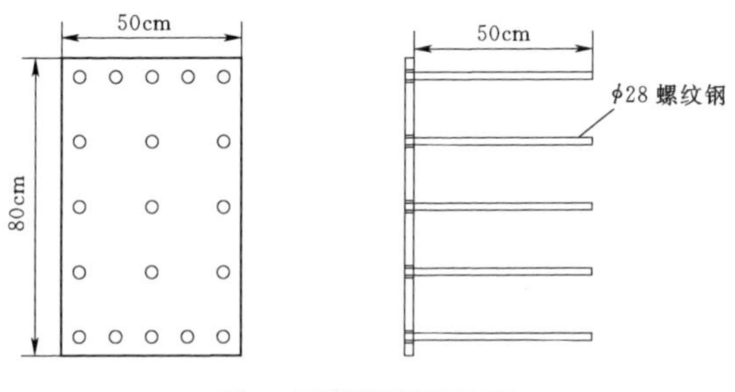

图 6　下预埋钢板示意图

4　托架预压

托架结构应当进行预压，以消除非弹性变形，取得弹性变形值，指导预拱度的设置，同时检验托架结构的安全性能。预压可以采用堆载和反力架两种方式。根据《公路桥涵施工计算手册》，预压加载安全系数取值为1.2。故8个托架1总计加载吨位为4800kN，每一个承受荷载600kN。若采用堆载的方式，要在百米级堆载480t的重物，从安全的角度来说，危险性很大。根据本工程实际情况采用反力架进行预压。反力架通过在墩顶预埋的16根精轧螺纹钢与双拼Ⅰ45工字钢反力架体形成反力架，通过8个千斤顶放置在铺设好的底模上顶推双拼Ⅰ45工字钢反力架体，对托架进行加载。反力架布置如图7所示。

托架预压分20%、70%、100%、120%四级预压。预压过程中对0#块横断面腹板底、底板中心三点进行观测，纵向在托架端头及拖架单跨跨中设观测点进行观测，在预压前对底模标高观测一次，第一、二、三、四级加载2h后进行观测，观测至沉降稳定为止。将预压荷载卸载后再对底模标高观测一次，从以上的观测资料中计算出托架的非弹性变形及弹性变形。

加载前先测量各测点顶面高程 H_1 值，加载20%时测量各测点顶面高程 H_2 值，加载70%时测量各测点顶面高程 H_3 值，加载100%时测量各测点顶面高程 H_4 值，加载120%时测量各测点顶面高程 H_5 值，卸载后测量各测点顶面高程 H_6 值，根据测量成果进行资料整理分析，确定箱梁的预拱度，调整底模标高。后续托架安装的预拱度可按照下式计算：

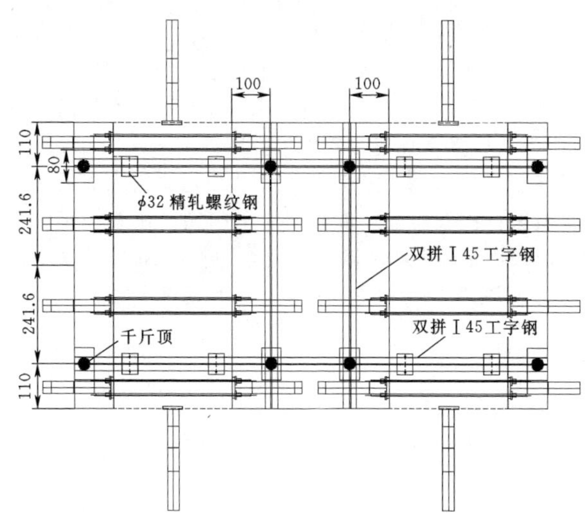

图7　反力架平面布置图（单位：cm）

托架在荷载作用下的非弹性压缩 δ_1：H_1-H_6；

托架在荷载作用下的弹性压缩 δ_2：H_6-H_5；

预拱度 $\delta=\delta_1+\delta_2$。

卸载完毕后，根据测量成果进行资料整理分析，确定箱梁的预拱度，同时调整底模标高和平整度。洛泽河特大桥16#桥墩右幅0#块托架预压变形观测数据记录见表1。

表1　　变形观测数据记录汇总表

测点	加载前标高 H_1/m	加载20% H_2/m	加载70% H_3/m	加载100% H_4/m	加载120% H_5/m	卸载后 H_6/m	非弹性变形 H_1-H_6/m	弹性变形 H_6-H_5/m	预拱度 /m
1	1126.773	1126.771	1126.771	1126.770	1126.768	1126.769	0.004	0.001	0.005
2	1126.667	1126.667	1126.666	1126.665	1126.663	1126.664	0.003	0.001	0.004
3	1126.665	1126.663	1126.662	1126.662	1126.661	1126.662	0.003	0.001	0.004
4	1126.584	1126.583	1126.581	1126.581	1126.580	1126.581	0.003	0.001	0.004
5	1013.264	1013.261	1013.260	1013.259	1013.259	1013.259	0.005	0.000	0.005
6	1013.315	1013.315	1013.313	1013.312	1013.311	1013.312	0.003	0.001	0.004

5　混凝土施工

托架体系施工完成之后，进行0#块模板（外模、内模、底模、端模）安装及钢筋、预应力体系施工，0#块混凝土为C55混凝土，0#块分两次浇筑完成，第一次浇筑至离底板5.8m位置，第二次从离底板5.8m位置浇筑至顶板。

浇筑原则：先浇筑底板再浇筑横隔板然后浇筑腹板；从中间向两端分层推进；左右腹板对称浇筑。在腹板内侧模板上开小窗，方便工人振捣混凝土确保施工质量。混凝土分层厚度30cm。

0#块在第二次浇筑时，在其顶面上布置9个点，分别位于0#块的两端和中间，布设在0#块轴线、腹板中心线。点用钢筋焊接，钢筋的底部要支撑于底模上，钢筋顶部要高出箱梁顶部10cm。混凝土浇筑前测量0#上布置的点，作为混凝土浇筑时对箱梁顶面高程的控制，并在混凝土浇筑后、张拉前后对高程进行复核测量，确保标高满足设计要求。

6　结论

本文结合宜昭高速公路洛泽河特大桥对0#块托架法施工从设计、施工、预压方面做了简要的阐述，采用托架法施工操作难度小，便捷、快速。0#块分两次浇筑施工减小了施工难度，降低了托架承受荷载，第一层浇筑完成了0#块的底板和5.8m高中间箱室隔墙，底板作为顶板浇筑所需的满堂架基础，安全性比0#块一次浇筑高很多，采用分层浇筑工艺后对浇筑完成的8个0#块进行检查，未发现任何质量问题。托架采用反力架进行预压，极大地降低了安全风险，缩短了预压时间，预压完成后为模板的预拱度设置提供了数据依据。

参考文献

[1] 徐金生.高墩连续刚构桥0#块托架设计与施工［J］.公路与汽运，2013（4）：182-186.

[2] 刘文忠，李友明，徐天良.高墩大跨曲线连续刚构桥结构行为分析［J］.公路与汽运，2013（4）：186-188.

[3] 谷继振，赵明.轻型托架法施工高墩0#块［J］.施工技术，2017（3）：208-209.

[4] 陈平.薄壁高墩0#块预应力牛腿托架施工技术［J］.铁道建设，2009（1）：17-19.

[5] 钢筋混凝土结构预埋件：16G362［S］.北京：中国计划出版社，2017.

[6] 吴彩流.0#块托架反拉式预压技术研究［J］.西部交通科技，2018（1）：115-117.

大跨径重荷载预应力盖梁支架设计与施工技术

张磊磊　姜　志　高忠贤/中国水利水电第十四工程局有限公司

【摘　要】 大跨径重荷载预应力盖梁在施工过程中对支架要求高，如何设计支架并确保在施工过程中支架稳定是施工过程中的重点和难点。本文结合宜昭高速A5标段瓦厂3#大桥预应力盖梁施工的工程实践，对大跨径重荷载预应力盖梁施工支架的设计、施工进行总结。

【关键词】 大跨径　重荷载　预应力盖梁　支架设计　施工技术

1　引言

瓦厂3#大桥左幅7#墩、右幅8#墩为门式墩，该墩上盖梁因需横跨当地公路而设置成大跨径预应力盖梁，该预应力盖梁尺寸为26.5m×3m×3.5m（长×宽×高），最大高度27.7m，采用C50混凝土浇筑而成，混凝土方量为252.8m^3，跨度20.5m，共设置18束预应力锚索。该预应力盖梁高度高，跨度大、体积大、自重大，混凝土强度高且需一次浇筑完成，盖梁混凝土浇筑时施工支架需承载盖梁混凝土重量、模板重量、人员设备重量和混凝土振捣时产生的动荷载等共计约680t，施工总荷载为110.57kN/m^2，属于超过一定规模的危险性较大的分部分项工程，对施工支撑体系要求极高，且支架下部要求通车，如何设计支架并在施工中保证支架稳定可靠、确保安全质量是施工过程中的重点及难点。预应力盖梁正视图、侧立视图详见图1、图2。

2　支架方案比选

该门式墩预应力盖梁高度高，跨度大，体积大，自重大，且下部要求通车，施工支架方案直接关系到预应力盖梁施工安全与质量，根据设计文件及现场实际情况，考虑选用满堂支架、预埋钢棒法和钢管立柱工字钢组合支架三种方案，通过综合对比确定选用钢管立柱支架方案。

该预应力盖梁宽度仅为3m，且下部有通车要求，满堂支架间排距较小，不能满足通车要求。满堂支架搭设高度高，稳定性较差，承载能力也大幅度降低，且支架基础需全部硬化，造价也高。

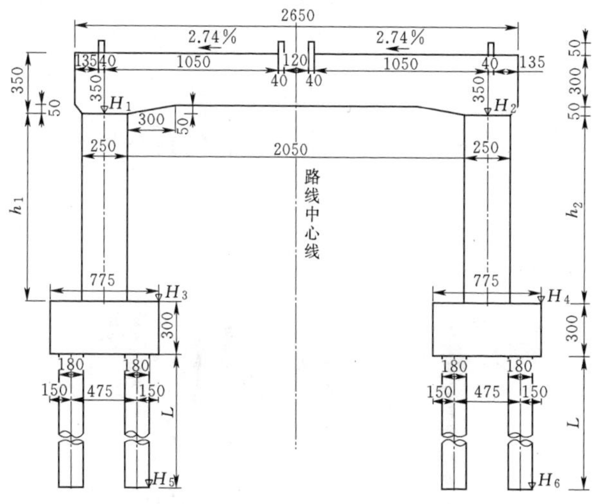

图1　预应力盖梁正视图（单位：cm）

经过计算采用预埋钢棒法每侧需预埋6根ϕ120普通碳素钢棒，可能会对门式墩墩柱产生一定破坏，且因跨度大，弯矩较大，容易产生弯矩变形，不能满足抗弯要求。

钢管立柱工字钢组合支架抗压强度高，稳定性好，可根据下部通车要求、抗弯及抗剪要求对钢管立柱间距进行调整，适合大跨径，重荷载，有通车要求的预应力盖梁支架施工。

3　支架方案设计

钢管立柱工字钢组合支架采用12根ϕ630，壁厚

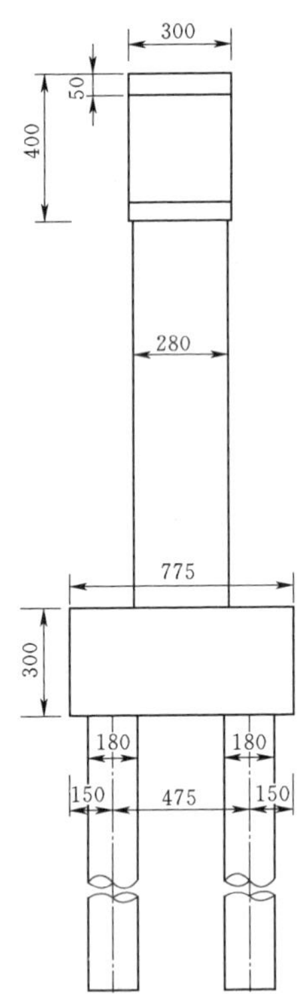

图 2　预应力盖梁侧立视图（单位：cm）

10mm 钢管立柱，4 根Ⅰ63a 工字钢作为主要支架体系，具体支架设计示意图见图 3。

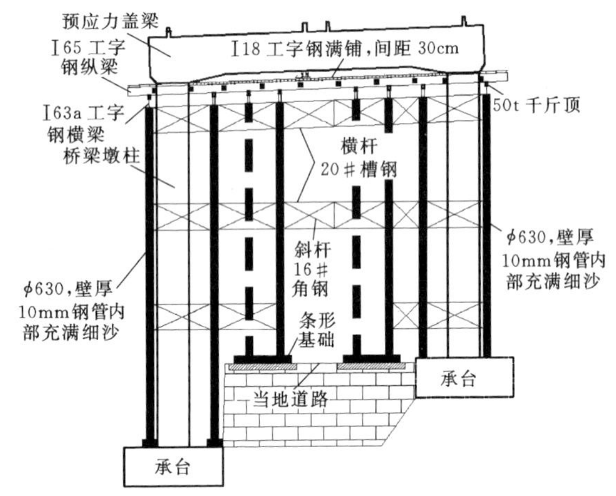

图 3　钢管立柱工字钢组合支架设计示意图

3.1　地基基础设计

根据需承担荷载要求，经计算地基基础承载力不得小于 300kPa，因该预应力盖梁下部为当地等级改路，全部为路堤填方，经过地基承载力试验，地基基础不能满足承载力要求，决定将地基基础下挖 3.5m，采用块石换填并碾压密实，块石换填上部再设置 7m×3.8m，厚度 1m 的 C20 混凝土基础，内配 ϕ18 钢筋，间距 20cm。

3.2　条形基础设计

因该预应力盖梁自重较大，对钢管立柱工字钢组合支架基础要求高，基础采用 C30 混凝土浇筑而成的条形基础，条形基础尺寸为 5.8m×1.83m，厚度 60cm，条形基础内配 ϕ22 钢筋作为主筋，间距 10cm，经过条形基础配筋验算和混凝土抗压验算，配筋及抗压均满足要求。另外，条形基础上预埋 80cm×80cm、厚度 2cm 钢板与钢管立柱连接，保证支架体系稳定。

3.3　钢管立柱设计

因该预应力盖梁最大高度为 27.7m，ϕ630，壁厚 10mm 钢管立柱进场长度 12m，在施工过程中需将两根钢管对接连接，先在钢管两端焊接法兰盘，然后采用高强度螺栓进行连接。为增加连接牢固稳定，在法兰盘与钢管立柱之间设置 10 个加劲板，加劲板采用 2cm 厚的钢板加工而成。钢管立柱与条形基础预埋钢板焊接连接，并设置 8 块加劲板（4 块 40cm×25cm，4 块 20cm×8.5cm），采用 2cm 钢板加工而成，用于加强钢管立柱稳定性。

为增加钢管立柱整体稳定性，在钢管立柱横向和纵向各设置三层水平连接杆，水平连接杆之间设置斜撑，水平连接杆采用 20＃槽钢，斜撑采用 16＃角钢加工而成。为避免焊接对钢管立柱损坏，影响钢管立柱强度，且保证钢管立柱受力均匀，在钢管立柱上采用抱箍与水平连接杆和斜撑焊接连接。另外，在每个门式墩上设置 3 层连墙件与钢管立柱支架体系连接，连墙件采用 16＃角钢紧抱门式墩，并与钢管立柱支架体系焊接连接。为增加钢管立柱抗压强度和稳定性，钢管立好后向钢管内灌满细沙，要求灌注饱满密实。

根据受力计算，单根钢管立柱承受的最大荷载为 1248.2kN，承受最大荷载长度为 19.29m，经过钢管立柱强度和整体稳定性验算，钢管立柱安全系数 $n=1.47$，立柱安全稳定，稳定强度满足要求。

3.4　顶部支撑体系设计

钢管立柱上焊接 80cm×80cm、厚度 2cm 钢板作为支撑平台，钢板上铺设 2 根Ⅰ63a 工字钢作为横向两根钢管立柱连接件，增加整体稳定。每个钢管立柱上设置 2 个 50t 千斤顶，共计 24 个，用于调节预应力盖梁底模标高，千斤顶直接坐在 2 根Ⅰ63a 工字钢上。千斤顶上设置主要抗弯构件纵梁，纵梁采用Ⅰ63a 工字钢，每侧两根，每根长度 30m，共计 4 根。因进场Ⅰ63a 工字钢长度为 9m，需对工字钢进行加长连接，两根工字钢加长时必须进行双面满焊，焊接质量满足相关规范要求。另外，为增加焊接部位抗剪抗弯能力，在焊接部位外采用 40cm×50cm，厚度 1cm 钢板包裹焊接。纵梁主要承受荷载为钢筋混凝土、模板、横梁的自重静荷载及施工人员、设备和混凝土振捣等动荷载和纵梁自重，按照静荷载取1.2倍荷载分项系数，动荷载取1.4倍荷载分项系数，总荷载为6954.6kN，每根工字钢每延米荷载84.82kN/m，如图4所示，通过力学求解器计算纵梁Ⅰ63a工字钢产生的最大弯曲应力$\sigma_{max}=131.312MPa<[\sigma]=215MPa$，满足规范要求；跨中最大挠度为$f_{max}=0.00306m<[f]=8.6/400=8.6\div400=0.0215m$，满足规范要求；Ⅰ63a工字钢产生的最大剪力$\tau_{max}=21.91MPa<[\tau]=125MPa$，抗剪强度满足要求。

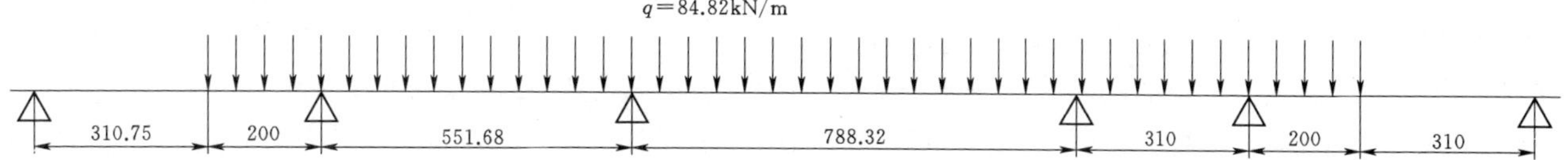

图4　纵梁Ⅰ63a工字内力计算简图（单位：cm）

Ⅰ63a工字钢纵梁上满铺Ⅰ18工字钢作为横梁，间距30cm，横梁主要承受荷载为钢筋混凝土、模板、横梁的自重静荷载及施工人员、设备和混凝土振捣等动荷载，按照静荷载取1.2倍系数，动荷载取1.4倍系数，横梁总荷载为6832.93kN，每延米横梁荷载32.54kN/m，如图5所示，经过受力验算，跨中产生的最大弯曲应力$\sigma_{max}=197.9MPa<[\sigma]=215MPa$，满足规范要求；跨中产生最大挠度$f_{max}=0.0009845m<[f]=3/400=3/400=0.0075m$，满足规范要求；跨中产生的最大剪切应力$\tau_{max}=15.87MPa<[\tau]=215MPa$，满足规范要求。

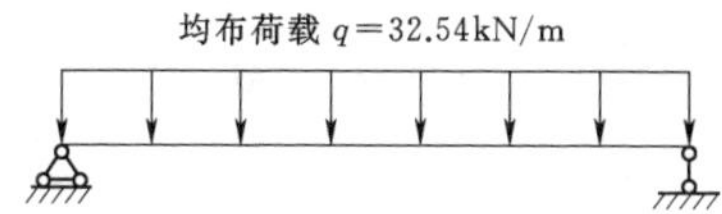

图5　横梁Ⅰ18工字钢内力计算简图

3.5　道路保通设计

因支架体系下部需通车，为保证通车安全及支架体系安全，在钢管立柱支架前后10m位置设置限高架及防撞墩，防止超高车辆对钢管立柱支架体系的影响。另外，在支架下方，焊接Ⅰ18工字钢，工字钢上铺设5cm厚脚手板防止上部坠落物对下部车辆的影响。

4　支架预压设计

预压荷载为支架所受荷载的1.1倍，预压时间不得少于7d，且连续3d沉降观测累计不大于5mm或最初24h沉降量小于2mm方能判定支架预压合格。

根据现场实际情况及需预压荷载要求，考虑采用成捆钢筋预压、沙袋预压、混凝土预制块预压、千斤顶反压四种预压方案，在对四种预压方案进行安全性、成本、时间、预压平台宽度是否满足要求进行综合比选后，确定采用成捆钢筋预压方案进行预压。沙袋预压需要足够的人工装沙袋，且装沙袋时间较长，目前工期较紧，不能满足工期要求，另外预应力盖梁宽度仅为3m，沙袋堆载过高，沙袋有掉落的危险。混凝土预制块制作成本较高，且宽度仅为3m，堆载过高，有掉落的危险，不能满足要求。千斤顶反压方案需在承台上预埋高强度钢绞线，且预应力盖梁跨度较大，作用在钢管立柱工字钢组合支架上作用力较为集中，分布不均匀，水平方向分散应力较大，不能满足要求。成捆钢筋预压可采用T梁预制场、桥梁下部结构等部位预压成捆钢筋，直接调运至预压现场，采用25t吊车吊至预压平台，其操作方便、成本低、安全性高、吊运时间较短。

预压时按照预压总荷载的60%、80%、100%分三级进行堆载预压，荷载分别为366.5t、488.7t、610.8t，按照“先中间，后两边”“先高后低”“保持对称”的原则进行。模板上设置观测位置，纵向设在每跨的$L/4$、$L/2$、$3L/4$处及端梁部位，共5个监测断面。预压完成后对观测数据进行分析整理，用于确定盖梁模板的安装高程和预拱度。

5　支架施工重难点控制

5.1　方案编制

因该预应力盖梁支架施工属于超过一定规模的危险性较大的分部分项工程，根据相关规定，在支架施工前，施工单位先编制专项施工方案，并经专家评审，评审完成后报施工单位技术负责人、总监理工程师批准后实施。方案内必须包含详细的支架施工工艺流程、支架体系计算书、应急救援预案等相关内容。方案审批完成后必须对现场施工班组进行详细的技术交底，各施工人员必须熟悉施工工艺流程、施工质量要求、重难点控制及安全施工相关措施。

5.2　施工队伍选取

因该支架体系搭设要求较高，必须选取具有钢结构施工资质的专业施工队伍，支架焊接、安装和拼接人员必须持证上岗，特别是钢管立柱对接法兰盘与钢管焊接质量和Ⅰ63a工字钢纵梁连接焊接质量，必须严格按方案规定的焊接要求进行，并符合相关规范要求。Ⅰ63a工字钢焊缝尽量布置在承受弯矩和剪力最小的位置，减少焊缝受力，保证施工安全。

5.3 支架搭设和预压

支架搭设必须严格按施工方案中的顺序搭设，严格控制支架搭设质量，其中钢管立柱垂直度是施工中重点，根据《钢结构工程施工质量验收规范》（GB 50205—2020），多节柱中单节柱偏差不大于 $H/1000$，且不大于 10mm，柱全高不大于 35mm，在钢管立柱安装过程中采用两台全站仪对垂直度进行检测和纠偏，严格控制钢管立柱垂直度。

支架预压前要做好相应的组织安排工作，做好安全防护和交通疏导工作，严格按方案中的堆载顺序、预压荷载和预压时间进行预压，严禁超压，预压过程中测量人员时刻对沉降量进行观测，若发现沉降量持续变大、不收敛，则应立即采取卸载或紧急撤离等措施。

5.4 盖梁混凝土浇筑

该预应力盖梁混凝土总量为 252.8m^3，在浇筑过程中分层对称进行，在下一层混凝土初凝之前浇筑上一层混凝土，浇筑时间控制在 10～12h，以保证支架稳定安全。浇筑期间需有专人检查支架、模板、钢筋和预埋件等稳定情况，发生变形、位移要马上处理，必要时可暂时停止浇筑，处理好后再恢复浇筑施工。另外，在混凝土浇筑过程中做好支架的沉降观测，发现沉降变形过大或不可收敛应立即停止浇筑，检查出问题出现的原因并处理完成后才能继续浇筑。

5.5 支架拆除

待盖梁混凝土强度达到设计强度的 100%，且张拉压浆完成，水泥浆强度达到规范和图纸要求后才能进行支架拆除，支架拆除按照后安装先拆，先安装后拆原则进行，同时遵循全孔多点、对称、缓慢、均匀的原则自上而下依次拆除支架，拆除时严禁抛扔，拆除后各杆件、配件要及时维修保养，分类妥善存放。为保证安全支架顺利拆除，周围设围栏或竖立警戒标志，地面设有专人监护，严禁非作业人员入内。因支架下部需通车，支架拆除时组织好交通，保证安全通行。

6 实际效果评价

经过现场实际检验，该支架体系安全、稳定、可靠，能够有效承载上部盖梁荷载，各环节效果评价如下。

6.1 支架搭设实际效果评价

钢管立柱、工字钢、角钢等各种型钢结构尺寸及允许偏差、表面外观质量均符合质量要求。

钢管立柱垂直度验收，钢管立柱多节中单节偏差最大值为 8mm（$H=12$m），柱全高最大偏差为 31mm，均满足《钢结构工程施工质量验收规范》（GB 50205—2020）规范要求；焊接工程焊接表面外观质量、焊缝尺寸、经超声波探伤焊缝缺陷均满足规范规定要求。

6.2 支架预压沉降变形实际效果

预压总荷载为支架所受荷载的 1.1 倍，按照预压总荷载的 60%、80%、100%分三级进行堆载预压，荷载分别为 366.5t、488.7t、610.8t，预压前在模板上设置观测位置，纵向设在每跨的 $L/4$、$L/2$、$3L/4$ 处及端梁部位，共 5 个监测断面，每个断面 3 个监测点。

预压从 2019 年 10 月 8 日 8：30 开始，2019 年 10 月 15 日 13：30 结束，历时 7.2d，预压荷载加载至 100%的 24h 后，支架的最大沉降量为 3mm，最小累计沉降量为 0mm，平均沉降量 1.53mm＜2mm；预压荷载加载至 100%的 72h 后，最大沉降量为 5mm，最小沉降量为 0mm，平均累计沉降量为 3.65mm＜5mm，满足规定要求，支架预压合格。支架预压完成后根据数据分析累计平均沉降量为 17.67mm，卸荷 6h 后弹性变形量为 13.13mm，非弹性为 4.54mm，根据弹性变形量，预压后跨中预拱度设置为 13mm。

6.3 混凝土质量检查评定效果

根据现场实际质量评定结果，预应力盖梁混凝土强度为 51.3MPa，断面尺寸最大偏差 6mm，轴线偏位最大 4mm，顶面高程最大偏差 7mm，支座垫石预留位置最大偏差 5mm，平整度最大偏差 6mm，均能满足规范要求。

7 结语

钢管立柱工字钢组合支架具有结构稳定、承载能力大、搭设速度快、材料可以循环利用等优点，适用于大跨径、重荷载、地形条件复杂的支撑体系。

施工时要组织专业施工队伍进场施工，并结合现场实际情况做好基础处理，确保焊接质量，保证在施工过程中支架搭设、支架预压、道路通行的安全，确保在预应力盖梁支架搭设、预压、混凝土浇筑、支架拆除过程中每个施工环节都能得到有效控制，才能保证预应力盖梁的施工质量与施工安全。

参考文献

[1] 周水兴．路桥施工计算手册［M］．北京：人民交通出版社，2001.

[2] 姚晓峰．门式高墩大跨径预应力盖梁支架设计与施工［J］．山西建筑，2013，39（20）：181－182.

民用建筑人工挖孔墩施工技术总结

赵国庆/中国水利水电第十四工程局有限公司

【摘 要】保山—曼德勒缪达经济贸易合作区建设项目（二期）位于缅甸境内，施工采用中国标准，本项目主要承建单层工业厂房及宿舍楼等配套设施，场地内基础主要为独立基础，局部换填区域为人工挖孔墩，通过对人工挖孔墩施工技术的总结，为后续类似项目提供借鉴。

【关键词】民用建筑　人工挖孔墩　施工技术

1 概述

保山—曼德勒缪达经济贸易合作区建设项目（二期）（以下简称为缪达项目），位于缅甸联邦共和国曼德勒省境内。建设总用地 551.88 亩（1 亩≈666.67m²），总建筑面积约 8.5 万 m²，包括新建标准化厂房、中转仓库、办公及生活配套用房、室外配套基础设施工程等，项目区总体属低丘缓坡地貌，呈东高西低，自然坡度多在 5°～10°之间。场地周边无不良地质作用及地质灾害分布。场地抗震设防烈度为 8 度，场地内无断裂通过，场地周边 10km 范围内无全新世活动断裂分布。特殊性土为填土及风化岩体。素填土主要由泥岩、砂岩风化碎屑组成，回填时间约半年，固结性、均匀性差，属欠固结土。

拟建建筑为 1～6 层，其中回填大于 3m 的区域均采用人工挖孔墩，墩身直径 900mm，墩长 5～6m，个别达到 10m；宿舍及厂房采用人工挖孔墩及浅基础，人工挖孔墩共 180 根，人工挖孔墩大样如图 1 所示。

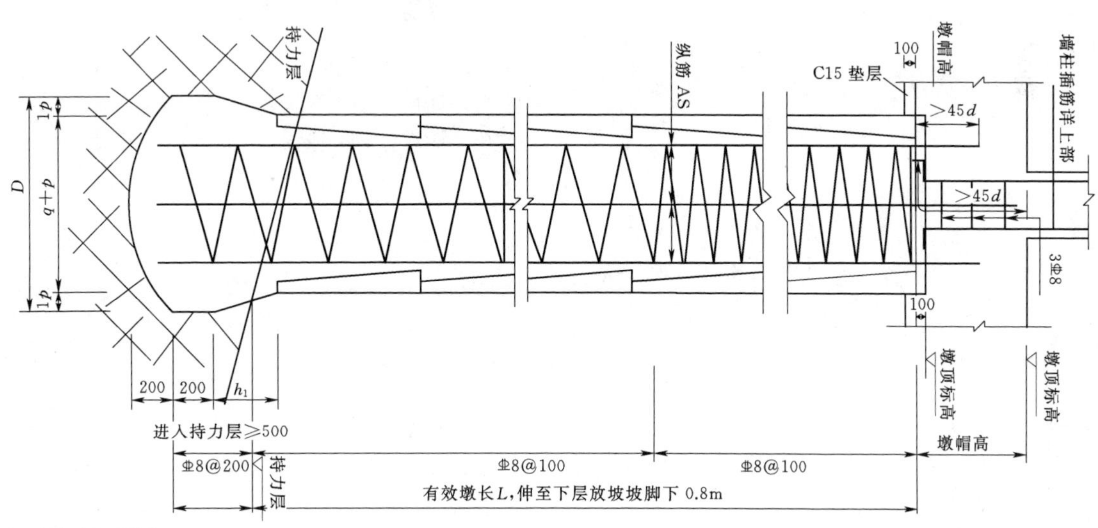

图 1　人工挖孔墩大样图（单位：mm）

2 施工工序

施工准备→测量放样→锁口施工→护壁开挖→护壁浇筑→钢筋笼制作安装→墩身混凝土浇筑。

2.1 施工前准备

（1）平整场地并清除施工区域内的杂物。并保证墩孔处地面高出原地面 25cm 左右，场地四周做好排水措施，防止雨水及地表水流入墩孔内。

（2）进行墩位放样，按设计图纸的定位坐标放好孔位，检查无误后埋设十字护墩并用砂浆加固保护，并在开挖过程中对墩位进行校核。

（3）为确保施工安全，防止在人工挖孔墩施工期间出现孔口松垮、地表水或杂物进入孔内，导致发生高处坠落、落物打击等危险情况需设置锁口，锁口在第一节护壁浇筑时同步施工，锁口及第一节大样如图2所示。

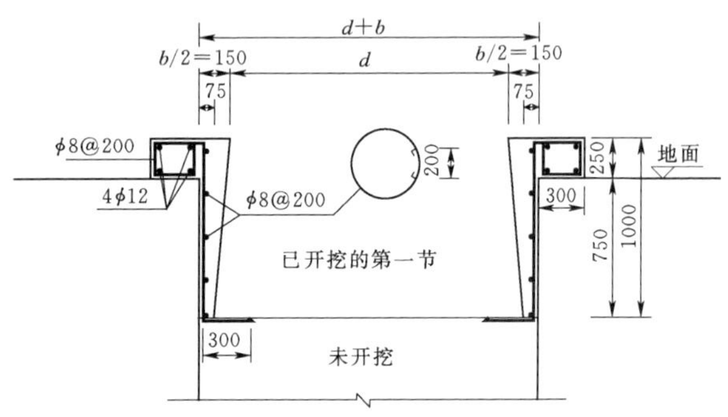

图2 锁口及第一节大样图（单位：mm）

2.2 挖孔与护壁

挖孔与护壁是紧密衔接的，同时也是非常关键的两道工序，在施工过程中为保证施工安全，每向下挖一节就要及时浇筑一节C25混凝土护壁进行支护，同时施工的相邻人工挖孔墩间距不得小于3m。

（1）第一节挖深约0.75m，挖好之后立即进行护壁施工，同时浇筑锁口井圈。

（2）以每一节作为一个施工循环（即挖好每节土后随即浇筑一节混凝土护壁），一般土层的每节挖深约为1m，如遇流沙、淤泥区段等不良地质时，每节挖深高度宜小于0.5m，特殊地质下挖速度应根据护壁的安全稳定情况而定。

（3）从第二节开始，采用小型电动提升设备吊运土渣。孔内作业人员应戴好安全帽，吊桶离开孔口上方约0.5m时，推动活动安全盖板，孔外人员及时移走吊桶并掩蔽孔口，防止卸土时有土块、石块等杂物坠落孔内砸伤作业人员。

（4）护壁模板采用定制组合小钢模，施工时每个墩按照拆上节、支下节的原则周转使用。模板之间用卡具、扣件连接固定，为加大支撑，减小应力变形，还可以在每节模板的上下端各设一道采用槽钢制作的内钢圈作为内侧支撑。

（5）护壁混凝土浇筑时采用吊桶运送，人工浇筑插捣密实。浇筑前应按图纸设计要求进行钢筋制安，以保证护壁的稳定性及每节护壁之间的衔接性。必要时可由试验确定在混凝土拌制时掺入早强剂，以加速混凝土的硬化。

（6）每浇筑一节护壁后，以墩孔口的定位线为依据，逐节校测检查墩位中心轴线及标高。

（7）逐层往下按照开挖一节支护一节的原则进行循环作业，直至将墩孔挖至设计深度，清除虚土或虚渣，保证墩底支承在设计规定的持力层中。

（8）孔底的扩孔处理。

1）墩端需作扩底处理时，扩大头尺寸应严格遵循设计图纸，扩大头部分一般不设护壁，如遇土质有特殊情况应及时联系监理工程师和设计单位。

2）扩大头开挖前应先将扩底部位墩身的圆柱体挖好（即竖向挖到位后再横向扩挖），再根据图纸要求的尺寸、形状，自上而下削土扩挖。扩底完成后及时清除护壁污泥、孔底残渣、浮土以及杂物和积水。

3）人工挖孔墩成孔后必须对墩身直径、扩大头尺寸、井底标高、墩位中心、井壁垂直度、虚土厚度、孔底岩（土）性质逐个进行复核检测（见表1），及时填写成孔施工验收记录，通知相关单位办理隐蔽验收手续。检验合格后迅速封底，进入下一道工序。

表1 挖孔墩挖孔允许偏差和检验方法

序号	项目	允许偏差	检验方法
1	孔位中心	50mm	测量检查
2	倾斜度	0.5%	

（9）基底检查。孔深挖到设计标高后，及时进行孔底清理，保证孔底平整，无松渣、污泥及沉淀等软层。然后检测是否进入持力层、嵌入岩层深度是否符合设计要求等。

2.3 钢筋笼的制作和安装

纵筋采用手工电弧焊，箍筋（加劲箍）采用电弧焊接头，焊接长度为单面焊10d，双面焊5d。钢筋接头应错开，任意截面的钢筋接头应小于该截面钢筋总量的50%。人工挖孔墩钢筋配筋图如图3所示。

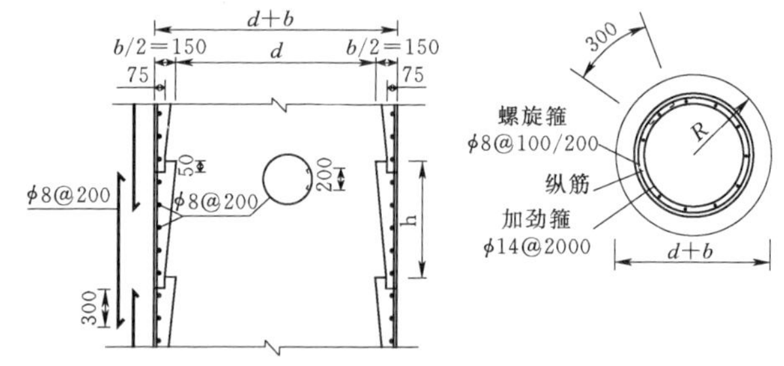

图3 人工挖孔墩钢筋配筋图（单位：mm）

成孔检查合格后即可吊放钢筋笼，自重较轻的钢筋笼可由人工安放就位，较重较长的钢筋笼应采用汽车吊或其他吊装设备一次吊放入孔。起吊点应设在钢筋笼顶部，并用吊钩挂在主筋或加强箍上，将钢筋笼吊挂在井口上方，以自重保持钢筋笼的垂直，控制好钢筋笼的标高及保护层的厚度。钢筋笼安放时，应对准孔位轻放、慢放，如遇阻碍，可缓慢起落和正反旋动使之顺利下放（钢筋笼入孔吊放过程中不宜反复扭动和猛烈向下冲撞），以免碰坏孔壁。钢筋笼必须沉放到底，不得悬吊，钢筋笼安装到位后，再次检查中心偏位是否符合规范要求。

2.4 浇筑墩身混凝土

墩端挖到设计标高并将底部浮土清除干净，验收合格后立即放置钢筋笼，并及时浇灌墩身混凝土，如当天不能浇筑，则孔底应预留 200mm 的保护层。

混凝土采用拌和楼集中拌制，混凝土搅拌车运输，汽车泵、溜槽或混凝土搅拌车直接入仓，混凝土的粗骨料最大粒径应小于 40mm，且不大于最小钢筋间距 1/3，含砂率在 40%～50%，选用中粗砂，坍落度宜控制在 180～220mm。根据现场实际情况必要时掺加缓凝剂，以保证混凝土的质量。

灌注混凝土采用管径 200mm、壁厚 3mm 的塑料导管，管节长度型号为 1.0m、2.5m、3.0m、4m、6.0m，导管采用法兰盘加止水胶垫并用螺栓连接。拼装后保证导管底部至孔底的距离为 0.3～0.5m，这样利于隔水栓顺利排出及灌注混凝土时挤出沉渣。导管在使用前需进行检修，并以 0.6～1.0MPa 水压力试压，合格后方可使用。放置导管前并再次检查导管的连接是否牢固和密实，以免漏气、漏浆而影响混凝土灌注质量。

灌注混凝土的数量应能满足导管首次埋置深度（不小于 0.8m）和填充导管底部的需要。导管在混凝土面的埋置深度一般在 2.0～6.0m，严禁把导管底端提出混凝土面，并应控制导管提拔速度，不宜过快或过慢，浇筑过程中安排专人测量导管埋深及其内外混凝土高差并做好相关记录。

墩身超过 6m 的，6m 以下部位的混凝土可利用混凝土下落时自重产生的冲力，再适当辅以人工插捣使之密实，其余 6m 以上部分再分层浇灌振捣密实。振捣棒振捣不到的部位，采用人工铁管、钢筋棍插捣。浇灌至墩顶后将表面压实、抹平，墩顶的标高及浮浆处理必须遵循设计图纸及相关规范要求。

3 施工重难点

人工挖孔墩是作业人员手动进行施工的，所以在施工过程中要时刻注意四周土层的变化，保证施工人员的安全。一旦发现土层构造和勘测不符或发现具备预见性的土层坍塌形状，要马上停止挖孔作业，及时把当前的状况汇报给监理、地勘等参建单位，二次检验合格后方可继续施工，这是施工的重点。

由于人工施工远远达不到机械施工的精度，施工的难点是保证墩孔的开挖精度。倾斜是人工挖孔墩无法防止的情况，所以在挖孔过程中，每挖进 1～2m，就要检测孔洞的直径和垂直度，施工人员必须把精度控制在孔深的 5‰以内。

人工挖进到一定深度时，重点要对之前挖好的墩孔实施清理工作，关键是清理干净孔内的杂物。一般墩孔内的杂物多为散落的泥土、石块等，清理工作要确保杂物清除干净，墩孔底部平整。

4 施工安全措施

（1）加强安全教育工作，严格执行特种作业人员持证上岗制度。

（2）现场作业人员必须规范佩戴安全帽，进出孔内必须佩戴安全带。

（3）孔口周围要用护栏进行隔离，并悬挂安全标识标牌，施工时孔口边缘禁止摆放尖锐的施工用具。人员上下采用专用轻型安全钢爬梯。施工结束后，孔口用盖板盖好。

（4）每天开始作业前须检查墩孔是否正常，施工工具是否齐全到位，使用的电气设备必须装有漏电保护装置，孔内照明须使用安全电压灯具，提土工具、装土容器应符合轻、柔、软的要求，并有防坠落措施。

（5）孔内作业时，孔外人员要与孔内人员保持密切联系。

（6）当挖孔深度超过 2m 时，须在孔口设置风量不小于 25L/s 的鼓风机进行压入式通风。进孔作业前，须进行通风换气，并进行氧气含量和有毒有害气体探测，检测达标后才能下孔作业。

（7）下雨时，除非采用有效的防雨措施，否则应立即停止施工。

（8）施工现场应在易产生职业病危害的作业岗位和场所设置警示标志或警示说明。

（9）高温作业时，施工现场应配备防暑降温用品，合理安排作业时间。

（10）作业人员如发现孔内出现坍塌、地下水和流砂等不良预兆时因立即停止作业迅速撤离到地面，并报告相关负责人，经采取措施妥善处理后，方可恢复作业。在进行流砂层施工时，作业人员须系安全带，安全吊绳放置于孔边，遇紧急情况时，便于将人员尽快吊出孔外。

（11）相邻 10m 范围内有深孔正在浇筑混凝土或蓄有深水时，不得下井作业。

5 实施效果评价

人工挖孔墩施工完成后应按工程桩的一定比例进行动测，以检查桩身质量，抽查数量不应少于总桩数的 20%，且不少于 10 根。动测若发现异常情况，应采用单桩竖向抗压静载试验进行验收检测。如实际地质资料与设计资料不符或对某些墩的质量和承载力有疑问时，可由设计单位会同建设方、监理公司及质检部门任意指定若干根墩采用钻孔取芯、荷载试验或其他有效方法进行检验。

6 结语

通过本工程案例，可以较为全面地了解人工挖孔墩的施工技术要求和控制重难点，作为国际项目采用中国标准施工的成功案例，可为中国企业在东南亚地区的其他类似项目提供参考。

参考文献

[1] 李志民，张献良．探讨人工挖孔桩施工技术［J］．建材发展导向，2017，15（1）：16－17.

[2] 李家涛，王传恒，陈倩．人工挖孔灌注桩施工的要点及难点［J］．科技信息，2008（11）：150.

盾构机在既有隧道（狭小空间结构）二次始发技术

祁海峰　郑　兵　许　慧/中国水利水电第十四工程局有限公司

【摘　要】 盾构机在狭小空间内二次始发时容易出现盾体失稳、卡壳、洞门漏水等问题，通过采取始发端头引水、封堵、负环段填充、控制推力、注浆压力等参数的措施，有效保证了盾构机在狭小空间二次安全始发。

【关键词】 盾构机　狭小空间　二次始发

1　引言

随着城市轨道交通的快速发展，盾构法施工开始全面普及，盾构机始发一般是在空间宽阔的车站或始发井内始发，反力架固定于车站（始发井）底板及中板，上述是比较常规方法，受到边界条件的限制，盾构机往往需要在狭小空间内始发，由于盾构机空推作业空间狭小且地面不规则，二次始发时容易出现盾体失稳、卡壳、洞门漏水等问题，施工难度非常大。

2　工程概况

成都地铁4＃线二期槐树店站—来龙站盾构区间，为解决盾构机下穿既有高铁难题，采取盾构机在既有已建成的椭圆形暗挖隧道内接收、空推步进、二次始发，具体如图1所示。

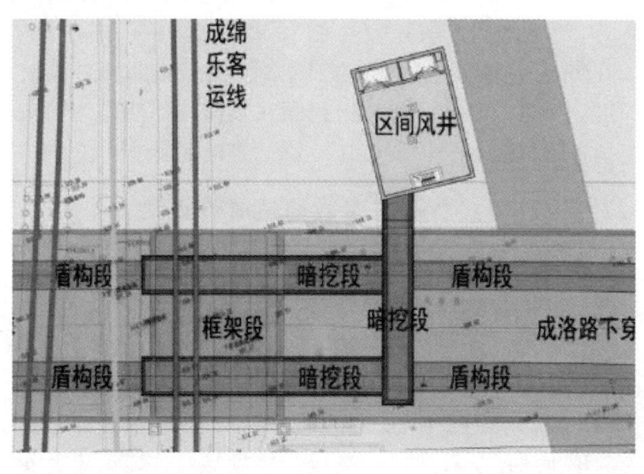

图1　盾构机穿越暗挖隧道、二次始发平面图

暗挖隧道左右线均为马蹄形，宽8m，高8.1m，长度60m，盾构机为海瑞克生产的土压平衡式盾构，刀盘直径6.28m。通过本技术应用，工程效果显著，采取对二次始发（－6环位置）封堵、负环与暗挖二次间隙处理、始发参数控制等措施，实现了安全、快速盾构空推、二次始发作业，二次始发期间各项指标稳定，洞门、管片无渗漏水、盾构机姿态正常，暗挖隧道结构尺寸如图2所示。盾构机进入暗挖隧道如图3所示。

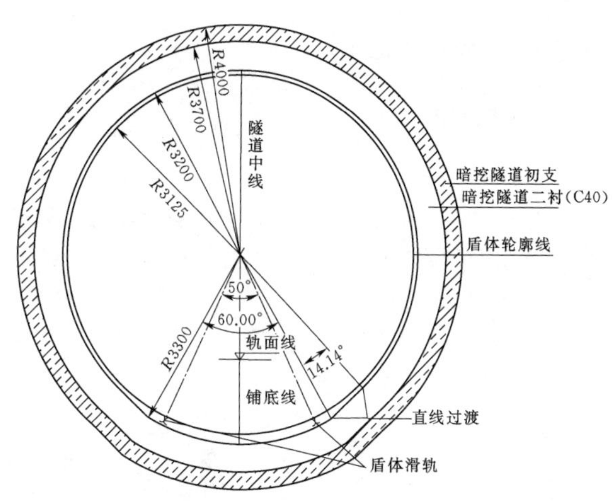

图2　区间矿山法隧道横断面图

3　二次始发端封堵

由于盾构到达是利用导轨代替盾构机托架，因此在盾构机再次始发时，二次始发端头往往是最薄弱部位，环境复杂、涌水涌砂风险高，需对始发段采用堵漏剂封堵，封堵后注浆填实，降低始发风险。

图 3　盾构机出洞

3.1　端头引水

二次始发端头刀盘距始发端头 1m，且拼负环前在距离端头 500mm 处砌筑挡水墙，正下方预埋 ϕ50 的钢管，从盾体正下方引出盾尾刷 300mm，同时在钢管的伸出头安装球阀。

3.2　−6 环位置封堵

−6 环脱出盾尾后，需对管片外侧与暗挖隧道二衬之间的空隙进行处理，采取管片宽度方向 500mm 空隙范围内砌砖，M7.5 砂浆抹面，拐角及细微缝隙采用堵漏剂封堵，封堵后注浆填实。

3.3　负环段填充

首环负环完成填充环氧砂浆后，正常开展二次始发破土掘进，由于提前在首环端头砌筑挡墙及填充环氧砂浆封闭，二次始发破土掘进过程中可直接在负环管片底部开孔后进行双液浆注浆，并及时开展同步注浆工作，确保管片底部填充密实、连接牢固、强度可靠。二次始发阶段负环及封堵加固方式如图 4 所示。

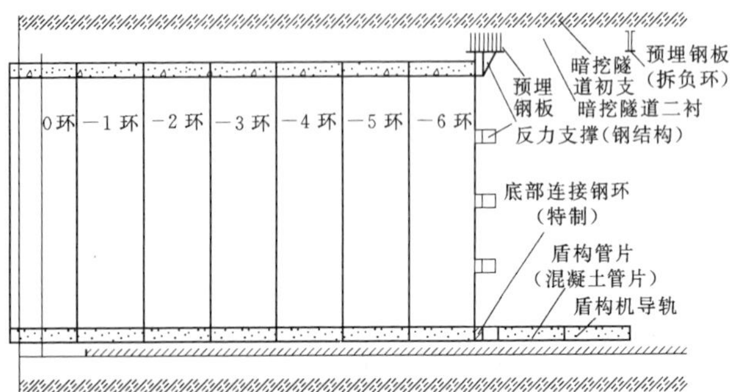

图 4　反力支撑连接后的纵剖面图

4　首环负环管片固定与传力

对二次始发端头首环负环位置处的暗挖隧道二衬表面进行凿毛、取槽，凿毛取槽深度控制在 2cm 以内。在 −6 环管片与暗挖隧道二衬之间采用人工砌筑两道砖垛封闭（并预留注入管道），再在砖垛间的空腔内灌注环氧砂浆，填充至至少下半环满实。本工艺利用环氧砂浆的高强度和与混凝土良好的黏结性能，进一步将始发反推力均匀分解到二衬结构上，保证始发端提供足够的支撑反力，具体见图 5。

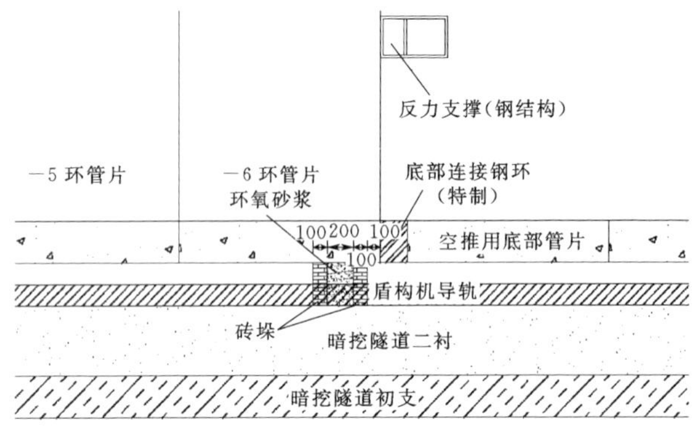

图 5　首环负环填充环氧砂浆示意图

5　掘进参数的控制

二次始发后，反力架提供反力能力差，掘进参数的选择关系到始发后掘进质量，始发掘进后需随时根据情况适当修正掘进参数。

5.1　掘进参数的选择

始发段敞开式掘进时，由于盾构机盾体部分处于暗挖隧道上的两根导轨（钢轨）上始发，承受刀盘上传来扭矩的能力很差，给盾构机提供推进反力的反力架也仅承受 1200t 载荷，此时的敞开式掘进推力应控制在 400～600t 之间，扭矩宜控制在 900kN·m，转速 1～1.5r/min 为好，土仓中无土压，螺旋输送机以低速旋转即可。掘进过程中，将推力控制在限值内并使其均匀分布到各组油缸，确保盾体在导轨上的正常前进。

5.2　掘进模式各掘进参数的适时修正

始发掘进中随时根据情况适当修正掘进参数。掘进过程中时刻观察各参数的变化特点，以便采用相应掘进参数；对不同水压条件下的掘进参数进行调整；根据不同渣土改良方法和改良剂而调整掘进参数等。不断适应，尽量减轻刀盘振动、减小破碎能量条件下而获得最大的推进速度为佳。盾构机始发试掘进时，盾体放置在导轨上并找正方位，支反力靠负环拼装过程中安装的反力支撑及下部顶推管片提供，因此，盾体在未离开托架上掘进时不允许调向纠偏操作。掘进时，刀盘的破岩力矩经托架传递，掘进时，应注意控制好刀盘转向和刀盘扭矩，并适时采用刀盘正反转切削，保持机体稳定前进。

5.3 掘进过程中的渣土改良

由于在本次改良的方案中，主要注入泡沫和膨润土两种材料，这两种材料的主要作用为：①泡沫：减磨，加流动性。②膨润土：改善部分间隙水，随后吸水。具体参数见表1。

表1　　始发段拟添加耗材注入量

泡　沫			膨　润　土	
注入率/%	发泡剂浓度/%	膨胀倍/倍	注入率/%	浓度/%
20～30	3～4	15～20	10	6～10
15～25	3～4	10～15	8～10	8～10

添加改良材料后，大颗粒被小颗粒包裹，并能带动大颗粒，从而渣土状况大为改善，流动性大大增强。而且，由于细颗粒的添加，抗渗性能也大为改善，形成了保水性好，并具有良好流动性的渣土。

6 管片背后同步注浆

在－6环管片脱出盾尾后，开始对管片壁后注浆。在－6环～－1环范围内先进行双液浆注浆后，再进行同步注浆施工。从0环开始，注浆采用同步注浆施工。

－6环脱出盾尾后，管片外侧与暗挖隧道二次衬砌内侧之间存在15cm的空隙。对空隙的处理，采用空隙范围内砌砖、外立面M7.5砂浆抹面、拐角及细微缝隙处用堵漏剂等方法对空隙进行封堵。封堵后，即有条件进行管片壁后注浆。

6.1 双液浆注浆施工工艺

当负环管片脱出盾尾后，为保证管片的稳定，需要及时对管片壁后进行注浆，以保证成环管片的稳定。由于管片外侧和暗挖隧道二次衬砌之间存在15cm的空隙，当管片脱出盾尾后会出现管片中心隧道轴线下降的情况。为有效控制管片下沉，同时保持管片的稳定性，在－6环到－1环范围内利用双液浆注浆及同步注浆对管片壁后进行填充。

6.2 同步注浆施工工艺

当盾构机盾体完全进入盾构区间土体后，开始进行同步注浆。同步注浆与盾构机掘进同时进行，通过同步注浆系统及盾尾的内置注浆管向盾尾管片背后注入浆液。采用双泵四管路（四注入点）对称同时注浆。注浆可根据需要采用自动控制或手动控制方式：自动控制方式即预先设定注浆压力，由控制程序自动调整注浆速度，当注浆压力达到设定值时，自行停止注浆；手动控制方式则由人工根据掘进情况随时调整注浆流量、速度、压力。

掘进阶段的管片注浆是保证管片拼装质量的关键所在，其目的在于控制隧道变形，防止管片上浮，提高结构的抗渗能力。良好的浆液性能体现在以下几个方面：①浆液充填性好；②浆液和易性好；③浆液初凝时间适当，早期强度高，浆液硬化后体积收缩率小；④浆液稠度合适，以不被地下水过度稀释为宜。

6.3 浆液配合比的选择

采用浆液的配比见表2同步注浆浆液配合比。

表2　　同步注浆浆液配合比　　单位：kg/m³

水泥	细砂	粉煤灰	膨润土	水
200～260	500～800	100～200	100～150	450～550

始发掘进100m范围内，为了防止同步注浆不能很好地填补管片背后的空隙，在盾构机连接桥右侧的平台上放置一台气动注浆泵，在掘进的同时进行二次注双液浆。

6.4 注浆量与注浆压力

注浆压力相当于隧道埋深处的地层应力时，对减少地层损失和地表沉降量效果最为显著。考虑到注浆时的压力损失，为保证达到对环向空隙的有效充填，同时又能确保管片结构不因注浆产生变形和损坏，根据计算和经验，注浆压力一般取值为0.2～0.35MPa。

7 质量控制

盾构机二次始发后，管片易产生上浮和下沉、管片错台等质量缺陷，施工过程中应根据实际情况采取合理措施，防止质量缺陷。

7.1 二次始发阶段防止管片上浮和下沉措施

（1）在盾构机过空推段每隔2环采用特制支撑螺杆对管片注浆孔进行支撑加固，加固注浆孔位置的选择为成环管片3点、9点钟以上的位置。

（2）加强管片姿态监控，测量组每6环对管片进行一次姿态测量，如发现管片有上浮和下沉趋势应及时调整施工参数，盾构机操作手也应根据测量数据适当调整注浆量。

（3）为防止管片在盾构机步进后产生上浮，在施工过程中，管片背衬注浆只从管片大跨上部进行压注，注浆压力不大于1bar，尽量从管片的大跨以上进行注浆，并保证管片两侧同步注浆，避免因注浆而对管片产生偏压，造成管片移位。

7.2 二次始发阶段防止管片错台措施

盾构机步进时提高背衬同步注浆，同时通过试验调整配合比，确保初凝时间在6h以内，保证管片下部有足够的抗力。在必要时，缩短回填注浆工作面与管片安装工作面的距离，甚至在盾尾外侧直接进行回填注浆。加强对盾构姿态的控制，纠偏不能过急，以每环不超过10mm的纠偏量为宜。同时确保60mm以上的盾尾间隙以防止盾壳对管片产生作用力。在盾构机过空推段往往由于反力不够容易造成管片螺栓不能完全复紧，在拼完每环管片后应及时对后面3环管片螺栓进行复紧，在每次交班前对所有以拼装管片复紧，空推结束后对所有管片螺栓复紧。

盾构机姿态控制措施：

（1）调整好盾构机从实推段到空推段进洞姿态和空推段到实推段时的出洞姿态。

（2）导台的施工精度在±10mm以内。

（3）空推过程中，控制盾构机姿态水平和垂直偏差都在±50mm，管片拼装后加强管片姿态监测频率。

8 防涌水安全措施

由于空间所限采取不施作帘布橡胶板的方式阻水，在拼装的－6环管片脱出盾尾后采取封洞门和注浆的方式来有效防止始发涌水的风险，具体措施如下。

8.1 首环负环的固定

在盾构机进入暗挖隧道展开空推作业前，对二次始发端头首环负环位置处的暗挖隧道二衬表面进行凿毛、取槽，凿毛取槽深度控制在2cm以内。在－6环管片与暗挖隧道二衬之间采用人工砌筑两道砖垛封闭（并预留注入管道），再在砖垛间的空腔内灌注环氧砂浆，填充至至少下半环满实。本工艺利用环氧砂浆的高强度和与混凝土良好的黏结性能，进一步将始发反推力均匀分解到二衬结构上，保证始发端提供足够的支撑反力。

8.2 砌体封洞门

－6环脱出盾尾后，在管片外侧与暗挖隧道二次衬砌内侧之间存在15cm的空隙。对空隙的处理，采用空隙范围500mm的进尺内砌砖、外立面M7.5砂浆抹面、拐角及细微缝隙处用堵漏剂对空隙进行封堵。封堵后，即有条件进行管片壁后注浆。

8.3 负环管片保护

根据设计文件及工艺考虑，始发负环均要作为永久结构。故自首环负环起至零环均需要按照正常正洞管片进行入场手续，粘贴止水胶条、丁晴软木衬垫等。推进过程中，尽量减小始发推力，保证负环段的受力均匀、表现良好。

8.4 填充豆砾石

此次始发的负环管片将作为永久衬砌，所以负环管片的拼装一定要保证质量。由于负环管片背后的空隙较大，故在注浆填充之前首先应进行豆砾石的填充：在管片吊装孔的位置开孔，采取填充豆砾石的方式，以保证注浆填充的强度。防止在负环脱出盾尾后管片下沉过快，引起错台。

8.5 负环段填充

确保洞门封堵严密和上强度后正常展开二次始发破土掘进。由于提前已在首环负环端头采用砌筑砖垛及填充环氧砂浆封闭，二次始发破土掘进中可直接在负环管片底部开孔后进行双液浆注浆，并及时展开同步注浆，保证管片底部填充密实、连接牢固、强度可靠。

在二次始发负环段推进中，可视情况加灌环氧砂浆，作为二次注浆措施的补充手段，保证所有负环段管片与暗挖隧道连接牢靠且不变形。

9 结语

本文详细阐述了盾构机在狭小空间内二次始发技术，通过采取始发端头引水、封堵、负环段填充、控制推力、注浆压力等参数的措施，解决了盾构机二次始发时容易出现盾体失稳、卡壳、洞门漏水等难题，实现了盾构机在狭小空间二次安全快速始发。本技术安全、可靠，可操作性、适用性强，推广价值明显。

川藏铁路特长隧洞精准贯通测量技术

杨炳发　唐贤祥/中国水利水电第十四工程局有限公司

【摘　要】 川藏铁路东起四川省成都市，西至西藏自治区拉萨市。工程测量具有线路长、地形高差大、精度要求高、技术难度大等特点，特长隧洞精准贯通是工程测量中最大的技术难题。本文结合川藏铁路测量工作特点，对特长隧洞精准贯通测量技术方案进行了策划，对实现特长隧洞的精准贯通具有指导意义。

【关键词】 特长隧洞　精准贯通　测量技术

1　川藏铁路工程概况

川藏铁路东起四川省成都市，西至西藏自治区拉萨市，设计图里程 1697.32km，其中成都至雅安段 138.02km、雅安至林芝段 1122.20km、林芝至拉萨段 437.10km。该铁路集合了崇山峻岭、高原高寒、风沙荒漠、雷雨雪霜等多种极端地理环境和气候特征，跨 14 条大江大河、21 座 4000m 以上的雪山，被称为“最难建的铁路”。

川藏铁路采用兴建新线与合并旧线的方式修筑，分期分段建设运营；成都至雅安段已于 2018 年 12 月开通运营，拉萨至林芝段正在顺利铺轨并将于 2021 年年底开通。雅安至林芝段开工动员大会于 2020 年 11 月 8 日在北京和川藏铁路控制性工程色季拉山隧道、大渡河特大桥三地，以视频连线的方式同时进行，标志着雅林段正式开工建设，中国水利水电第十四工程局有限公司承担控制性工程色季拉山隧道（CZXZZQ－1 标）的施工任务。

2　川藏铁路测量工作特点

2.1　显著的地形高差给测量工作带来极大挑战

川藏铁路线路依次经过二郎山、折多山、高尔寺山、沙鲁里山、芒康山、他念他翁山、伯舒拉岭、色季拉山等高大山脉，先后经过大渡河、雅砻江、金沙江、澜沧江、怒江、雅鲁藏布江等大江大河。

线路沿途地形落差极大，全路段最高海拔 4400m，全线海拔落差大于 3000m，桥隧工程占比达 81%；从成都到拉萨，线路八起八伏，累计爬升高度达 1.4 万 m。沿线地势起伏巨大，地形高差显著，给测量工作带来极大挑战。

2.2　特长深埋隧道众多，精准贯通是工程测量最大的技术难题

川藏铁路经过高山大川，深埋特长隧道工程数量众多、规模巨大，世界铁路建设史上从未有过。雅安至林芝段隧道总计 73 座 850.38km，隧线占比为 84.56%，10km 以上特长隧道共 35 座 745.66km，20km 以上隧道 16 座 463.474km，30km 以上隧道 7 座 241.389km（见表 1：川藏铁路雅林段 30km 以上隧道统计表）。深埋特长隧道精准贯通是工程测量最大的技术难题。

表 1　川藏铁路雅林段 30km 以上隧道统计表

隧道名	位置	长度/m	最大埋深/m
孜拉山隧道	昌都市境内	30370	1481
芒康山隧道	昌都市境内	30280	1144
海子山隧道	昌都市境内	33090	1220
果拉山隧道	昌都市境内	36085	1690
易贡隧道	林芝市境内	42474	1400
拉月隧道	林芝市境内	31080	2100
色季拉山隧道	林芝市境内	38035	1680

2.3　平面控制等级高

平面控制测量分 CP0、CPⅠ和 CPⅡ三级进行布设，分别按《铁路工程测量规范》（TB 10101—2018）的特等、一等（或二等）和二等（或三等）GPS 测量技术要求施测，CP0 网附合到 2000 国家大地坐标系控制点上，30km 长隧洞 CPⅠ采用特等 GPS 施测；CPⅠ网采用 CP0 成果进行三维约束平差，CPⅡ网采用联测的 CPⅠ点成果进行二维约束平差。

2.4 高程基点控制网按国家二等水准技术并进行重力异常改正

高程基准采用1985国家高程基准。线路水准基点控制网附合于国家一等水准点，二等水准进行标尺温度改正、水准标尺长度改正、正常水准面不平行改正和重力异常改正。

川藏铁路呈东西走向，且地形起伏巨大，重力变化大，为了减小重力异常对水准测量成果的影响，每隔4km建立重力点进行重力测量，对二等水准进行重力异常改正，在铁路建设水准测量中属于首次使用。

3 特长隧洞精准贯通关键技术

3.1 特长隧洞贯通设计

首先进行隧洞贯通设计，根据测量误差传播理论和横向贯通误差限差，进行贯通误差预计算和分析，确定特长隧洞平面、高程控制网等级。

3.2 建立高精度地面控制网

3.2.1 地面平面基础控制网

（1）平面基础控制网（CPⅠ）等级。

1）10～15km长度的特长隧道：CPⅠ按二等平面控制网精度施测。

2）15～30km长度的超长隧道：CPⅠ按一等平面控制网精度施测。

3）30km以上长度的超长隧道：建立洞外特等平面控制网。

（2）平面控制网主要技术要求及指标。各级平面控制网的主要技术要求应符合表2和表3要求。

（3）GPS观测。开机后经常检查有关指示灯与仪表显示，使其处于正常状态。按照设计要求，所有的观测值都记录在一个标准的外业日志手簿中，每个测站和每个时段的日志表包含以下内容：①控制点名称、ID号、类型；②每个观测时段（Session）的日期、接收机的开始接收时间、停止接收时间；③接收机的牌子，型号和接收机序列号；④天线的牌子、型号、序列号；⑤天线的配置信息，如方向、天线的高度（垂直高和倾斜高）；⑥任何不寻常地点的要素（包括任何可能的多路径效应来源和电磁信号干扰）；⑦测量过程中发生的不平常事件，如停电或突来的恶劣天气。

每时段观测前后各量取天线高一次，观测值精确到毫米，两次量高之差不大于1mm，取平均值作为最后天线高。所有的测量计算由2人验算检查。

表2　卫星定位测量控制网的主要技术指标

等级	固定误差 a /mm	比例误差系数 b /(mm/km)	基线方位角中误差 /(″)	约束点精度		约束平差后最弱边边长相对中误差
				方位角精度 /(″)	边长相对精度	
特等	≤5	≤0.5	—	—	—	1/2000000
一等	≤5	≤1	1	0.6	1/500000	1/250000
二等	≤5	≤2	1.3	1	1/250000	1/180000
三等	≤5	≤3	1.7	1.3	1/180000	1/100000

注　当基线长度短于500m时，一等、二等、三等边长相对中误差应小于5mm。

表3　卫星定位测量作业技术要求

项　目		特等	一等	二等	三等
接收机类型		双频	双频	双频	双频
仪器标称精度/mm		$5+1\times10^{-6}\times d$	$5+1\times10^{-6}\times d$	$5+1\times10^{-6}\times d$	$5+1\times10^{-6}\times d$
静态测量	卫星截止高度角/(°)	≥15	≥15	≥15	≥15
	同时观测有效卫星数	≥4	≥4	≥4	≥4
	时段长度/min	≥300	≥120	≥90	≥60
	观测时段数	≥4	≥2	≥2	2
	数据采样间隔/s	30	15	15	15
	PDOP或GDOP	≤6	≤6	≤6	≤8

经认真检查，所有规定作业项目均已完成，并符合要求，记录与资料完整无误后，才进行迁站。

（4）控制网数据处理。CPⅠ网起算点采用经稳定性分析合格的CP0点的二维成果及每15～20km选择一个稳定可靠的CPⅠ控制点作为已知点进行约束平差，CPⅡ起算点采用复测合格的CPⅠ点的平面成果。

对控制网进行基线解算后，检查基线向量残差、重复基线较差以及异步环闭合差，均满足限差要求后，方可认为控制网外业复测数据合格，可以参与平差计算。控制网平差采用武汉大学研制的CosaGPS 5.2软件（或经认证的软件）进行计算，平差计算成果各项指标应满足表2的要求。

3.2.2 地面高程基准

（1）地面水准网等级。建立全线二等高程控制网，并对原测高差分别进行了正常水准面不平行改正以及重力异常改正，其中重力异常改正采用实测重力值计算所得。

（2）水准网技术要求及精度指标。水准观测的主要技术要求见表4。

表4　水准观测的主要技术要求

等级	水准仪最低型号	水准尺类型	视距/m	前后视距差/m	测段的前后视距累积差/m	视线高度/m	数字水准仪重复测量次数/次
二等	DS1	铟瓦尺	≥3且≤50	≤1.5	≤6.0	≤2.8且≥0.55	≥2

水准测量外业工作结束后，应首先进行观测数据质量检核。检核的内容主要包括：测站数据质量、水准路线数据质量、往返测高差较差及附合路线闭合差。沿线路每4km左右布设1个重力水准点，当重力异常变化大时，应增加重力点测量密度。长度在4km以上的隧道进、出口至少布设1个重力水准点，在斜井、横洞口宜布设1个重力水准点。数据质量全部合格后，方可进行平差计算，平差计算成果精度应满足表5的规定。

表5　高程控制网的技术指标

水准测量等级	每千米高差偶然中误差 M_{Δ}/mm	每千米高差全中误差 M_W/mm	附合路线或环线周长的长度/km	
			附合路线长	环线周长
二等	≤1	≤2	≤400	≤750

3.3 建立高精度洞内基本控制网

3.3.1 洞内基本平面控制网

（1）洞内基本平面控制网等级和布设形式。特长隧洞洞内基本控制布设成隧道二等导线网，其网形如图1所示，每个测控制点有4个点相联系，该网形增加多个检核条件，通过不同的路径对控制网进行检核，保证平差计算使用数据的质量，以保证基本控制网的可靠性和精度。

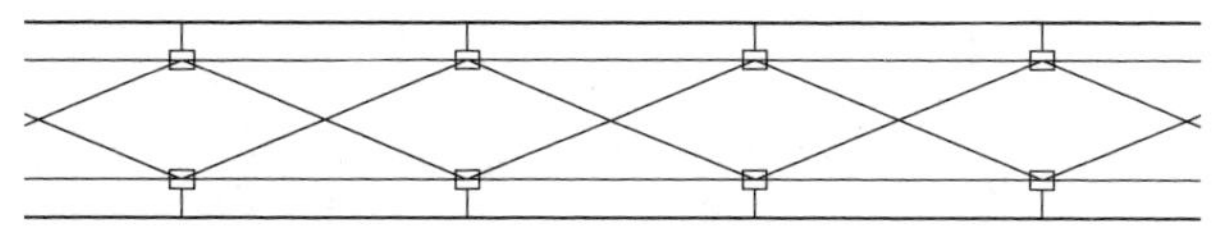

图1　基本导线网形

洞内控制网的边长，直线段通常为400～500m为宜；在弯道处的边长，应根据隧道的宽度、弯道半径、洞内管线布置和导线网的网形来确定。

为了提高仪器对点精度方便观测，洞内基本控制点应建立成强制对中观测点，强制对中的中心即为导线点的平面位置，强制对中观测点固定在洞壁上以保证其稳定性。

（2）洞内基本控制点的测量方法。洞内基本控制测量的观测，使用高精度全站仪（标称精度0.5″），采用全圆方向观测法观测。在进行距离观测中，观测时的温度、气压可直接输入仪器中，对边长进行改正。使用多测回测角程序自动观测，自动记录水平角（方向值）、斜距、平距、垂直角等数据，观测前准确量取仪器高和镜站高并记录在记录簿。洞内导线网测量的主要技术要求见表6隧洞导线网测量的技术要求。

表6　隧洞导线网测量的技术要求

等级	测角中误差/(″)	测距相对中误差	方位角闭合差/(″)	导线全长相对闭合差	测回数	
					0.5″级仪器	1″级仪器
隧道二等	1.3	1/200000	$2.6\sqrt{n}$	1/100000	6	9

注　表中n为测站数。

（3）洞内基本导线的计算与检核。对观测数据进行检查校核、各项限差满足要求后进行内业计算。使用检查合格后的观测数据进行平距和高差计算，根据每条边两个控制点的平均高程，对边长进行投影改正。将水平角（方向值）、计算的高差和投影改正后的平距输入平差软件进行平差计算，获得坐标（X，Y，H）成果。分别独立计算两套成果进行对比校核，确保成果的可靠性。

3.3.2 洞内基本高程控制测量

洞内基本高程控制测量采用二等水准测量，洞内水准测量通过左、右水准路线的连测进行检核；洞内水准点通常设置在运输轨道两侧的隧洞底板上，埋设固定的不锈钢水准标志。水准点设置的位置，既要便于水准点的保护，又要能保证2m长水准尺在洞内的使用。观测的技术要求和平差计算与地面二等水准相似。

水准高程路线应组成附合路线或闭合环，每隔3km左右，水准高程点标志与基本导线点标志合一，观测平面网时就一起观测三角高程，使用三角高程检查水准高程，如果较差满足要求，使用水准高程作为最终成果。三角高程很难达到二等水准的精度，使用三角高程检查水准高程，是为了避免错误的发生。

3.4 施测高精度陀螺方位

特长隧洞施测高精度陀螺方位边，每隔 5km 左右施测陀螺方位边，定向精度不应低于 4″，确保特长隧道精准贯通。

4 关键技术总结

（1）水准测量成果进行重力异常改正，提高水准测量精度。

（2）洞内导线网以地面 CPⅠ为基准，不应符合在 CPⅡ上。

（3）洞内基本控制网布设成狭长形导线网，增加多余观测值，通过不同的路径对控制网进行检核，保证平差计算使用数据的质量，确保基本控制网的可靠性和精度。

（4）施测高精度陀螺方位边，提高隧洞精度。

5 结语

川藏铁路特长隧洞众多，特长隧洞精准贯通是施工测量最大的技术难题，本文根据川藏铁路测量工作的特点，借鉴了铁路、水电、公路等测绘工作者的研究成果，总结了多个特长隧洞贯通技术和经验，是众多测绘专家的智慧结晶，希望对特长隧洞贯通测量工作具有一定的指导借鉴意义。

浅析大断面顶管技术在城市轨道交通工程中的应用

杜建峰/中国电力建设股份有限公司
王宇伟/中国水利水电第四工程局有限公司

【摘　要】文中介绍了大断面顶管技术在深圳地铁7#线华强北站与华新站联络通道的应用的成功案例，采用土压平衡顶管工法打通地下3条平行隧道，完成两个车站的连接任务，解决了在重点商业区施工地面沉降要求高、交通疏解压力大、安全风险控制难等难点，为将来类似工程施工提供了宝贵经验。

【关键词】隧道　顶管　大断面　轨道交通

1　引言

顶管施工是非开挖地下管道或人行通道的新型施工工艺，在市政工程中常见的为圆形断面污水、雨水顶管，矩形顶管工艺复杂、配套设备要求高，普遍运用于城市过街通道、地下商业联络通道等重要场所。顶管机作业时主要借助主推油缸后推力，顶管机、涵管克服管道与周围土壤阻力，将剩余顶推力通过刀盘传递至掘进面，随着刀盘转动将土方切削、打碎，渣土通过螺旋机输出外运。在首节顶管涵段顶入土层之后，安装第二节涵段继续顶进，直至首节涵段顶进至设计出口位置，形成整条隧道涵洞为止。涵管顶进过程中，同时进行管壁减阻注浆，以减小涵管外壁与周围土壤阻力，促使顶进工作平稳、有序进行。

本文以深圳地铁7#线连接华新车站、华强北站两个车站的重要地下商业通道施工为例，分析大断面矩形顶管技术在城市轨道交通工程中的应用。

2　工程概况

深圳地铁7#线华新车站、华强北站敷设于誉有“亚洲电子第一街”的华强北地下街道，地处华强北核心商业圈，该顶管工程正是深圳地铁7#线华强北站与华新站联络通道，建成后将南北方向两个地铁车站负一层大型商业区串联成一体，属于7#线主体结构工程同步施工项目。该顶管工程每条长41m，共敷设3条，共计123m，断面尺寸6.92m×4.92m，呈南北向布置，顶部浅埋覆土3.5m。顶管隧道之间净间距为2.15m，属于小间距并行隧道，在顶进过程中会对已成型通道和运营中的地铁2#线产生扰动影响，且因断面尺寸较大易引发顶管机背土，加剧土体扰动、流失和顶管机姿态的控制难度。3条顶管隧道与下方既有地铁2#线2条隧道呈正交，其中右线净距离594mm，左线净距离647mm，在全国范围内上穿既有地铁线路顶管施工中，净间距小于1m的尚属首例。同时通道上方密布着各种不同埋深、错综复杂的市政管线，1条正交混凝土污水管涵最小距离仅为331mm，密布的地下的管涵进一步加大了施工难度，给施工带来极大的困难和挑战。

3　顶管设备

本工程顶管采用的是JD4900×6900mm土压平衡式矩形顶管机，由厂家根据隧道断面尺寸、顶推力、出土方量等参数量身定制。顶管机主要由切削搅拌系统、动力系统、电气操作控制系统、测量显示系统、纠偏及液压系统、渣土输出系统组成。顶管机性能见表1。

表1　顶管机性能参数表

序号	细目部件名称	参　数
1	顶管机外形（端面）	6920mm×4920mm
2	顶管机总长	3804mm+1430mm
3	刀盘最大转矩	600kN·m

续表

序号	细目部件名称	参　数
4	刀盘转速（变频）	1.58r/min
5	螺旋输送机叶片直径	560mm
6	螺旋输送机转速（变频）	0～14r/min
7	螺旋输送机最大排土量	$0.98m^3/min$
8	纠偏油缸总行程	200mm
9	纠偏油缸（推力×台）	200t×16 台
10	左右最大纠偏角度	1.8°
11	上下最大纠偏角度	2.7°
12	油泵最高工作压力	31.5MPa
13	油泵正常工作压力范围	22～28MPa
14	装机容量	622kW
15	整机重量	215t

根据本工程现场水文地质情况，切削系统在设计阶段进行了优化、改进，确保最大程度的切削土体，减小切削盲区，6 把刀具采用 3 凸 3 凹布置形式，且前后错开，左右重合部分切削区域，做到最大切削量，并能防止刀盘掘进被困。

在顶管机操控平台方面，技术人员进一步将操控平台优化和完善，将主顶油缸控制系统、刀盘控制系统、注浆控制系统等整合优化成一个综合控制系统，由多个控制台改进优化为一个操控台，使顶管机在顶进过程中及时将各种信息全面、准确地反馈在操控显示屏上。

4　顶管施工

顶管施工遵循始发、掘进、接收三个工艺步骤原则，工艺之间紧密衔接，全过程准确、精细控制，确保达到设计尺寸和精度要求，满足顶管机沿设计轴线精准贯通。

4.1　顶管机始发

（1）顶管机始发在端头井加固、顶管机组装、子系统调试和整机调试完成且验收合格后具备始发条件时进行。本工程端头井加固根据工程地质情况及图纸要求，端头井加固范围为始发井长度 3.2m，宽度为 31.65m；接收端加固长度 3.65m，宽度为通道边侧 33m，始发、接收端采用 ϕ600×@450mm 双管旋喷桩加固土体。在顶管底板位于砾质黏性土层地质时，加固深度为底板下 2m，顶管底板位于砂层地质时，加固深度为穿透砂层进入砾质黏性土层 1m。

（2）顶管机组装由顶管机吊装下井、后配套组装和顶管机盾体组装三个环节组成。顶管机吊装顺序：后配套坑内组装→顶管机坑内组装→液压系统、注浆系统等安装；后配套组装顺序：钢后靠安装→油缸架安装→导轨安装→液压系统安装→注浆系统安装；顶管机盾体组装顺序：顶管机前壳体下吊装→顶管机前壳体上安装→顶管机后壳体下安装→顶管机后壳体上安装→刀盘安装→螺旋出土机安装。

（3）顶管机下井组装并对所有管线检查完毕后进行子系统调试，由厂家和现场机械、电气工程技术人员配合共同完成，子系统调试主要包含供电系统调试及整机调试。其中供电系统调试由低压供电系统和高压系统调试两部分组成，低压供电系统调试包括照明系统（含紧急照明）、动力系统、弱电供电系统等调试；高压供电系统是保证设备正常工作的首要条件，测试的内容包括高压电缆、接头、电缆盘、高压开关柜及变压器的绝缘及功能调试，在高压部分工作确认正常后便可进行下一步的调试工作。

（4）整机调试在各子系统调试合格后进行，整机调试工作主要验证顶管机工作参数和性能，检验顶管机推进系统、导向系统和膨润土注入系统工作情况，为顶管机始发做准备。整机调试前进行整机试运行，按正常掘进程序依次启动各系统，测试各系统的配合、连锁等情况，最后结合顶管始发进行带载运行，顶管机始发。

4.2　顶管机掘进

顶管机始发后各系统进入正常工作状态，掘进过程中渣土运输、材料供应和监控量测工作有序衔接，形成流水作业，直至顶管机顺利到达、接收。顶管机掘进过程中重点对顶进速度、出土量、顶进姿态、地面沉降和管节注浆等控制。

（1）顶进速度和出土量控制。顶进初始阶段不宜过快，速度控制在 10mm/min，正常施工阶段将速度控制在 20～30mm/min；出土量控制在理论出土量的 98%～100%，严格控制出土量，防止超挖或欠挖。

（2）顶进姿态控制。顶管机顶进过程中，顶进姿态控制是重点，保证顶进轴线、转角符合设计要求。其中轴线控制在顶管机前方节、后方节及第一节管节四周布置定位标，全站仪定时测量顶管机及后方管节姿态，顶管机每顶进 0.5m 进行姿态测量，并做到随偏随纠，规避土体出现较大扰动及管节间出现张角，顶进轴线偏差按照高程±50mm，水平±50mm 控制；转角控制是由于本工程为矩形顶管，因此对涵管的横向水平要求较高，在顶进过程中对顶管机转角控制由专人负责监控，早发现、早处理转角问题，转角处理主要采取刀盘反转、反侧注泥、加压铁等措施回纠。

（3）地面沉降控制。在顶进过程中，合理安排施工进度，严格控制顶进速度，保证连续、均衡施工，避免出现长时间中断，现场根据掘进反馈数据不断调整土压力设定值，使之始终保持最佳状态。施工过程中严格测量监控地面沉降，现场发生沉降变形时应采取管节补浆、注泥等措施修正，单班顶进结束后并进行二次补泥、补浆，确保地面沉降变形可控。

（4）管节注浆。为减少土体与涵管摩阻力，在涵管外壁压注触变泥浆形成一圈泥浆套以达到减摩效果，在施工期间要求泥浆不失水、不沉淀、不固结，确保顶进过程中涵管摩阻力达到最佳值。顶管机管节注浆作业采用泥浆搅拌机现场集中制浆，浆液由膨润土、纯碱、CMC和水按照配比拌制而成，鉴于本工程覆土较浅，为防止地面鼓包、隆起，注浆压力按照0.05MPa控制。泥浆配合见表2。

表2　泥浆配合比表

膨润土	CMC	纯碱	水
40kg	2.5kg	6kg	950kg

注　CMC为羧甲基纤维素。

4.3　顶管机接收

（1）接收井准备。顶管机接收前，先对接收井洞门位置进行测量确认，根据实际标高安装顶管机接收基座（接收架），配备洞门封堵钢板、补充注浆等材料。

（2）顶管机姿态复核。隧道贯通前对顶管机位置进行准确测量，控制掘进精度，减小轴线偏差，确认顶管机方位，评估出洞时的姿态、施工轴线和掘进进度，确保顶管机在此阶段施工中始终按照施工方案实施，以良好的姿态出洞，准确无误地将其顶推到接收井基座上。

（3）出洞前顶管机参数调整。在顶管机距接收井6m时，停止顶管机刀盘部位压浆，并将后续顶进中压浆位置逐渐后移，保证顶管在出洞前有6m左右的完好土体，避免在出洞过程中减摩泥浆大量流失造成管节周边摩阻力骤然上升。顶管机切口进入接收井加固区后减慢顶进速度，加大出土量，逐渐减小顶进时顶管机刀盘部位正面土压力，以保证顶管机设备完好和洞口处结构稳定。

（4）顶管机出洞。当顶管机刀盘切口距接收井地下连续墙10cm时，顶管机停止顶进，实施洞门凿除作业。洞门凿除后顶管机迅速、连续顶进管节，缩短顶管机出洞时间，做到快速、准确出洞。顶管机出洞后采用钢板将管节与洞门环焊接成整体，用浆液填充管节四周间隙，减少水土流失。

5　顶管注意事项

5.1　减摩泥浆施工

（1）减摩泥浆是保证顶管顶进减少摩擦系数和预防地面沉降的重要材料和主要工艺，压浆工作应由专人负责制备、压注、监测，保证泥浆的稳定，在顶管施工期间不失水、不沉淀、不固结。

（2）减摩泥浆压浆工作严格按操作规程施工，在顶管顶进时应及时压注，遵循“先压后顶、随顶随压、及时补浆”的注浆原则，压力严格控制在0.05MPa范围内，以减少顶进阻力和地表沉降。

5.2　预应力张拉

由于该顶管工程在空间平面上跨越既有地铁2#线，存在垂直交叉，且每条顶管隧道在顶进施工时会对已完工的顶管隧道产生侧向不平衡推力，造成微量变形、错位等问题，为此应对每条顶管隧道进行预应力张拉锁定，将其管节张拉成为整体，提高顶管隧道总体稳定性。预应力张拉过程中主要注意事项如下：

（1）钢绞线采用ϕ15.24mm低松弛高强预应力钢绞线，钢绞线下料用砂轮切割机切割，不得采用电焊代替切割。钢绞线切割时，在每端离切口30～50mm处用铁丝绑扎。钢绞线编束用20#铁丝绑扎，铁丝扣向里，间距1～1.5m，编束时先将钢绞线理顺，并使各根钢绞线松紧一致，绑扎后的钢绞线束编号挂牌堆放。

（2）按照设计张拉吨位要求，采用2台千斤顶在顶管进、出口两端同时张拉，将顶管隧道串联成整体。顶管管片混凝土强度达到设计强度的100%且弹性模量达100%时，张拉同束钢绞线由两端对称同步进行，按设计要求的编号及张拉顺序张拉，张拉控制采用张拉应力和伸长值双控，以张拉应力控制为主，以伸长值进行校核，将预应力张拉至设计吨位后完成锁定、灌浆、封锚等后续工作。

6　结语

深圳地铁7#线华新车站至华强北站大断面土压平衡顶管技术切实可行、安全可靠、质量优良，该顶管工程从始发到隧道全部贯通，较计划工期提前25d完成。2018年7月18日华强北地下商业街盛大开街，本顶管工程正式投入运行，同年11月深圳地铁7#线荣获“国家优质工程金质奖”，2019年4月荣获“詹天佑奖”。为此，本大断面顶管技术值得将来在类似复杂条件的城市轨道交通工程中推广应用。

本栏目审稿人：张建中

浅谈高速公路PPP项目施工前期策划

杨元林　崔同菊　林　杰/中国水利水电第十四工程局有限公司

【摘　要】针对宜昭高速公路项目前期策划，总结PPP项目前期策划经验，为同类型项目提供借鉴。项目前期策划的根本目的是为项目决策和实施增值。增值可以反映在项目使用功能和质量的提高、实施成本和经营成本的降低、社会效益和经济效益的增长、实施周期缩短、实施过程的组织和协调强化以及人们生活和工作的环境保护、环境美化等诸多方面。本文旨在以技术为先导，强化项目全过程管控，扎实做好项目管理策划，不断深化项目精细管理。

【关键词】PPP项目　前期策划　增值

PPP（Public - Private Partnership），又称PPP模式，即政府和社会资本合作，是公共基础设施中的一种项目运作模式。随着社会经济的快速发展，国内大量的工业与民用建筑施工单位参与到PPP项目中。PPP项目与普通的工程项目有着本质的区别，因为参加单位既是投资方也是施工方，项目管理的目标截然不同，一方面要控制项目的投资目标；另一方面要尽可能获取更大的利润。因此，要做好超前谋划，实现既不超概算又获得最大利润的双控指标。

一、工程概述

宜宾至彝良至昭通高速公路是四川省宜宾市至云南省昭通市的重要通道，是云南省与四川省高速公路主骨架的重要组成部分。本工程为PPP建设模式，以“BOT＋施工总承包＋可行性缺口补助”方式建设。本工程为概算一次批复（批复概算总投资约240亿元），分两期建设，本项目为一期工程。

二、施工前期策划

（一）重难点及主要对策

1. 本项目重难点

本项目地处乌蒙山区，沿线路网比较落后，项目线路总体呈U形布置，沿线山势险峻、地形陡峭，地形坡度一般为40°～60°，且人口民房密集。沿线需要布置较多混凝土拌和站、钢结构加工场、预制梁场等临建设施。但由于地势地形条件限制，临建设施及弃土场布置极为困难，特别是A2、A3标段位于深山峡谷，桥隧相连，多数工作面无法直接到达；项目线路大部分处于极度贫瘠山区，电网十分薄弱，周边石料厂规模小且质量差，不能满足施工需求；项目多数桥梁位于深山峡谷中，地形狭窄陡峭，高墩数量集中，材料运输困难，很多地方难以形成施工平台，施工难度极大，隧道地质情况复杂，开挖时可能出现高瓦斯、涌水、断层、坍塌、洞顶地表塌陷等现象。综合初步设计文件及批复、施工图设计资料、现场实际地形地貌和实地踏勘情况，本项目的控制性工程为“三桥两隧一环一枢纽”。

2. 重难点主要对策

（1）经现场多次踏勘及技术经济对比，本项目规划施工便道共145条，总里程180.37km；其中，新建127.58km，现有乡村道路改扩建52.79km。同时针对环形桥隧作业面群及核桃树隧道隐形关键线路，进行了原路改扩建、新建明线道路、明线与交通洞结合等方案对比分析，最终选定在2＃～4＃、2＃～6＃便道分别设置交通洞，共计518.7m。在交通洞施工的同时，挖掘机等履带设备沿原有村道提前翻山进入上述作业面群，实施接线便道，交通洞两端便道同时施工，以达到提前进场目的。

(2) 已开工点利用柴油发电机解决前期供电问题，并积极寻求当地电力部门帮助，利用当地电网富余容量及线路解决部分前期施工点用电问题。为满足全线施工用电需求，本项目分别在邓家湾、荞山各新建一座35kV变电站，同时对盘河变电站增容。全线共设有171个变压器，总用电容量约12万kVA，整个供电系统造价约为2.3亿元。概算建安费中临时用电费用仅为5295万元，费用缺口较大，经与项目公司及电力设计单位沟通协调，本项目供电系统建设采用永临结合模式，既节约工程投资，也解决了施工用电费用不足的问题。

(3) 充分利用本项目可用洞挖料（灰岩及玄武岩）作为石料加工，既解决了部分石料来源问题，也缓解了弃渣场不足的困扰。对前期质量满足要求的洞挖石料加工完成后运输至指定位置储备，用于结构混凝土及后期路面施工材料。公司及事业部多次召开专家专题会议研讨本项目砂石加工系统相关事宜，策划了4个项目部新建7个砂石加工系统的方案，把工程建设所需的砂石骨料的质量、数量掌握在项目部自己手中，以确保工程质量及进度、降低成本费用。同时针对地方交通主管部门提出的玄武岩不能用于外露面混凝土，因玄武岩密度过大不能用于预制梁板两个问题，总包及项目部与权威科研机构共同进行课题研究，通过试验确定玄武岩的使用部位，在保证工程质量的前提下做到料尽其用。

(4) 洛泽河特大桥是本项目施工进度控制的关键，为此项目部提前组织施工队伍进场施工，洛泽河大桥17#墩（最高墩119m）桩基础为本项目首个开工点，项目主要管理人员多次前往格巧高速进行参观学习，学习其他项目先进施工经验，同时项目部加大人力、物力资源投入，两班作业，多作业面平行流水作业，桩基根据地质条件采用旋挖钻机及冲孔钻机进行施工，确保工程进度满足总工期要求。

(5) 针对谭家隧道、核桃树隧道（隐性关键线路）工程，设置支洞以增加工作面、改善施工通风、排水条件，从而加快施工进度。对可能出现的瓦斯等有毒气体洞段，组织专项培训并联合隧道监控量测单位，贯彻“少扰动、快加固、勤量测、早封闭”的原则，确保隧道施工安全。

(6) 针对线路与铁路交叉部位施工，及时与铁路部门沟通协调，在施工前将施工图设计文件及详细施工组织设计报铁路运营部门审核、批准。施工过程中加强与铁路设备运营管理部门的联系与沟通，施工期间加大对既有铁路营运线路、隧道及桥梁的监测、防护，与铁路部门共同制订相应的应急预案。同时，与科研单位或高等院校成立科研团队，对涉铁施工部位关键技术进行研究。

(7) 弃土场的选择应充分体现国家耕地保护政策，尽量利用荒坡、荒地，不占或少占农田。本工程将产生弃方1122万m^3，综合考虑环水保要求，以及土石平衡、安全、经济、合理等原则，全线共设置45个弃土场，总占地面积为1464.92亩。同时，过程中经过多次实地踏勘与对比，A3项目部优化了18km远的水银湾子弃土场，就近分散消化了相应弃渣，节约施工成本。

(8) 过程中积极与设计单位对接，持续跟踪施工图设计文件，在不影响工程安全质量的前提下，优化设计。如：A5项目部土石比调整、A3弃渣场的优化、A1软基处置的变更等，实现动态设计；白沙坡特大桥调整为白沙坡隧道、彝良左线服务区调整位置等，有效避开古滑坡体；隧道进洞之前，邀请设计单位现场查看后选择最优的进洞方式。降低了施工风险，节约了施工成本。

（二）培训管理策划

培训策划工作是培训体系的一部分，也是培训工作开展的前提。结合本项目专业工程师配置少、新分大学生多、且大部分管理人员无高速公路施工经验的情况，在项目筹备阶段就策划了相关培训教育工作。一是密集开展内部培训，选择有经验人员制作有针对性、实用性的培训教材，策划组织开展如：驻地建设、试验室建设、人工挖孔桩施工、桥梁墩台盖梁施工、隧道掌子面开挖支护施工、隧道质量通病防治、标志标牌制作、内业资料管理等内部培训；二是邀请专业人士授课加强巩固，组织开展了如：体系运行、试验室管理、高速公路质量通病治理、BIM技能等培训；三是到同类项目参观学习，通过联系周边高速公路建设单位，组织相关人员到宜毕高速、镇毕高速、都香高速、格巧高速参观学习，更直接、具体、形象地了解高速公路标准化施工及管理要求；四是积极参加技能竞赛，通过开展劳动技能竞赛活动，带动参加者积极性，评选技能竞赛“先进集体”及“先进个人”，既提升了自身技能水平，也学习了成熟技能；五是筹备建设安全体验馆及VR体验馆，以实体体验为主，丰富培训方式，培训内容，寓教于乐，提高培训效率以及培训效果。

（三）开源策划

(1) 梳理、评审总承包合同，策划有利点。如何从合同签署阶段积极探索风险管控模式，尤其是经济商务条款及法律风险防控，不断将总承包项目体制向规范化、专业化、科学化的方向发展，以达到业主与承包商间的双赢局面。通过层层评审，集中意见，逐条完善，增大我方合同利润空间。本项目为PPP项目，我方既为投资方也是施工总承包方，明确“模糊”条款，如：预算编制原则、材料基期、定额选择等；充分利用承包合同中有利于的“开口”条款，如：变更索赔、奖励制度、施工优化等。通过完善合同，增加项目合同收入，转移部分合同风险。

（2）前期筹备策划及施工阶段策划。前期筹备阶段，结合江习、晋红、江通等高速公路项目生产经营管理经验，根据初步设计概算，对项目进行策划分析，确定盈利点；施工阶段，对初步设计概算、施工图预算进行对比，如公路线型变化、编制原则、组价方式及材料价基期选择、费用增减等，分析其“差、错、漏”项目，寻找有利缺口增加施工图预算费用，在施工图预算尚未批复前形成正式报告报相关部门，增大项目施工图预算建安工程费将对我方较为有利。

（3）对比分析施工图与实际规划的差异。该部分策划主要体现在100章费用，如：施工道路、电力建设、征地拆迁、临建设施等施工图与实际规划差异较大，为使其差异合理化，并同时增加其费用，技术部负责完善其规划方案的申报，经营部负责其预算费用的编制，并形成依据。提前介入施工图预算，根据未正式下发的施工图预算清单并结合概算清单，对临时施工图预算清单进行梳理，对比分析，寻找突破口。经梳理，施工电价基价较低；部分关键施工项目组价原则有误，存在工序漏计、运距不足、套用定额子目不合理等情况；交叉工程预算指标较概算指标降低较多；跨内昆线和既有公路协调措施费、跨铁路施工措施费、瓦斯隧道施工措施费、其他协调费均存在大幅度的降低。根据施工图预算梳理情况，形成了汇报材料，配合项目公司与设计院提前进行协商，在正式施工图预算中予以调整。

（四）节流策划

（1）分包立项及招标策划管理。本项目划分的五个项目部拟分包项目共65个，采取集中评审的分包立项招标模式。根据初步成本策划对比分析，初步拟定分包控制价。各项目部根据实际划分标段，完成分包立项策划；由总承包部牵头按批次及施工专业统一上报分包招标立项，并根据土木事业部、公司批复意见组织招标。层层审核，使其分包控制价更合理。统一分包招标，增加投标单位竞争力，择优选取履约好信誉佳的分包商；并合理控制分包成本，避免相同或类似施工项目分包单价的差异性较大，减少分包纠纷。

（2）分包结算统一规范管理。为规范各项目部分包结算，便于快速查阅及审核结算中可能存在的问题，总承包部及各项目部编制分包结算管理办法，并要求各项目部统一按管理办法结算。过程中定期对各项目部分包结算进行检查，监控结算情况。

（3）守好利润点，降低亏损项。根据施工图预算以及后续的正式清单，做好成本测算工作；结合施工组织设计，寻找利润点，分析亏损项。在具体实施过程中，做到利润点能如期实现，守好利润点，减少因施工组织原因而导致利润点流失；针对亏损项，做到早规划、早组织、早应对，集体攻坚、群策群力，降低亏损项发生的直接成本。

（五）物资管理策划

项目物资管理的前期策划是在物资精细化管理的基础上，对项目开工前的物资需求全过程进行全方位科学预测和谋划，并为物资购供过程中出现的各种不利成本因素寻求最佳对策与方法。

（1）对钢材、水泥、沥青、钢绞线、土工及防水材料、混凝土外加剂、支座、粉煤灰等主要材料，集中招标采购，统一供应；民爆物品、柴油、地材等材料，采用甲控模式；施工辅助性材料，根据批次、额度灵活确定采购模式，充分体现集中采购优势，降低采购成本。

（2）加强与公司内部在建项目对标工作，确保采购成本可控。

（3）鉴于之前类似项目需大量外租起重及混凝土输送设备，导致设备成本增加，根据本项目工程规模大、工期紧、设备需求量大，事业部统一购置28台套起重及混凝土输送设备，现由事业部设备运营中心集中运行管理，确保设备配置满足关键节点工期要求，同时降低设备使用成本，避免利润点外流。

（六）对外协调策划

（1）征地拆迁工作涉及一区一县六个乡镇，地处乌蒙山极度贫困落后山区，多为山区少数民族群众，民风彪悍，且征拆环境复杂，历史遗留问题较多。对此，征迁人员应做好与当地群众的沟通协调，深入了解当地的民风民情，做好被征地拆迁群众的思想工作，保持真诚与耐心，真正做到干一个工程，交一方朋友。

（2）征迁人员积极主动学习当地政府及相关单位制定的地方性政策法规，并结合我们工程建设的实际情况，在工作中更加主动、有理有据的与当地政府相关部门沟通协调，促进征地拆迁及对外协调工作更好地落实开展。

（七）履约考评策划

本项目的总承包部及项目部均由土木事业部人员组建，职务与职级上下交叉，管理难度较大，通过策划明确了总承包部及各项目部的定位及职责。为更好地履行各方职责，总承包部策划了对各项目部的考核制度，由总承包部及项目部人员成立各考评小组，每月对项目部的进度管理、质量管理、安全管理、基础管理进行综合考核并排名，扣除各项目部月度产值的1%作为考核基金，每季度进行考核兑现，还对季度、年度排名靠前的项目部以奖励、奖牌、通报表扬等方式进行表彰和奖励。对于排名靠后的项目部，总承包部不会“以罚代管”，将组织相关人员对该项目部开展“帮扶活动”，帮助其找出薄弱环节，制定详细措施并督促实施，确保其能快速改进，真正形成“比、学、赶、帮、超”的良好氛围，确保项目顺利履约。

三、施工前期策划实施效果评价

项目前期为等待 PPP 项目合法合规性审批及入库，未启动工程实体施工，时间较充裕，故筹备组织了大量技术人员进场，兼顾技术先进性与经济合理性对项目施工沿线进行了大量踏勘，包括临时道路、临建设施的规划。总体来说，宜昭高速项目前期策划对项目实施阶段既有指导性、可操作性，特别是在项目重难点对策方面，因地制宜，在工期压力紧的情况下为项目施工赢取了更多时间，同时也节约了项目施工成本。因项目前期策划仍存在局限性及不可预见因素，且部分项目策划的实施效果难以量化，故实施过程中需重新商讨、决策、调整。

任何项目的顺利开展都要以法律为框架，合法合规。项目实施过程中，结合前期策划进行项目的进度、质量、安全及成本的全面管理，其实质就是在总承包部统筹收入，控制成本，监督施工进度、质量、安全等一体化管理下，使项目整体利润、效益最大化。截至目前，与前期策划对比，各项指标均达到了预期效果。

四、结语

高速公路 PPP 项目在云南省起步较晚，尤其是目前 PPP 高速公路项目施工周期短、难度大，投融资风险高。项目前期策划涉及项目管理的多方面，因此，科学、合理的前期策划工作是项目得以实施和完成的基础和依据，是决定项目成败、优劣的关键因素之一。本文以宜昭高速公路项目前期策划为实例，从项目管理的多方面进行论述，重点针对项目施工的重难点、经营合同管理、物资管理等提出对策，为项目的顺利实施奠定了坚实基础，为实现整个项目的成本、进度、质量、安全等目标起到指导作用。

参考文献

[1] 乐云. 项目管理概论 [M]. 北京：中国建筑工业出版社，2008.

[2] 公路隧道施工技术规范：JTG F60—2009 [S]. 北京：人民交通出版社，2009.

[3] 云南省交通运输厅. 云南省高速公路施工标准化实施要点 第 2 册 工程施工 [M]. 北京：人民交通出版社，2012.

[4] 严根珠. 如何策划培训以提升培训有效性 [J]. 市场论坛，2012 (6)：75 - 77.

[5] 韩玉炜. 总承包项目合同中的经济、商务条款及法律风险防范 [J]. 东方企业文化，2019 (S2)：242.

[6] 杨拯，苏中涛. 浅谈如何做好建筑施工企业物资管理前期策划 [J]. 中外企业家，2017 (13)：246 - 247.

[7] 刘金奎. PPP 模式下高速公路项目前期策划的研究 [J]. 科技经济导刊，2020，28 (4)：171 - 172.

[8] 张玉宾. 工程项目施工阶段前期策划 [J]. 科技与企业，2014 (1)：50.

浅析高速公路PPP项目中社会投资人如何确保工程施工收入

崔同菊　杨元林　刘龙宁/中国水利水电第十四工程局有限公司

【摘　要】近年来，随着国家基础设施建设力度的增加，项目融资的发展多样化，PPP项目越来越流行。社会投资人既作为投资方、又是施工方，既要控制项目的投资，又要确保项目建筑安装工程费收入（即工程施工收入），社会投资人须平衡这两者关系的同时，如何确保工程施工收入尤为重要。

【关键词】高速公路　PPP项目　初步设计概算　工程量清单　施工收入

一、前言

PPP（Public－Private Partnership）的典型结构模式为政府与社会资本合作模式，即：将融资、建设和运营纳入政府与社会投资人签署的长期合同。政府授权社会投资人代替政府建设，社会投资人获得一定期限的特许经营权，运营公共基础设施并向公众提供公共服务，运营期满后将公共基础设施移交政府。PPP强调合作过程中的风险分担机制和项目的物有所值原则，政府与社会投资人组成项目投资有限公司（以下简称项目公司），负责项目筹资、建设及经营，社会投资人组建施工总承包部，全面负责项目施工。

二、工程概况

本工程为PPP建设模式，以“BOT＋施工总承包＋可行性缺口补助”方式建设。工程路线全长92.72km，桥梁54座（特大桥4座），桥长共计23.42 km，隧道25座（特长隧道3座），隧道长度45.71km，桥隧比高达74.56％。

工程最高海拔2637m，最低海拔约900m，最大相对高差1737m。地形切割强烈，山涧沟谷发育，多为深切峡谷，以V形、W形、U形狭谷为主，线路大部分以隧道桥梁的形式穿跨越山体及其沟谷，少部分路段以路基桥梁的形式沿山涧河谷展布。沿线穿越少数民族地区，民风较为彪悍，且人口密集，呈人多地少的态势，土地资源紧张，征地难度大，施工干扰大。

本工程确定中标社会投资人时，工程可行性研究已批复，初步设计概算正在报审，土建工程施工图预算已编制尚未报批，工程量清单尚未编制。根据《PPP合同》及项目公司与施工总承包部签订的《施工总承包合同》约定：“本项目采用批复的初步设计概算控制，工程量清单计价模式。”社会投资人作为施工方，在项目建设期间，如何确保项目施工收入是社会投资人极为关心的问题，本文结合项目实例进行阐述。

三、掌握初步设计概算构成

（一）初步设计概算的作用

初步设计概算是在初步设计阶段对建设项目投资额度的概略计算，包括建设项目从立项、可行性研究、设计、施工、试运行到竣工验收等的全部建设资金，它是初步设计文件的重要组成部分。作用是：①确定建设项目投资额的依据；②列入基本建设计划的必要条件，未经批准的初步设计和概算的工程不能列入年度投资计划，不能进行备料和施工；③签订建设项目总包合同、分包合同，实施建设项目投资包干和控制拨款、贷款的依据；④考核建设项目建设成本节约或超支的标准。

（二）初步设计概算费用构成

初步设计概算费用由：①建筑安装工程费；②设备及工具、器具购置费；③工程建设其他费；④预备费（基本预备费、价差预备费）；⑤建设期利息。设计概算经批准后，将作为控制该项目建设总投资额和建设单位申请贷款最高限额的主要依据，那么也就意味着初步设计概算将作为项目投资总控目标限额。

（三）初步设计概算的控制

初步设计阶段概算一经批准后，不可随意更改。因本工程确定中标社会投资人时，工程可行性研究已批复，初步设计概算正在报审，社会投资人未能参与初步设计概算的编制，项目实施施工过程中发现，初步设计与施工图差异较大，尤其是征地拆迁超概严重。作为PPP项目，若社会投资人能参与初步设计概算的编制，更有利于建设工程项目的投资控制。项目建设过程中，对投资控制影响最大的主要为工程线性变化、征地拆迁、物价上涨。社会投资人应将初步设计阶段可能在施工阶段的优化、当地民风民俗、当地征地拆迁、物价上涨水平等主要影响因素费用合理考虑至初步设计概算。

1. 建筑安装工程费

初步设计阶段应对地形、地质、水文进行全面勘测，减小初步设计与施工图设计差距，使实体工程量变化率在控制范围内，从而有效控制建筑安装工程费投资。

2. 征地拆迁费

首先，由于地方性资源保护，往往地方对永久征地、临时用地的计费标准高于国家标准。其次，随着人们物质生活水平的提高，当地农村建筑物多为吊脚楼，实际层数为二至三层、部分四层的砖混结构物，项目航拍勘察时往往不能拍摄其全貌，存在建筑物面积计算时少计的问题，且初步设计阶段到施工阶段红线内建筑物必然大幅增长。

计费标准偏低、勘察不详、后期建筑物数量增长等情况都可能使征地拆迁费用大幅上涨，在初步设计概算总控不变的情况下，征地拆迁费用的增涨势必挤占建筑安装工程费用的投入，即意味着施工单价的下调，则社会投资人的施工收入必然缩水。

3. 材料基价的选择

根据目前高速公路建设建筑安装工程费用占比，材料费在直接费用中的占比至少为50%～60%，材料编制期的选择直接影响着建筑安装工程费的控制。地方性材料、火工产品应结合项目所在地市场单价考虑，使材料价更合理，减少偏差。若材料基价计入较低，则后期材料价上涨将造成预备费被主要用于材料调差，而可用于处理设计变更、零星用工等的费用被挤占。

材料费用中电费的占比仅次于几大主材（钢筋、型钢、锚杆、水泥、钢绞线、沥青），本工程位于深山峡谷，属于贫瘠山区，基本无电网，不能满足施工要求，项目建设前期电网尚未架设完成，需合理考虑自发电占比后测算电价编制初步设计概算。

四、梳理施工图预算

初步设计概算作为施工图预算的依据，施工图预算是施工图设计阶段确定建设工程项目造价的依据，是对初步设计概算的进一步细化，引导施工阶段的投资控制。

本工程确定中标社会投资人时，土建工程施工图预算已编制尚未报批，其他专业工程施工图预算因施工图未报批尚未编制。施工方（本项目施工总承包部是由社会投资人组建的全面负责项目施工的组织单位，属于公司内部单位）不直接参与施工图预算的编制，施工方根据设计单位提供的施工图预算（编制稿）进行梳理、分析，对存在的问题提出意见并报项目公司（项目公司是政府与社会投资人组成的负责项目筹资、建设及经营的单位），确需调整的，由项目公司组织参建各方组织讨论，并对施工图预算进行修改完善。

结合以往高速公路项目生产经营管理经验，对初步设计概算和施工图预算进行对比，如公路线性变化、编制原则、组价方式及材料价基期选择、费用增减等，分析其“差、错、漏”项目。对比分析施工图与实际规划的差异，主要体现在施工便道、电力建设、征地拆迁、临建设施等，施工图与实际规划差异较大，为使其费用能有效计入预算中，应完善规划方案的申报、审批流程，作为施工图预算的依据，规避风险。本项目采用概算控制，工程量清单计价模式，施工图预算不作为审核工程量清单的依据，但施工图及施工图预算的完善备案，是工程量清单确认收入有据可依的保证。

五、编制工程量清单

随着《公路工程标准施工招标文件》的执行，采用量价分开核算越来越深入人心，工程量清单使得费用更透明、更具体，便于核算及掌控开支与节流。

为规避审计风险，本项目工程量清单采用由造价公司主导，施工方参与的方式进行编制，过程中施工方及时将清单编制中存在的问题及修改建议反馈至造价公司，造价公司根据反馈意见及项目实际情况进行修正。

本项目在施工阶段，施工图未一次性编制完成下发，先下发土建工程施工图，其他专业工程如：路面工程、机电工程、交安工程、消防工程、绿化及环保工程、房建工程在施工过程中陆续下发。为满足过程中融资贷款、计量支付，项目公司先下发临时清单作为临时计量结算依据。为有效管控投资，平衡收入，采用概算控制，工程量清单计价模式，须根据施工图编制0#台账、编制清单单价、最终确定工程量清单，并以最终完成的实物工程量及确定的工程量清单单价作为计量计价的依据。由于施工图未一次性下发，概算、施工图预算、工程量清单费用划分、归类、计价原则不同，以及各项费用之间又存在交叉，使得工程量清单费用按各专业工程进行板块总控管理存在难度。

土建工程在高速公路建筑安装工程费中占比最大，

且最先编制，下面以土建工程为例进行工程量清单的编制分析。

概算、工程量清单属于不同的计价体系，概算主要为定额计价与清单计价的差异，两种计价体系在作用、编制依据、表现形式、计量规则等方面存在差异。

（一）概算与工程量清单的转化与衔接

1. 区分概算与工程量清单划分差异

（1）根据《公路工程基本建设项目概算预算编制办法》(JTG B06—2007)，概算项目主要包括以下内容：

第一部分　建筑安装工程费

第一项　临时工程

第二项　路基工程

第三项　路面工程

第四项　桥梁涵洞工程

第五项　交叉工程

第六项　隧道工程

第七项　公路设施及预埋管线工程

第八项　绿化及环境保护工程

第九项　管理、养护及服务房屋

第二部分　设备及工具、器具购置费

第三部分　工程建设其他费用

第四部分　预备费

第五部分　建设期利息

（2）根据《公路工程工程量标准清单》（DB 53/T 2001.2—2014)，工程量清单按章节进行划分，主要包括以下内容：

第 100 章　总则

第 200 章　路基

第 300 章　路面

第 400 章　桥梁、涵洞

第 500 章　隧道

第 600 章　安全设施及预埋管线工程

第 700 章　绿化及环境保护设施

第 800 章　公路沿线管理用房设施

第 900 章　监控系统

第 1000 章　收费系统

第 1100 章　通信系统

第 1200 章　消防系统

第 1300 章　供配电及照明系统

2. 拆分、归集概算与工程量清单费用

概算各项费用构成与工程量清单各章节费用构成既相互联系，又存在交叉矛盾，必须熟悉概算、工程量清单费用构成，明确区分交叉部分从而有效拆分、归集。采用概算总控，工程量清单计价模式，则在工程量清单编制前首先需对各专业工程概算金额进行拆分，有利于按专业板块进行工程量清单的总额控制。

（1）临时工程。概算中“临时工程”费用计入清单第 100 章中。

（2）路基工程。概算中“路基工程”均属于土建工程，费用中包括坡面植物防护（三维植被、植草护坡、植生袋)，坡面植物防护计入清单第 700 章，其余均计入清单第 200 章。

（3）路面工程。概算中“路面工程”均属于路面工程，费用计入清单第 300 章。

（4）桥梁涵洞工程。概算中“桥梁涵洞工程”均属于土建工程，费用计入清单第 400 章。

（5）交叉工程。概算中“交叉工程”费用包括通道、人行天桥、互通式立体交叉（包括路基工程、防护工程、路面工程、改河改沟工程、桥梁涵洞工程等）。“交叉工程”费用中拆分出路面工程费用计入清单第 300 章，其余费用均按相应清单章节计入土建工程费。

（6）隧道工程。概算中“隧道工程”费用包括隧道土建工程、隧道机电工程（隧道交通控制系统、视频控制系统、通风设施、照明设施、供配电设施、预埋件及预留洞室、架空外线等)、隧道消防工程（火警报警系统、消防设施等)。“隧道工程”费用中拆分出隧道机电、隧道消防费用后，其余费用均计入土建工程，计入清单第 500 章。

（7）公路设施及预埋管线工程。概算中“公路设施及预埋管线工程”费用包括安全设施、管理养护设施（收费系统设施、通信系统设施、监控系统设施、路段供配电照明系统等)、服务设施（服务区、停车区路基工程、路面工程、涵洞工程、通道工程等)、沿线设施土建工程。“公路设施及预埋管线工程”费用中拆分出安全设施费用计入交安工程；管理养护设施费用计入机电工程；服务设施费用中拆分出路面工程后其余均计入土建工程，并按清单分别计入各章节中。

（8）绿化及环境保护工程。概算中“绿化及环境保护工程”费用包括环境保护工程、景观绿化工程、取弃土场附属工程（取、弃土场防护)、水土流失防治。“绿化及环境保护工程”费用中拆分出环境保护工程、景观绿化工程费用计入绿化及环保工程，取弃土场防护（不含植被)、水土流失防治（不含植被）计入土建工程，并按清单计入相应章节中。

（9）管理、养护及服务房屋。概算中“管理、养护及服务房屋”费用包括收费站、服务区、养护工区、加水站、变电所、隧管所、管理房屋、隧道消防给水工程。“管理、养护及服务房屋”费用中拆分出隧道消防给水工程计入消防工程，其余费用均计入房建工程。

按综上所述，归集土建工程、路面工程、机电工程、交安工程、消防工程、绿化及环保工程、房建工程概算费用。

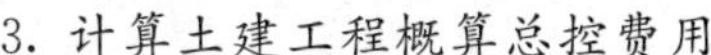

3. 计算土建工程概算总控费用

根据上述概算专业划分归集土建工程概算费用，结合施工图纸内容，编制土建工程工程量清单时在概算总控费用中应作合理的增减。

（1）概算“第一部分建筑安装工程费”中未包含保险费（建筑工程一切险、第三者责任险），故应增加保险费，计入清单第100章中。

（2）隧道内防火涂料、喷涂混凝土专用漆属于消防工程范畴，但该部分工程施工图设计往往规划至隧道工程施工图中，故应增加隧道内防火涂料、喷涂混凝土专用漆费用，计入工程量清单第500章中（若土建工程工程量清单中不计列此项工程量，则该费用在土建工程概算总控中不增加）。

（3）土建工程实施时，为防止二次拆除返工，节约成本，往往存在需与土建工程同步实施的专业工程，如：机电、交安、消防工程的预埋管线，声屏障基础及预埋，且声屏障板材一般为标准尺寸，与其基础配套，从管理、经济的角度考虑，声屏障纳入同土建工程同步施工较为合理。故应增加与土建工程同步实施的机电、交安、消防工程的预埋管线费用，根据工程量清单计量规则相应计入清单第500章、900章、1200章中；增加声屏障费用，计入清单第700章中。

（4）弃取土场、渣场植被防护属于绿化及环保工程，但该部分工程施工图设计往往规划至土建工程施工图中，为确保有效防护，弃取土场、渣场植被防护与土建工程同时施工较为合理。故应增加弃取土场、渣场植被防护费用，计入清单第700章中。

（5）根据施工图及0＃台账统计范围，增加其他不属于土建工程，但需与土建工程同步实施的项目费用。

（二）编制工程量清单

工程量清单采用有价的工程量来反映建设项目的预计总价，工程量清单的确定，需分两步，其一是工程量的确定，即：编制0＃台账，在数量上确定项目规模；其二是单价的确定，在单价上界定项目价值；量价乘积之和即为总额。

1. 编制0＃台账

根据《公路工程工程量清单计量规范》（DB 53/T 2001.1—2014）、《公路工程工程量标准清单》（DB 53/T 2001.2—2014）编制0＃台账，须注意以下几点：

（1）项目变量、不变量的把控。项目施工阶段，往往需要设计优化，须明确哪些属于变量项目，哪些属于不变量项目。在高速公路土建工程中，路基、桥梁涵洞工程通常属于不变量项目，变化最大的多为隧道工程，因围岩类型的变化往往影响隧道的开挖及支护方式。0＃台账的编制往往基于施工图设计进行，在0＃台账编制前，应对围岩类型进行详勘，并预估优化工程量。对于隧道岩溶、涌水预估工程量应进行区分统计。对变量项目，0＃台账编制过程中应批注，以配合后续单价的编制工作。

（2）计价不计量项目的统计。根据《公路工程工程量清单计量规范》（DB 53/T 2001.1—2014）及《公路工程计量支付业务工作指南》，工程中存在部分计价不计量的附属工程量项目，例如洞身开挖中的附属工程量临时支护、临时防排水，钢支撑中的锁脚锚杆、锁脚小导管、连接钢板、连接筋、注浆等。附属工程量的计算统计为后续单价编制提供依据。

（3）桥梁系梁和桩基重叠部分，是计入桩基还是系梁？因工程量清单计量规范不明确，存在歧义，一般桩基单价高于系梁，若重叠段存在桩基钻孔，从施工方角度考虑，建议计入桩基较为合理。

2. 编制单价

在工程量清单按概算总控的情况下，工程量清单总额已确定，0＃台账已明确项目数量，最关键的一步就是单价的确定，根据《公路工程预算定额》（JTG/T B06-02—2007）及施工组织设计进行组价，单价是否平衡直接影响施工方最后的建筑安装工程费收入，须注意以下几点：

（1）确保不变量项目单价，适当降低变量项目单价。对于可变量项目，根据市场平均水平计入即可，单价过高，将挤占建筑安装工程费，即挤占不可变量项目的费用占比，同时因后期工程量减少，将导致清单收入流失。

（2）合理分摊计入附属工程量。附属工程量是否摊入对单价影响较大，且影响工程量清单中材料的单位消耗量，而材料单位消耗量又影响材料调差的确定。在单价编制过程中应结合0＃台账统计梳理将附属工程量合理分摊至单价中。

（3）平衡材料基价与价差预备费。单价编制时结合项目情况，在满足规范的条件下，初步确定合理的材料基期，在清单金额总控前提下编制确定项目单价。根据不同材料基期测算可调差材料费的差异，平衡材料基期与价差预备费的关系，在计满清单总控金额的前提下，充分利用价差预备费提高收入。

（4）明确清单第100章“临时工程”费计取标准。清单100章与概算项目不对应，《云南省公路工程工程量清单预算编制办法（试行）》（云交基建〔2016〕896号）约定了清单第100章各项费用的计算原则及标准。经测算该编制办法计算的“临时工程”费用与概算“临时工程”费偏差严重，且不能满足项目施工标准化及建设规划要求，为满足施工质量及进度要求，同时确保“临时工程”收入，《施工总承包合同》约定：本项目批复初步设计概算中第一部分（建筑安装工程费）中的“临时工程”费用按总价包干方式，计入工程量清单

"第100章"中。

（5）核查清单第100章计费与间接费费率是否重复。根据《云南省公路工程工程量清单预算编制办法（试行）》（云交基建〔2016〕896号）及《公路工程工程量标准清单》（DB 53/T 2001.1—2014）、《公路工程工程量清单计量规范》（DB 53/T 2001.1—2014），间接费费率与清单第100章费用存在交叉，避免重复计费，造成审计风险。如："102-2 施工环保费"、"102-3 安全生产费"与"施工标准化与安全措施费"；"103-5 临时供水与排污设施费"与"临时设施费"；"104-1 承包人驻地建设"与"临时设施费"。

3. 确定工程量清单

根据上述确定工程量、确定清单单价后，工程量清单即可确定。

（三）项目风险预留考虑

实际施工过程中，因设计变更、工程地质等原因可能造成工程量增加，使实际工程量与原0＃台账数量出现较大偏差，严格按概算总控进行工程量清单的编制，可能存在完工清单总额超过概算总额的风险。为避免清单总额超概，并且确保工程量清单计足概算总额，在编制工程量清单前应测算预留部分风险金（一般预留1%～2%为宜）作为后续工程量增加的贮备。因各专业工程工程量清单不同时编制，对于未用完的预留风险金，以及因工程量减少而结余的费用，可在后续专业工程工程量清单编制中予以合理分配计入。

六、结语

本文结合工程实例，阐述了高速公路PPP项目在概算控制，工程量清单计价模式情况下，社会投资人应参与初步设计概算的编制，考虑施工阶段可能的优化，考虑当地民风民俗、当地征地拆迁、物价上涨水平等主要因素，合理控制概算投资；若社会投资人中标时初步设计概算已批复，社会投资人应掌握概算的各项费用构成，熟悉概算与工程量清单的计量、计费差异；对比施工图中临时工程与实际规划的差异，完善规划方案的申报、审批流程；按专业拆分各专业工程概算费用，计算清单总控金额；工程量清单确定过程中0＃台账的准确性、单价的合理性是关注的重点。

参考文献

[1] 邱立成. 政府与社会资本合作模式（PPP）经济学：基本指南［M］. 北京：电子工业出版社，2017.

[2] 丁士昭. 建设工程经济［M］. 北京：中国建筑工业出版社，2014.

[3] 中华人民共和国交通运输部. 公路工程标准施工招标文件［M］. 北京：人民交通出版社，2009.

[4] 汪一江. 预算定额计价和工程量清单计价的比较与思考［J］. 中国市政工程，2018（2）：19-20.

[5] 王文铎. 关于公路工程工程量清单第100章几点问题的探讨［J］. 黑龙江交通科技，2012（11）：19-20.

浅谈如何做好高速公路施工质量优质管理

刘翠丽　王安肖　李勇慧/中国水利水电第十四工程局有限公司

【摘　要】质量是影响建设工程质量的第一因素，抓好工程质量的控制，不单是对项目负责，更重要的是对企业的发展具有重大的意义。对工程质量起到重要影响作用的是人员、机械、材料、方法和环境等因素，为了按时、保质、保量地完成工程，必须严格控制这几个方面，工程项目质量控制的关键在于施工组织和施工现场，规范工程质量管理活动，明确项目部各级人员质量管理职责，正确、合理地分配工程管理职能，实施质量方面过程优质控制。如何做好工程项目质量的优质管理是一个非常严峻的问题，本文将就项目质量优质管理进行浅谈。

【关键词】工程质量　优质管理　过程控制

一、质量验评标准及目标确定

根据中国水利水电第十四工程局有限公司对项目质量创优的总体布置要求，结合本合同工程和项目部的实际情况，项目部建立健全项目管理体系，强化履约、质量管理责任，优化施工方案，强化现场监督与检查，严格过程质量，确保本合同工程施工质量优良，达到云南省优质工程标准。

本工程要求严格按照国家有关施工及验收规范、技术标准进行施工，符合国家颁发的有关质量验评标准，工程施工总体质量达到优良。

(1) 工程合同履约率100%。

(2) 工程交工一次性验收合格率100%，竣工一次性验收合格率100%，满足施工合同承诺的质量目标，争创优质工程。

(3) 不发生较大及以上质量事故，杜绝造成影响结构功能性的缺陷。

(4) 分项工程合格率100%；分部工程合格率100%；单位工程合格率100%。

(5) 不发生地市级以上质量监督管理部门的通报。

(6) 顾客满意度达95%以上。

二、质量优质管理

执行“精心组织、精细管理、再创精品”的质量管理理念，围绕工程质量管理的核心扎实开展各项创优工作，在确保分部分项工程各项质量指标满足规范要求的前提下，进一步提高工程实体质量和外观质量。

（一）质量管理责任体系

工程质量管理遵循“分层管理、分级负责”和“谁施工谁负责”的原则。项目负责人对本单位在工程建设中的质量工作负直接领导责任，质量负责人对本项目的质量工作负主要管理责任，技术负责人对本项目的质量工作负技术责任，具体工作人员为直接责任人。

根据公司质量管理的要求，为了贯彻落实国家工程建设法律法规和公司质量管理规章制度，明确质量责任，实现精品工程和争创国家优质工程，建立部门、厂队和各级人员的质量责任制，并与项目部各部门及厂队负责人签订了质量责任书，其考核周期为一年，按季度进行考核。

（二）超前策划质量管理工作

为保证质量管理体系的有效运行，在开工初期，按照项目招投标文件、施工组织设计和相关管理文件，编制《项目质量计划书》。在项目实施过程中，根据施工进度计划、设计文件和相关管理要求，结合项目施工中出现的新情况和新要求，编制《年度质量计划》，明确各分部分项工程施工工程序控制图及质量控制要点。

（三）严格执行质量验收“三检制”

在施工过程中严格执行施工“三检制”，实行操作者的自检、专业工长及下一道工序施工班组的互检和专职质检员的专检相结合的一种检验制度，对每道工序的检查严格执行施工质量验收规范及施工合同的要求，符合工程项目质量中重点突出以事前控制为主。最终监理工程师在验收合格证上签字后方可进行下道工序的施工作业。

（四）关键工序、关键部位和隐蔽工程旁站管理

对关键工序、关键部位和隐蔽工程制定详细的施工过程控制程序和操作细则，对施工的全过程进行旁站管理。建立了《关键工序和隐蔽工程旁站管理制度》，明确旁站责任和质量要求，对锚杆支护、预应力工程、混凝土浇筑及预埋件安装等工程中的关键工序进行质检员旁站管理，及时纠正施工违规行为，规范施工操作过程，记录施工过程信息。

（五）完善质量奖励机制，提升质量管理水平

为进一步减少和杜绝施工过程中的质量问题，强化广大员工的质量意识，激发全员参与质量管理的热情，提高工程施工质量，落实质量岗位责任制，每季度对各部门和作业队的质量管理体系运行的有效性和质量目标的完成情况进行考核，每月对质检员、关键工序作业人员及施工队伍进行考核，每季度对各部门和作业队的质量管理体系运行的有效性和质量目标的完成情况进行考核。

（六）严格执行质量责任追究制度

建立《质量问题处理与责任追究制度》，对造成质量问题的不负责任施工人员和未有效尽职的管理人员采取处罚措施，有效保证工程施工质量；对给工程造成质量事故的个人将追究法律责任。

（七）严格落实质量检查制度

根据实际情况，结合项目工程特点和现场情况，每月组织相关部门对拌和站、试验室及原材料、中间产品进行综合质量大检查，并召开专题会，对检查存在的问题制定整改措施，明确整改责任人。

根据项目部实际情况，质量管理部每周组织工程管理部门和作业队对工程现场施工质量进行周检查，检查内容包括洞室开挖、锚喷支护、预应力锚杆、预应力锚索、灌浆工程和混凝土浇筑等分项工程项目和现场质量行为，检查存在的问题并制定专项整改措施，明确整改时限及整改责任人。严格执行质量问题闭合制度，做到质量问题不遗留。

（八）做好质量交底和培训工作

在分部分项工程开工前，质量管理部组织工程部、安全部、测量队、试验室和作业队的现场工程管理人员、技术人员和施工班组进行详细的质量交底，熟练掌握施工工艺、质量标准及要求、质量控制要点以及出现质量问题的处理对策等，减少因管理不到位而形成质量问题或缺陷。

（九）质量例会和质量专题会

质量管理部负责每月定期编写施工质量月报和周报，并负责组织召开由项目部主要领导、各管理部门及作业队负责人参加的质量月例会和周例会。会议主要通报业主和监理单位管理要求和本月施工中存在的质量问题及处理情况，并对存在的问题提出预防措施或限期整改，并在其后的施工过程中督促检查、落实。另外，针对一些质量问题和施工工艺问题召开质量专题会，及时采取措施进行整改。

（十）开展首件制、样板引路

为提高工程建设质量，结合首件工程的经验和工程建设的实际情况，推行分项工程第一个工程质量首件认可制度。以符合工程质量标准的首件工程作为后续相同单元工程施工工艺的标准，达到“固化工艺、统一标准、样板引路”的总体要求，以点带面，强化工程质量管理，提高整体施工水平。

（十一）施工过程质量控制措施

1. 做好施工前的各项准备工作

（1）组织准备。

1）项目部抽调经验丰富，技术过硬的施工和技术管理人员组成管理单位，迅速到位展开各项准备工作。选用组织完善、工种配套的劳务施工队伍分批进场。

2）质量管理部在工程开工前对施工现场负责人、技术员和作业人员进行专门的质量培训。

3）物资部做好各种机具设备的进场计划，对进入现场的机具认真做好检修与保养，使其处于待命操作状态。

4）按照施工方案要求做好风、水、电管线的布设，并满足业主对现场安全文明施工的要求。

（2）技术准备。

1）收到设计图纸后，工程技术部组织各部门现场管理人员和技术人员认真熟悉图纸，了解设计意图，并注意图纸上的问题，做好记录，准备好图纸会审，力争把问题在施工前处理完毕。

2）工程技术部编制施工技术措施、作业指导书等技术文件报监理审批，监理批准的技术文件及时组织各部门和作业队进行技术交底。主要内容包括涉及图纸、设计变更、施工方案、施工工艺、操作规程、质量标准和安全措施等。

3）质量管理部组织相关部门和作业队技术人员对质量验收表格的填写要求进行培训，确保验收表格的填写满足归档要求。

4）试验室编制试验检测计划报监理审批，并做好

混凝土和砂浆的配合比设计和报批工作，以及进场原材料的质量检验工作。

（3）材料准备。

1）按照业主原材料管理的相关要求，提前做好原材料的招标工作，并确定符合业主管理要求的材料供应厂家。

2）物资部根据施工进度计划做好各种原材料和构件的进场计划，并做好材料的检验工作。

3）原材料进场后，试验室及时按照《进场原材料及构配件质量检查与验收管理办法》取样检验并向监理报验，原材料检验合格并经监理批准后方可用于现场施工。

4）原材料堆放时应按照项目部《产品防护、标识和可追溯性检查管理规定》做好防潮、防晒措施，并做好标识。

2. 对施工班组的管理措施

对施工班组的管理由班组长负责，一检员及时提出整改要求和方法。根据施工任务及质量控制要点，保质保量配置班组成员。

（1）班组长应在班前会上明确每个班组的工作人员和管理要求，并说明本班的注意事项。

（2）一检员在班前会上说明本班施工部位的质量要求和施工方法，并告知在施工过程中出现问题的应对方法。

（3）关键工序（如洞室开挖周边孔钻孔、混凝土浇筑振捣）施工应挑选责任心强、技能好、工作耐心且认真负责的熟练工人承担。

（4）工程部技术负责人定期组织作业队负责人和班组进行交流学习，及时掌握和学会好的质量控制方法。

3. 隐蔽工程质量管控措施

本项目隐蔽工程特指钢筋安装、预应力张拉及压浆、路基填筑、预埋件安装等工程，为有效保证隐蔽工程施工质量，及时发现和解决施工过程中产生的质量问题，项目部在隐蔽工程施工过程中采取以下质量管控措施：

（1）对隐蔽工程施工全过程实行质检员旁站制度，并做好旁站记录和台账。

（2）对全自动智能张拉压浆使用情况建立跟踪检查制度，按分部分项工程做好跟踪检查台账和记录。

（3）实行记录员持证上岗制度，记录员上岗前须经生产厂家培训合格并颁发上岗证后，方可上岗操作。

（4）实行水泥定期核销制度，按月对水泥用量进行核销，及时分析和发现超耗或欠耗问题，查找原因，解决问题。

（5）做好隐蔽工程影像资料的留存和管理。

4. 定期组织质量精品观摩活动

质量管理部定期组织各工程管理部门、作业队对样板工程的质量亮点进行现场观摩学习和交流，提高作业人员的质量意识及品牌意识。

5. 制定标准化工艺手册

在锚杆支护、钢筋挂网、预应力张拉及压浆施工、钢筋安装和混凝土浇筑等工序制定标准化工艺手册，并将该手册发到现场技术员及质检员手里。该手册按照监理批准的技术措施和生产性工艺试验总结结合实际情况制作标准化工艺手册，其主要内容包括工艺流程、工艺方法、质量标准及相关处理措施等，使施工人员通俗易懂，且保证现场悬挂，有利于施工人员实际操作工艺的严谨性，以提高操作人员发现问题及解决问题的能力。

6. 优化考核方法提高班组质量意识

项目部通过对作业班组人员的经济奖励政策，激发作业人员的潜能，使其主动想办法提高个人工作质量，发挥工匠精神，采取措施改善工艺作风和改进工艺方法，近而发挥技能水平，有效提升工序施工质量，从而保证工程质量。

（十二）原材料和中间产品质量保证措施

严格把关主要材料的入场验收及出场验收工作，对原材料进货严格执行规格、品种、质量、数量“四验”和“三把关”制度（材料供应人员把关，质量、试验人员把关、施工操作人员把关），从源头控制质量。

材料入场时，由物资部将材料“三证”收集齐全，组织质量、试验室对进场各批次材料进行检查验收，并委托试验室，确保进入工作面的材料满足要求，从源头控制质量。

（十三）QC 小组活动开展

QC 小组活动作为施工作业人员参与全面质量管理，特别是质量改进活动中的一种非常重要的组织形式。QC 小组活动在减耗增效、技术改进、创建品牌工程、持续改进以及促进企业整体素质的提高等方面发挥着巨大的作用。

通过开展群众性的 QC 小组活动，总结吸取以往的经验教训，开展“三工序”活动（检查上工序、保证本工序、服务下工序），以 QC 小组活动为平台，进一步提高员工的质量意识、问题意识和改进意识，调动全体员工参与质量管理、质量改进的积极性和创造性，进一步提高工程质量。

（十四）质量精品展示

在质量精品和样板工程施工现场布置质量控制成果展板，主要内容包括质量精品和样板工程创建的过程、工序施工质量控制方法、实物质量外观等，为现场管理人员和施工操作人员的规范管理及操作提供准确的参照物，并通过制作发放样板图册和 PPT 培训等方式，形成自觉遵守管理规章、主动改进施工工艺和严格执行国家标准强制性条文的良好工作环境，从而有效提高和保证工程施工质量。

三、结语

综上所述，质量是企业的生命，工程质量控制是一个永恒的话题。建筑工程施工质量的管理与控制，不仅影响整个建筑工程的整体质量，影响其使用寿命，影响施工单位的长远发展与经济效益，还对建筑的直接使用者产生影响，对社会和谐、稳定发展产生影响。因此，必须要注重对施工质量的管理与控制，加强对施工质量的管理与控制，确保建筑工程施工的质量安全。

参考文献

[1] 工程建设施工企业质量管理规范:GB/T 50430—2017 [S]. 北京：中国建筑工业出版社，2017.

[2] 云南省交通运输厅.云南省高速公路施工标准化实施要点　第2册　工程施工 [M]. 北京：人民交通出版社，2012.

[3] 宋健. 抓住工程创优的“牛鼻子” [N]. 中国建设报，2015-10-23 (5).

[4] 熊光璜. 走出工程创优的认识误区 [N]. 建筑时报，2007-11-22 (5).

[5] 龚国兴，曾昭富. 谈工程创优与 QC 小组活动 [N]. 中国建设报，2007-10-25 (7).

[6] 腾景令. 对工程项目质量控制的探讨 [J]. 经营管理者，2011 (19)：304.

[7] 邱耘. 沈阳建筑工程项目质量控制研究 [D]. 长春：吉林大学，2012.

[8] 邢韶华. 公路工程标准化施工 [J]. 西部大开发：中旬刊，2012 (1).

[9] 陈翔. 试论关于公路建设工程施工质量管理工作 [J]. 科技视界，2013 (28).

基于企业微信平台的智慧工地管理应用

徐小劲　杨　洋/中国水利水电第十四工程局有限公司

【摘　要】 智慧工地的核心是以一种“更智慧”的方法来改进工程各干系组织和岗位人员相互交互的方式，以便提高交互的明确性、效率、灵活性和响应速度。

【关键词】 企业微信　智慧工地　应用管理

智慧工地是智慧地球理念在工程领域的行业体现，是一种崭新的工程全生命周期管理理念，是指运用信息化手段，通过三维设计平台对工程项目进行精确设计和施工模拟，围绕施工过程管理，建立互联协同、智能生产、科学管理的施工项目信息化生态圈，并将此数据在虚拟现实环境下与物联网采集到的工程信息进行数据挖掘分析，提供过程趋势预测及专家预案，实现工程施工可视化智能管理，以提高工程管理信息化水平，从而逐步实现绿色建造和生态建造。

一、智慧工地介绍

建筑行业是我国国民经济的重要物质生产部门和支柱产业之一。同时，地铁机电安装与装修工程又面临着工期紧、安全管理压力大、施工单位多、协调事宜繁多的特点。如何加强施工现场安全管理、降低事故发生频率、杜绝各种违规操作和不文明施工、提高建筑工程质量，是摆在各级政府部门、业界人士和广大学者面前的一项重要研究课题。然而，智慧工地就是一种综合应用移动互联网、物联网、大数据、云计算、人工智能等数字化技术驱动建筑业工程现场管理升级的整体解决方案。将更多人工智能、虚拟现实等高科技技术植入到建筑、机械、人员穿戴设施、场地进出关口等各类物体中，并且被普遍互联，形成“物联网”，再与“互联网”整合在一起，实现工程管理关系人与工程施工现场的整合。

二、基于企业微信平台的智慧工地具体应用

基于企业微信平台，成都轨道交通18#线工程机电安装与装修B标项目建立了适用于地铁机电安装与装修施工的管理应用平台，通过信息化手段、智能穿戴及工具、劳务实名制、视频监控等应用针对工程管理安全、质量、进度、成本四个维度，以“全面的安全及应急管理”为中心提升安全，从基层和宏观两个层面通过工友助手和项目管理助手提升工程质量和进度，控制成本。

（一）实名制管理

建筑工人实名制主要包含：建筑工人实名制基本信息；从业记录；安全培训；职业技能；劳动合同；工资发放；电子考勤记录等。在施工现场设置移动式一体化实名制通道、面部识别认证与安全帽RFID捆绑认证，通过企业微信对施工劳务人员进行实名制认证，包含身份证信息采集、人员头像采集、个人信息档案建立、三级安全教育教育卡及安全档案建立。其次可以采用实名制安全帽，安全帽（含定位标签）与人员实名制绑定，便于对工地现场人员进行实名制的定位及行为管控。

劳务实名制管理系统结合地铁机电安装与装修施工的特点，还包含以下功能：质量整改、安全整改、罚款单、施工日志、会议管理等。项目管理常用的办公场景均可在手机端操作完成，实现移动智能办公，打造智慧工地。

通过设置实名制门禁，企业微信管理平台统一管理，实现了如下功能：

（1）前置过程管理：未经认证无法上岗；未达到安全教育合格无法上岗。

（2）自动统计现场人员与工种信息。

（3）自动收集工人的考勤记录，有效管理人工成本。

（4）生成工人履历数据，可供数据应用开发。

（二）远程监控管理

基于企业微信的智慧工地应用提供基本视频监控功

能，可将符合标准的工地各应用场景、不同终端厂家视频监控摄像头、各类不同视频监控智能终端接入平台，提供视频监控基础应用功能与管理功能，为存储、算法、应用提供国标设备接入、流媒体分发与转码、设备报警、电视墙管理、录像管理等服务。

（1）无感非配合式考勤与异常人员预警。在施工区域进行人脸识别门禁考勤系统，实行出入区域实名制身份识别，黑名单和陌生人员进入施工地预警模式，深度处理分析图像后，可避免猫、狗、虫、鸟等误报，提供准确信息，并且可以在此状态下识别不同姿势的人员动作，第一时间发出报警，提示工地外的人员侵入（见图1）。

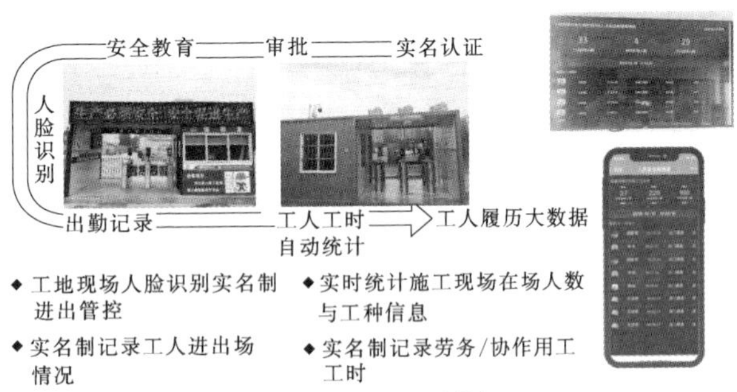

图1　劳务实名制管理系统示意图

（2）智能安全帽系统。安全帽佩戴检测，对未佩戴安全帽则实时报警，提醒现场工作人员佩戴安全帽。

（3）工种分类管控。根据工种所在区域进行工种分类监管，记录各个工种的运动频率和工作轨迹，加强工种工作强度监管，提高工地工作效率。

（4）人员施工操作情况实时监控。在施工区域对人员操作情况实时监控，助于领导了解工地进度，防止员工怠工及疲劳工作，保证员工操作规范。

（5）人员定位与智能监管。采取定位技术管理设备，UWB高精度精确定位＋RFID区域管控（安装室内定位基站＋人员佩戴定位标签）以及北斗＋GPS双模定位（人员佩戴定位标签），对现场人员进行定位管理，根据不同场景，精度可高达厘米级，实现远程多终端监控人员位置＋人员轨迹回放、人员异常静止报警及摄像联动（人员意外、长时间偷懒、安全帽未佩戴）、电子围栏闯入报警、人员自主呼救与精确救援、远程寻呼工地内人员（特别是无信号的地下工地、隧道、综合管廊、城市轨道交通等）等功能。

（三）环境监控

安装环境监控设备，实现对扬尘、噪音、有毒气体、出入车辆及大暴雨的监测，并实现相关设备的联动，包括自动喷雾、噪声预警、自动排风、脏车禁止放行、车站防汛应急预案提醒等，并可以通过手机端随时查看噪声、气体监测、雨晴、车辆进出信息等。

施工现场，尤其是动火作业区域、劳务人员宿舍以及物料仓库等容易引起火灾的区域，安装烟雾探测仪、温度检测仪、高清鱼眼摄像头监控设备，实现现场火灾防控，并对探测器遮挡等现场发出智能报警，停电情况下也能通过电池供电，保证设备正常运行，将现场第一情况通过手机端推送至门卫、项目部和管理人员。

（四）智能用电、用水管理

（1）施工现场或项目部营地，以智能电表、智能水表为基础，实时监测工地用电、用水情况。监测信息实时发送到云服务器。管理人员通过手机查看用电、用水数据。用电、用水数据可通过统计图形方式直观地展现给管理人员，为科学用电、用水提供数据支持。

（2）智慧安全用电为项目部巡检人员提供更加精准有效的安全监管和控制管理，增加远程控制、自动控制、电量统计、能耗监测、浪涌、打火、短路等控制功能，通过企业微信系统远程控制，实现实时监测。施工人员的生活区临时用电是否符合规定关系到工人生活的安全性，也是整个工程项目高效稳健建设的重要保障。在施工高峰期项目往往有成百上千建筑工人同时居住，这么多人集中生活在临建设施中，如何安全合理地使用电能尤其是大负荷用电就显得特别重要，智能用电系统的投入，保障了整个工程项目在施工过程中用电的安全可靠，管理环节节能高效。

（五）职能定时定点检查

管理人员通过手机原激励蓝牙 IBeacon 感应打卡，开展无纸化巡检流程，问题实时提报，通过实地打卡监管，杜绝作弊风险，并且第一时间提醒巡检安排，提高工作效率，打造绿色工地。

（六）实名制热成像体温筛查管控

鉴于2020年疫情期间，复工之前必须对拟返岗人员进行全面排查，所有人员进出工地必须测量体温（见图2），工地必须要封闭作业，要设有门禁系统，严格进出管理，人员进出要实名制考勤。因此，智慧工地管理更进一步提升，可实现实名制信息、体温数据双重认证。

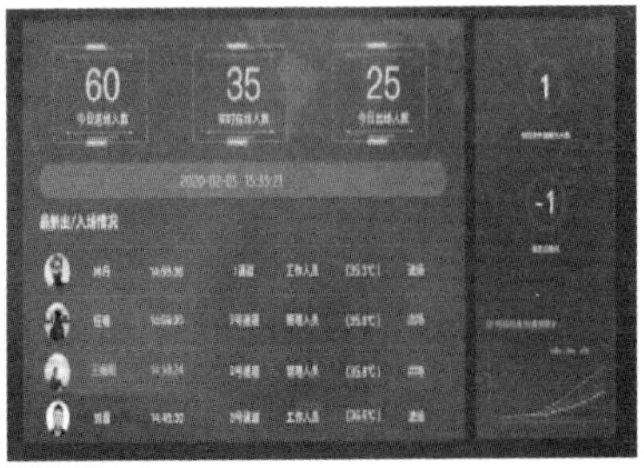

图2　体温排查示意图

成都轨道交通18＃线工程机电安装与装修B标关注项目部日常工作管理痛点，数据智能采集、整理与可视化，通知公告移动化便捷化可视化，工作督办、问题库管理智能化一体化的核心，将工人管理、安质管理应用中产生的数据进行回归分析，将分析结果应用到工程管理相关应用软件中。基于企业微信平台对现场数据信息的精准、便捷获取，智能化加工，工作流程的轻量化、移动化设计，项目关键数据或进度计划的可视化，实现工程管理改善与工作效能提升。

参考文献

[1] 朱岳均. 建筑工程管理的现状分析及控制措施研究[J]. 住宅与房地产，2019（31）：118.

[2] 毛志兵. 智慧建造决定建筑业的未来[J]. 建筑，2019（16）：22-24.

[3] 曾国威. 互联网环境下建筑工程智能管理体系的构建[J]. 四川水泥，2019（7）：344.

浅谈洛泽河特大桥挂篮施工技术要点与质量管理

答 武 杨 雪/中国水利水电第十四工程局有限公司

【摘 要】目前我国社会主义经济发展迅速，公路建设也在快速推进，挂篮施工作为公路桥梁工程中被广泛使用的一种技术，也越来越被工程建设人员重视。为此本文通过介绍洛泽河特大桥主桥的施工情况，对该桥挂篮施工技术及质量管理中的控制要点进行阐述，以方便相关人员参考借鉴。

【关键词】公路桥梁 挂篮施工 技术 质量管理

洛泽河特大桥为宜昭高速（一期）控制性工程，位于云南省昭通市彝良县角奎镇境内，桥址高程介于850.54～1070m之间，路线整体纵向地形为W形，三脊夹两沟，主桥则横跨洛泽河。该桥起点桩号为K180＋571.96（左幅桩号为ZK180＋589.67），终点桩号为K181＋908.04（左幅桩号为ZK181＋894.29），路线全长：左线1304.62m，右线1336.08m。

洛泽河特大桥左幅桥跨径采用5×40.5m＋4×40.5m＋5×40.5m预应力混凝土先简支后连续（后张）T梁＋（80m＋3×150m＋80m）预应力混凝土连续刚构＋3×40.5m预应力混凝土先简支后连续（后张）T梁，右幅桥跨径采用5×40m先简支后连续T梁＋4×40m简支桥面连续T梁＋5×40m先简支后连续T梁＋（80m＋3×150m＋80m）预应力混凝土连续刚构＋4×40m先简支后连续T梁。主桥上部构造采用（80m＋3×150m＋80m）悬臂连续刚构箱梁，单幅箱梁断面为单箱单室。

在洛泽河特大桥上部构造挂篮施工中，作者认为有以下几个方面的技术质量要点值得注意。

一、挂篮的结构设计及定型安装

在0＃梁块等前序工作步骤全部完成后，接下来的工序就是挂篮的结构设计和设备安装工作。挂篮既是施工梁段的承重结构，又是施工梁段作业（悬灌、张拉等）平台，因此挂篮设计必须能够承受最大梁段重量和施工荷载，所以应该按照最不利荷载进行设计加工。本工程挂篮结构采用菱形挂篮，该形式的挂篮结构简单、坚固稳定、受力明确、变形小、定位准确、调整方便、前移和装拆便利。本挂篮系统主要由承重系统、后锚系统、行走系统、提升系统、底篮和模板系统组成。

挂篮在主墩0＃梁段上拼装。拼装前，应对挂篮各构件（组合件）进行尺寸型号（主要是焊缝尺寸及其饱满度等）检查验收，按相应的钢结构加工制作规范执行，不合格的产品应及时处理。塔吊在运输、吊装时，不能损伤构件，特别是吊带、前后支点、主梁等。构件材料应整齐堆放，防止变形，建议将主要构件（组合件）按拼装顺序分类堆码，方便吊装。挂篮吊装时，提升点要牢固可靠，部件不得损坏，变形；拼装时应保持两端对称，同时进行，保证构件拼装位置准确，螺栓全部上足上紧，严禁随意扩孔行为，连接销安装必须牢固，焊缝尺寸应饱满、无缺陷。挂篮就位后，后下横梁锚点其预紧力应大于浇筑混凝土后的锚固点拉力，以保证节段间接缝平顺，同时达到检查锚固点受力强度的目的。洛泽河特大桥主桥悬臂段挂篮施工后锚采用精轧螺纹钢加工而成，每根主纵梁后锚用9根锚杆，每根直径为32mm。锚杆通过在箱梁混凝土中预埋的直径为50mm孔道将后锚的上拔力通过钢垫板直接传到已浇混凝土的箱梁上，故后锚是非常安全的。

二、挂篮试压

挂篮在墩顶已浇筑梁段（0＃梁段）顶上拼装完成后，对各构件的焊缝、螺栓、杆件数量、规格等进行认真核查，合格后再进行加载试验。加载试验的目的为检验挂篮承载力及消除结构非弹性变形，实测挂篮变形值，验证设计参数和承载能力，为施工高程控制提供可靠数据。

洛泽河特大桥挂篮加载方法采用液压千斤顶施加内力法，按1＃节段荷载形式规范要求进行，要求荷载不小于最大施工组合荷载的1.2倍，确保挂篮的使用安全，同时便于掌握挂篮实际变形情况。本工程1＃梁段考虑混凝土自重、模板重量、施工荷载、挂篮自重等，总荷载为191.89t，扣除工字钢分配梁，最大加载荷载为223.6t。

加载按照预压荷载的20％、50％、100％和120％进行分级、均匀、对称加载，卸载按100％、50％、0％预压荷载进行。预压全过程需密切记录加载、卸载数量和高程变化值等相关数据。每级加载持载至少保持30min，最大荷载持续24h，然后进行卸载，卸载持载每级保持30min。记录持载过程的挠度变化、应力及应变情况。

三、挂篮前移

挂篮前移工作应在梁体纵向预应力钢束张拉并锚固完成后进行，挂篮前移的操作步骤包括：后下横梁与后上横梁用吊带连接→内外模后锚点放松（包括精轧螺纹钢的拆除）→行走轨道前移及锚固→顶板吊杆及其约束放松→依次调整外模吊杆、前主吊带及后副吊带处紧松装置，使底平台及模板与梁体脱开→两侧液压千斤顶同步启动使挂篮向前滑行。

挂篮行走时，在轨道上每隔一定距离就做上标记，由专人随时检查主纵梁及内外模前进的同步性。并在挂篮后侧设置保险倒链作为止规措施，防止挂篮行走过头。

挂篮行走就位后对挂篮进行检查，在前支腿下前端设置限位装置，以防止挂篮向前滑移。

挂篮前移行走需特别注意：

(1) 行走轨道位置安放要准确，轨道接头要平齐，轨道与竖向筋锚固要牢靠。

(2) 挂篮前移两侧需保持同步，两端挂篮要对称前移，前移过程中要加强挂篮中线及轨道方向的观测，发现偏位及时纠正，确保挂篮就位时的偏移值不超过规范要求。

(3) 挂篮行走前，各支点与轨道接触处最好涂抹硅脂（黄油）以减小摩阻力。

(4) 6级以上大风天气时，不能进行挂篮行走作业，且应采取措施确保挂篮安全。

(5) 挂篮移动时应避免损伤到精轧螺纹钢筋，避免碰撞、弯折钢筋。

(6) 挂篮移动时用倒链拉住其尾部，防止挂篮溜滑。

(7) 挂篮行走前后，现场技术人员和作业队负责人需共同检查挂篮的定位和锚固系统。挂篮行走时，由专人统一指挥，防止事故的发生。

四、梁段循环施工

（一）施工概况

洛泽河特大桥0＃梁段长12m、高9m、底宽7m、顶宽12m，设计混凝土方量为460m^3，计划用时60d，在主墩墩顶实心段混凝土浇筑完成后开始施工。以该桥左幅16＃墩为例，墩身实心段于2019年4月17日浇筑完成，遂开始0＃梁段施工，至2019年6月23日该0＃梁段混凝土浇筑完成，实际共用时67d。其余常规梁段共19节，计划每节梁段用时12d，实际施工中组装及试压挂篮于2019年7月25日完成，用时31d。1＃梁段于2019年8月6日开始浇筑，其余梁段基本用时10～14d不等。本工程左幅中跨合龙取决于进度较慢的一侧，即左幅17＃主墩梁段施工进度。该主墩0＃梁段于2019年7月20日浇筑完成，施工过程中因春节及新冠疫情影响，中跨合龙段20＃梁段实际于2020年6月25日进行。

（二）模板工程

悬臂段箱梁施工时，通过前后吊带与底模前后横梁相连接，提升调节底模标高并承受混凝土重量，使之传递到主桁架上受力。侧模、顶模前吊点与前横梁吊带连接，后吊点利用已浇注完梁段预留孔洞相锚接，形成以挂篮桁架受力为主、底板后锚为辅的总体承重结构系统。在新老混凝土接缝处填塞止浆条，通过调节吊带及拉杆的顶紧力使之闭合密实，防止接缝处漏浆，确保模板及混凝土施工质量。

（三）混凝土工程

为保证悬臂梁段的施工质量，减少施工接缝，所有悬臂梁段要求一次浇筑成型，有以下需要注意的事项：

(1) 混凝土浇筑顺序为：底板→腹板→顶板。浇筑时同一挂篮的左右两侧基本对称进行。混凝土由挂篮底板的前端开始浇筑，同一T构上两套挂篮内悬浇混凝土在任何时候须基本相等，浇筑量之差不宜超过梁段重的1/4。混凝土在腹板的浇筑分层厚度为30～40cm。对厚度大于40cm的顶板混凝土分两层浇筑；对小于40cm的，一次浇筑到位顶板混凝土应从两侧向中央推进浇筑，以防发生裂纹。

(2) 混凝土振捣采用大、小两种直径插入式振捣器，振捣时插入点应均匀布置，并保证预应力管道和压浆管不受损伤。钢筋稀疏处用大直径振捣棒，钢筋密集处用小直径振捣器，并加强振捣效果检查。振捣腹板时，当梁段高度大于4m时，要从腹板预留“天窗”放入振动棒后振捣混凝土。“天窗”设在内模板和内侧钢筋网片上，每2m左右设一个，灌注至“天窗”前将

“天窗”封闭。

(3) 混凝土浇筑前，仔细检查模板尺寸及牢固程度，浇筑过程中要设专人护模，防止漏浆和跑模。

(4) 顶板混凝土浇筑完成后，需用插入式振捣器对顶腹板及新旧梁段接缝处充分进行二次振捣，确保接缝处可靠、密实。

(5) 混凝土浇筑完成后，要加强养护。悬浇段混凝土施工在冬季采用箱内蒸养设备养护，夏秋季采用覆盖土工布后洒水养护。

(6) 混凝土浇筑时检查要点：

1) 检查钢筋、预应力管道、预埋孔位置。

2) 检查已浇混凝土接面凿毛润湿情况。

3) 浇筑时随时检查锚垫板的固定情况。

4) 检查压浆管是否畅通牢固；检查监视模板与挂篮变形情况，发现问题及时处理。

5) 检查混凝土浇筑对称进度，根据施工监控要求控制两个挂篮浇筑混凝土时混凝土偏差以及同一挂篮左、右侧腹板混凝土方量偏差在容许范围内。

6) 严格执行混凝土养护措施。

(四) 预应力工程

本工程悬臂段箱梁预应力张拉采用的是后张法，施工时要注意以下几点：

(1) 对进场材料如波纹管（本工程采用的预应力管道材料）、锚具、夹片、钢绞线及张拉设备等进行质检验收，验收合格后方可投入使用。

(2) 检查张拉梁段同条件养护下混凝土试块的强度是否满足要求，本工程要求张拉预应力时，混凝土强度应达到设计值的90%，且混凝土龄期不应少于7d。

(3) 对设计图纸提供张拉控制力及理论伸长值进行校核计算，并根据千斤顶校验的回归方程计算各级张拉控制力下的油表读数，计算实测伸长值并与理论伸长值进行比较，误差应在±6%范围内。否则就应退锚，待查明原因确定对策后重新张拉。

(4) 预应力钢绞线全部张拉完且经检查合格后，方可切割端头钢绞线，切割位置距锚具3～5cm，使用手提砂轮机切割，严禁使用电焊或气焊。

(5) 预应力张拉后24h内应对预应力管道进行压浆，压浆前应采用压缩空气或高压水清除管道内杂质，水泥浆材水灰比不得大于0.4，标号不小于M50，且不允许掺氯盐。

五、合龙段施工

为保证施工过程的稳定，合龙顺序宜采用先边跨合龙，使结构由双悬臂变成单悬臂，后跨中合龙，使结构成连续梁受力。由于本桥边跨合龙段21#梁段为2.0m，待19#梁段浇筑完成后，前移挂篮，使其一端支撑于连续墩顶部预埋托架上，利用挂篮、连续墩顶支撑底模，进行21#块浇筑。跨中合龙段施工时，中跨挂篮往后移动2m、边跨挂篮不拆除；中跨端挂篮拆除内模及挂篮前端的中间吊杆，将挂篮整体前移2m至合龙段另一悬臂端，使底篮及外模移到相应位置，通过悬臂端预留孔安装锚杆和连接器将挂篮底模系统和外模系统锚固稳定，形成合龙段施工支架。

在合龙段施工过程中，合龙段混凝土配合比设计时提高一个等级，浇筑选择在一天中气温较低时进行浇筑（一般选在夜间浇筑，凌晨前完成初凝），可保证合龙段新浇筑的混凝土处于气温上升的环境中，在受压的状态下达到终凝，以防混凝土开裂。混凝土浇筑时需等效卸载配重。混凝土的浇筑速度宜每小时8m^{3}左右，3～4h浇完。混凝土浇筑时的其他事项与箱梁悬臂浇筑梁段施工相同。

六、线性控制

线性控制工作是整个悬臂挂篮施工中的重点内容，主要包括三部分：挠度控制、中线控制和断面尺寸控制。设计挠度值已经考虑了混凝土自重、混凝土徐变、温度、预应力等因素的影响，施工时可不予考虑。依据预拱度及设计标高，合理确定待浇段的立模标高并进行严格控制，以保证合龙精度。线性控制是悬浇施工中的一项重要内容，是连接设计和施工的关键纽带，对桥梁的建设质量和运行质量具有重要作用。因此要详细记录每阶段观测系统数据，并进行分析验算，及时反馈指导现场管理施工，才能使线性得到更加完美控制。

公路桥梁是公路建设的重点，而在桥梁工程中，挂篮施工因其能有效提升桥梁工程的效率及性能，而被越来越广泛的应用。要加强挂篮施工技术与质量管理，就要在施工中提高责任意识，确保工程的每道工序均符合施工技术规范和设计要求，预防施工中可能出现的各种风险，积极采用先进、成熟的施工工艺，科学的组织开展施工，提高桥梁工程建设质量，确保桥梁施工高品质完成，减少后期维护费用，获取更大的经济效益。

参考文献

[1] 陈保军. 桥梁工程中的挂篮施工技术要点探讨 [J]. 山西建筑，2014 (26)：174-175.

[2] 郑良发，范晶晶. 论桥梁工程中的挂篮施工技术要素 [J]. 黑龙江科技信息，2013 (12)：198.

[3] 赵晓东. 浅谈挂篮悬臂浇筑施工 [J]. 建筑界，2013 (1)：86-87.

[4] 王伟. 桥梁悬臂浇筑挂篮施工实施探讨 [J]. 河南科技，2012 (24)：50.

[5] 王树森. 桥梁挂篮施工质量控制研究 [J]. 中国高新技术企业，2014 (17)：101-102.

山区高速公路桥梁施工质量隐患分析与预防控制探讨

庄升会　葛　磊　白雪芹/中国水利水电第十四工程局有限公司

【摘　要】 高速公路桥梁施工中对于质量安全问题也日益重视，降低桥梁施工中的质量隐患已成为必然趋势。预防和克服质量隐患，是加强质量控制、提高工程质量的必然要求，在施工过程中，进行有效质量控制，不仅可以提高桥梁质量安全，还可以提高施工企业的经济效益，促进企业项目管理水平的提升。本文针对桥梁施工中存在的质量隐患进行有效分析，探讨其预防控制，希望对高速公路桥梁建设起到帮助性作用，为山区高速公路桥梁施工质量控制提供参考和借鉴。
【关键词】 山区高速　桥梁施工　隐患分析　预防控制

由隋代李春设计建造的赵州桥，已有1400余年历史，成为中国桥梁界的荣耀。赵州桥的设计施工符合力学原理，其结构合理，选址科学，体现了中国古代科学技术上的巨大成就。随着我国基础设施高速发展，以桥梁连接的公路交通系统网形成，对促进我国经济发展发挥着重要的作用。但是，随着高速公路桥梁工程复杂程度的提高，桥梁在建设过程中面临较多的质量隐患，不仅影响到桥梁的正常使用，降低桥梁的使用寿命，而且还影响到承建单位的总体形象。

一、高速公路桥梁工程质量隐患控制的目的

桥梁工程是多种不同的结构和材料集于一体的综合系统，每一种组合中的应力状态、经济性及安全性都存在差异，动力特性与刚度、强度间存在相当大的区别，桥梁工程施工质量问题非常复杂，涉及各方面的因素。桥梁作为跨越海域、江河、峡谷或其他障碍的大型空间建筑物，山区高速路桥梁施工具有类型多样、难度大、地理条件差、施工环境复杂、施工周期比较长、露天作业、高空作业或水中作业多、多工序交叉等特点。在施工过程中面临的质量风险明显增加。为此，在加强对桥梁施工质量控制的同时还要加强对其潜在的各种质量风险进行防范与控制，才能保障整个桥梁工程的质量，做好对质量隐患风险的有效防范。

二、山区高速公路桥梁工程质量影响因素

桥梁工程项目质量是指通过项目实施形成的工程实体的质量，是反映桥梁工程满足相关标准规定或合同约定的要求，包括其在安全、使用功能及其在耐久性能等方面。

质量实现最重要和最关键的是在施工过程，包括施工准备过程和施工作业技术活动过程，影响桥梁工程质量的因素包括人、机械、材料、方法和环境因素（简称人、机、料、法、环）。桥梁施工内容复杂多变，需精心设计、精心施工，设计施工时应综合分析考虑结构、材料、环境条件等因素，按有关规范与标准，优化技术方案，采用先进合理的措施，结合工程地质、水文、气象条件和周边障碍物等影响项目质量的因素，以控制人的因素作为质量控制基本出发点，加强对材料的质量控制，选用符合实际的施工技术和施工方法，合理选择和正确使用施工机械，抓好质量控制管理工作，保证施工质量安全实施，消除桥梁施工在质量方面的安全隐患。

三、高速公路桥梁施工质量隐患分析与预防控制

在桥梁施工质量控制中，认真做好施工前的准备工作和过程管理工作，结合环境影响研判分析，设计制定符合实际的方案，加强对过程中每个环节的有效控制，

全面把握施工安全和施工质量，对质量隐患采取相应的措施控制，对特殊要求和作业环境做出科学地应对，确保质量高标准实现。

（一）混凝土质量隐患分析与预防控制

“结构混凝土的强度等级必须符合设计要求”是工程建设施工规范规定的强制性条文。混凝土质量直接影响混凝土的强度、稳定性、耐久性，从而影响桥梁的整体质量和使用寿命。

1. 混凝土强度不足质量隐患分析

混凝土强度不足形成的隐患：一是结构构件承载力下降；二是抗渗、抗冻性能及耐久性下降。从原材料、配合比与拌制运输、现场施工等全过程对其质量进行控制，确保混凝土质量符合要求。

（1）混凝土原材料质量隐患分析。

1）水泥质量。水泥是混凝土中最重要的组分，其凝结时间、比表面积等各项技术指标都能影响混凝土质量。①水泥活性（强度）低：一是水泥强度差；二是储存环境差、时间过长，水泥结块，活性降低而影响强度。②安定性不合格。并且有些安定性不合格的水泥所生产的混凝土虽表面无明显裂缝，但强度极度低下。

2）砂、石骨料质量。骨料是混凝土中承受荷载、抵抗侵蚀和增强混凝土体积稳定性重要的组成材料，骨料的性能对混凝土的性能有直接影响。①石子强度低：石子被压碎，说明石子强度低于混凝土的强度。②石子体积稳定性差：页岩、带有膨胀黏土的石灰岩等碎石，体积稳定性差，而导致混凝土强度下降。③石子形状与表面状态不良：石子具有粗糙的和多孔的表面，与水泥结合较好，而对混凝土强度产生有利的影响，尤其是抗弯和抗拉强度。④骨料（尤其是砂）中有机杂质含量高：如骨料含有机杂质，对水泥水化产生不利影响，而使混凝土强度下降。

3）拌和水质量不合格。如拌制混凝土使用含有较高有机杂质、酸、盐质的水。

4）外加剂质量差。外加剂造成混凝土不凝结。

（2）混凝土配合比质量隐患分析。混凝土配合比也是决定其强度的重要因素之一，其中水灰比的大小直接影响混凝土强度，在工程施工中，一般还表现在：①随意套用配合比。②水量：搅拌设备上加水计量装置不准；在施工地点任意加水等。③水泥用量不足：搅拌计量称不准，水泥实际重量与理论重量偏差大，致使混凝土的水泥用量不足。④外加剂：盲目掺外加剂，掺量不准，导致混凝土强度不足。

（3）混凝土施工质量隐患分析。

1）混凝土拌制不佳：向搅拌机中加料顺序颠倒，搅拌时间过短，造成拌和物不均匀，影响混凝土强度。

2）运输条件差：在运输中发现混凝土离析，但没有采取有效措施（如重新搅拌等），运输工具漏浆等均影响混凝土强度。

3）施工方法不当：如施工时混凝土已初凝、混凝土施工前已离析等均可造成混凝土强度不足。

4）模板严重漏浆，成型振捣不密实以及养护不良。

2. 混凝土质量隐患预防控制

（1）原材料。

1）水泥的质量预防控制。选用固定同厂家同品种的水泥，保持水泥强度的相对稳定性，减少混凝土强度的波动。严格按照相关标准进行入场检测，如安定性检测等，确认合格后方可使用。另外要选用需水量少的水泥，考虑水泥与外加剂的适应性。

2）粗细骨料的质量预防控制。粗骨料应为连续级配碎石，针片状含量应小于10%。碎石的级配不好或针片状含量超标，将会影响混凝土的和易性、密实度和强度。骨料中石粉含量、含泥量、有害物质等成分都对用水量以及外加剂的减水作用影响较大。因此，主要控制石粉含量、颗粒级配、针片状含量，砂的细度模数、含泥量等。

3）外加剂的质量预防控制。外加剂的主要作用是减少用水量、缓凝、增强，还能改善拌和物的性能，提高混凝土的耐久性。对外加剂的减水率、抗压强度比、含气量一定要严格控制，并保持相对的稳定。

把好原材料进场质量检测关，是混凝土质量保证的前提。首先把好材料进场关，对施工材料进行严格质量检查，确保所有的施工材料质量都符合质量标准，其次是控制二次污染问题，避免骨料受油污、泥浆水等污染。

（2）混凝土配合比质量预防控制。混凝土配合比须由施工企业母体试验室或具有试验检测资质的试验室进行试配，并满足设计和施工要求，配比必须经审核后签发，并按配比报告进行配料，严禁擅自更改。在施工过程中应根据骨料的石粉含量、含泥量、含水率等进行施工配合比调整。

（3）混凝土生产质量控制预防控制。提高混凝土强度的稳定性最重要的是生产过程控制，通过设置封闭式砂、石堆料场，避免因天气变化而影响骨料含水率，同时在生产过程控制中，应控制水灰比和坍落度在设计要求的范围内。

（二）灌注桩质量隐患分析与预防控制

桥梁工程通常采用桩做基础，桩基施工是在地下或水下进行的，其施工过程无法观察，施工中的任何一个环节出现问题，都将直接影响整个工程的质量和进度。

1. 灌注桩质量隐患分析

（1）偏孔、缩颈或孔斜、坍孔。受地质情况影响，冲桩过程中，易出现偏斜或坍孔问题，当地质处于不良

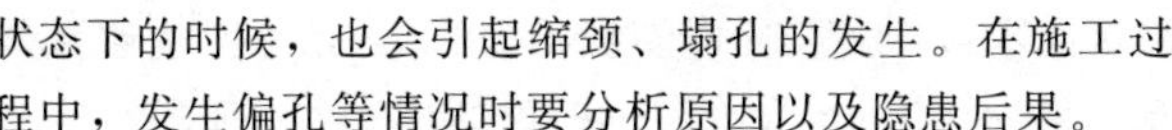

状态下的时候，也会引起缩颈、塌孔的发生。在施工过程中，发生偏孔等情况时要分析原因以及隐患后果。

（2）堵管。混凝土和易性、流动性差，混凝土中粗骨料粒径过大，机械故障引起混凝土施工不连续，在导管中停留时间过长而堵管，导管进水造成混凝土离析等。

（3）钢筋骨架偏位、上浮。钢筋骨架放置初始位置过高，混凝土流动性过小，导管在混凝土中埋置深度过大导致钢筋骨架被混凝土拖顶上升，混凝土灌至钢筋骨架底部提升导管时受来自导管内混凝土的冲击力，推动了钢筋骨架的上浮。混凝土灌注过钢筋骨架且导管埋深较大，其上层混凝土因浇筑时间较长，已接近初凝，表面形成硬壳，混凝土与钢筋骨架有一定的握裹力，提升导管时混凝土在导管流出后以一定的速度向上顶升同时也带动钢筋骨架上升。

（4）断桩或夹层断桩。混凝土凝固后在某部位严重变质或不连续，中间形成夹层，从而导致桩的承载力未能达到设计要求而不能使用的质量隐患。混凝土被泥浆稀释，混凝土不凝固，泥浆浸入混凝土，形成断桩或夹层断桩；桩浇筑过程导管提升过多露出混凝土面，或因停电、待料等原因造成夹渣，出现桩身中岩渣沉积成层；浇筑混凝土时，采用从孔口直接倒入，造成凝固后不密实，局部出现疏松、空洞的形成。

2. 灌注桩施工质量控制措施

（1）偏孔、缩颈或孔斜、塌孔。首先回填黏性土使用钻头冲击将土挤压进裂缝填满。其次若效果甚低则选择加入干水泥加强封固裂缝。偏孔回填时应选择硬度大的块石，大小根据桩径决定。塌孔要正确判别具体位置并分析原因，注意塌孔变化情况，在松散易塌的土层中，适当埋深护筒，用黏土密实填封护筒四周，使用优质的泥浆，提高泥浆的比重和黏度，保持护筒内泥浆水位高于地下水位。成孔后，尽快灌注并在保证质量的情况下，尽量缩短灌注时间。

（2）堵管。在混凝土灌注时，应加强对混凝土搅拌时间和混凝土坍落度的控制。在灌注过程中适当的提升和降低导管形成活塞运动可以帮助混凝土下落。

（3）钢筋骨架偏位、上浮。钢筋骨架初始位置应定位准确，与孔口固定牢固。控制导管埋置深度和混凝土灌注速度，严禁把导管提出混凝土面。在接近钢筋骨架底口时应放慢混凝土施工速度。

（4）断桩或夹层断桩。成孔清孔时间应根据孔内沉渣情况而定，避免孔底沉渣超过规范规定。灌注前认真进行孔径测量，准确算出全孔及首次灌注量。混凝土浇筑过程中应随时控制混凝土面的标高和导管的埋深。严格确定混凝土的配合比，混凝土应有良好的和易性和流动性。灌注过程连续紧凑、快速、规范操作，同时应避免停电、停水。

（三）预应力质量隐患分析与预防

1. 桥梁预应力质量隐患可能产生的影响

（1）预应力过大，可能导致梁端局部受压形成混凝土裂纹、梁结构上拱变形或致使预应力筋早期疲劳，严重时预应力筋破断，危及结构安全；有效预应力过小，则预应力度不足，将造成结构开裂和下挠度过大，降低桥梁的承载能力，影响结构安全。

（2）同断面有效预应力不均匀度过大，形成构件同断面各筋束预应力左右不相等，构件发生横向挠曲、扭转等不利变形，使梁体出现裂纹，并危及桥梁使用安全。

2. 桥梁预应力质量隐患原因分析

（1）预应力张拉油泵、千斤顶、压力表未按规定进行校验或校验方法错误，张拉力与压力表的对应曲线关系不明。混凝土施工中波纹管破损漏浆，造成局部砂浆将钢绞线与波纹管凝为一体，出现部分钢绞线短时没有预应力，而随着时间的延长，砂浆的黏结力被克服，才开始传递预应力。

（2）预应力张拉时选择的初始应力值 σ_0 不合适。预应力张拉之前，初应力值 σ_0 偏小，预应力钢绞线未被拉紧，存在非受力变形，致使张拉完成后量测的实际伸长值偏大，各根钢绞线受力不均匀。

（3）预应力筋与钢绞线发生交叉，张拉后受力不均匀或钢绞线受剪，造成预应力偏差过大，可能造成受力大的钢绞线断裂。

（4）预应力锚具、夹片质量不合格或未经检验使用，以及张拉吨位不足（处于低应力状态）等，易形成“飞锚”事故。

3. 预应力质量隐患预防措施

（1）张拉前混凝土抗压强度符合设计要求，张拉采用应力控制和伸长量控制双控。张拉过程中要随时监测梁体的上拱度和侧向变形，避免梁体变形过大而产生裂纹，并及时收集观测数据，以便后续设计、施工时做参考。

（2）以点带面，对张拉作业人员实施岗前培训和作业交底，培养人员稳定、作业规范、掌握成熟工艺的施工作业人员，使其掌握设备使用与维护要领，提高操作技能和熟练程度，加大结果验证与过程控制力度，做到实时跟踪、全程控制，确保预应力施工质量。

（3）张拉设备应当进行型式试验或入场验收试验。标定时须整体（泵站、千斤顶、油压表、数显系统）静态保压标定，锚具、夹具和连接器等进行综合试验，并有质量检验报告。特别是首片梁或首节段后及时进行锚下有效预应力检测，发现问题、及时进行有效处理。

（4）加强对梁预应力的施工质量控制，预应力作为重点检测控制对象。

（四）支座质量隐患分析与预防

1. 支座的质量隐患分析

支座产生位移危害的主要原因是支座转动不灵活。其成因主要是支座结构设计不尽合理，支座的制造、预偏量的设置、支座安装等各工序的误差累积。

（1）支座位移超限。是由于受到昼夜温度变化的影响和桥梁活动面腐蚀导致梁体产生不均匀的伸缩量，导致支座发生移动而位移超限。

（2）支座的活动不规律。是由于支座没有按照设计标准进行施工造成其活动不规律。

（3）支座滑移、偏位。支座的位置定位不准，梁架设后，横隔板未及时连接，支座发生严重的位移或者歪斜度超过限度，致使支座与梁底两者间的间距过大，导致支座的抗压能力降低，梁体发挥不出抗压效果。

2. 对桥梁支座质量隐患预防

（1）支座位移超过限度。将支座倾斜度控制在允许范围内，固定支座不发生变形，使得梁体与支座位置正常。

（2）活动支座活动不规律。理解设计，规范安装，实现梁体的自由伸缩和支座规律活动。

（3）支座位置滑行。用千斤顶将梁身顶起，矫正和重新安装支座，并使千斤顶不影响支座矫正工作的顺利进行。

四、结语

施工质量是桥梁质量、安全的重要保证，在施工管理的过程中，健全工程质量管控体系，实施质量责任制，严格规章制度，强化施工质量监督和管理。结合工程项目特点，根据施工现场实际情况，充分考虑环境等各方面因素，开展全面质量的预测和分析，加强质量细节的分析和研究，做好施工材料的控制，采取适合的施工工艺和施工技术，加强施工过程监管，保证施工质量，有效提高桥梁耐久性和安全性。

加强参建人员职业道德和专业知识技能培训，提升职业道德品质和综合素质水平，巩固和提高专业知识技能水平，加强技术培训，增强操作的规范性，在工程实践中创新工艺技术，改善工艺流程和施工质量管理的方法和手段、操作规范，在采用新技术、新工艺以及新材料设备过程中不断适应具体的操作流程和方法。施工单位应建立技术品牌理念，不断促进桥梁施工技术的进步与发展，提高桥梁工程施工质量的水平。

参考文献

［1］ 林树涵. 赵州桥建造年代辨证［J］. 河北师范大学学报（哲学社会科学版），2012，35（3）：88－94.

［2］ 李白薇. 赵州桥：跨越千年的奇迹［J］. 中国科技奖励，2012（11）：76－77.

［3］ 江成，吕吉应，许志强. 赵州桥抗震性能的初步研究［J］. 工程质量，2014（11）：38－40，44.

［4］ 黄兴安. 道路桥梁工程质量通病防治手册［M］. 北京：中国建筑工业出版社，2002.

［5］ 曲娜，黄庆. 桥梁工程施工全面质量安全管理［M］. 北京：中国建筑工业出版社，2012.

［6］ 张根涛. 山区高速公路桥梁施工安全管理与控制［J］. 交通世界（工程技术），2015（12）：14－15.

［7］ 何年成. 公路桥梁工程施工质量管理问题及解决措施［J］. 建材与装饰，2016（49）：229－230.

［8］ 王勇. 公路桥梁施工质量隐患及解决对策［J］. 技术与市场，2013（1）：67.

浅谈城市供水管网系统改造重点和难点

赵国庆/中国水利水电第十四工程局有限公司

【摘 要】介绍斯里兰卡科伦坡南部供水管网系统改造项目施工过程中所遇到的重点和难点，不断总结经验，保证工程的顺利完成，同时，可为后续类似项目提供一定的施工经验。

【关键词】供水管网 系统改造 重难点

一、工程简介

科伦坡南部供水管网系统改造项目位于斯里兰卡民主社会主义共和国（简称“斯里兰卡”）首都科伦坡，科伦坡是斯里兰卡最大城市，面积约为 37.3km^2，人口约 70 万，是全国政治、经济、文化和交通中心。本项目属于科伦坡地区供水管理及污水处理系统改造项目，整个项目共分 4 个标段，本项目为第 4 标，主要工作是对工程范围内 DMA 计量区的供水管道改造等相关设施进行设计、采购和施工工作，主要是将 180km 长直径为 9in 以下的铸铁管和球墨铸铁管更换为 HDPE（高密度聚乙烯）管道；将约 12km 长直径超过 10in 的铸铁管进行除污并进行修复；建立独立计量区域，基于 GIS 空间数据管理技术对供水管网信息系统进行更新，在完成区域内的管道铺设和道路复原施工后，进行无收益水管理监控，控制管网漏损率在 18%以下。

二、工程技术重难点及解决方法

首先，由于本项目为市政管道施工项目，所处科伦坡市区，合同中明确限制了工作时间，在市政道路上基本为夜晚施工，施工时间设定在晚上 10 点至次日早上 5 点，而私人道路主要为白天 9 点至下午 5 点施工。该工程具有施工片区跨域距离长、施工分散、点多面广、干扰大、施工条件复杂、施工时间有严格规定、协调难度大等特点。其次，科伦坡南部供水管网系统由英国人在 20 世纪 50 年代建造，已经有 70 多年的历史，管网漏损率为 49%，管网与城市发展速度相比相对滞后。由于年代久远，管线资料缺失，对管网系统的设计和施工也提出了更高的要求。由于缺乏系统控制漏损的理论基础，在科伦坡供水管网运行维护过程中，多依赖被动报修、巡检、仪器听漏等方式，检测周期长，效率较低，不能及时、准确地对地下管线情况进行研判和升级改造。另外，在供水安全方面，由于地下管线种类过多，管网连接复杂，管网实际漏失水量难以计量和分化，不易分析其形成原因。且管网年代久远，容易受腐蚀、结垢的影响造成管网内流速偏低，形成管网水质二次污染，加快了管网腐蚀速度。整个项目的工程技术重点和难点主要表现在以下方面。

（一）设计方面

合同要求本项目的施工工艺及材料标准均采用欧洲标准。因此，在项目前期勘测阶段要尽量保证勘测资料的全面性和准确性；在初步设计阶段，通过对施工区域的实地考察，在权衡成本、效率及施工资源的前提下，选择最优方案；在详细设计阶段，需要加强对相关规范的研究和理解，保证设计工作按时完成。

在项目设计阶段，通过前期调查，收集地理信息和用户信息等相关数据，将获得的数据信息分类、归集到 GIS 数据库中，并在施工过程中对相关数据进行同步更新，建立起完善的 GIS 数据库，为项目规划、设计、施工和无收益水管理工作提供数据依据，控制管网漏损率在 18%以下。

项目区域内包括 33000 个用户，点多面广，用户种类繁多，施工过程中需要对用户位置和相关信息逐个进行收集和更新，对项目 GIS 数据库的建立和供水管网设计也提出了更高的要求。因此，根据 GIS 数据库前期调查数据，用户位置和地形特征，供水路线等相关信息，在设计工程中将整个项目区域划分为 23 个 DMA 分区（分区计量区域），设计完成后按照 DMA 分区进行分区施工和管理。因此，在设计过程中要结合市政道路规划，便于施工，尽量避开障碍，节约投资，合理选择改造方案，做到经济合理，并结合中长期规划进行综合考虑。

此外，为保证设计工作的顺利推进，设计图纸的报批进度是重点。为此，项目部委派专人跟踪图纸的报批工作，与业主负责审批图纸的相关人员保持紧密联系，避免因图纸报批滞后导致后续工作受到影响。

（二）施工方面

由于地下管线资料缺乏，施工区域地下实际情况主要通过探沟、探槽开挖进行调查分析，不能做到施工区域全覆盖，缺乏针对性，开挖后与实际不符的情况较多。且科伦坡地区交通压力较大，如果管沟回填处理不到位，长时间后易造成不均匀沉降。在科伦坡供水管网改造过程中，需着重处理的问题一方面是新旧管线的连接，弯头、三通及预留口的设置要符合规范。另一方面是管线的埋深、管沟回填施工工序和管线受力计算，施工过程中要做好管道支撑保护，避免额外的应力和管道破裂，保证施工顺利进行。

在新铺设管道完工之前，现存管道仍然需要保证能够正常为用户供水，但在施工过程中，难免会对供水安全性造成不利影响，具体表现为两方面：一方面是在项目实施过程中，可能会对现存管线造成破坏，造成局部停水。另一方面是新铺设管道预留接入点与实际位置不符，在后续连接过程中造成施工困难、连接不符合规范等情况发生。因此在施工过程中，要把控好管道铺设质量，避免由于施工不当造成管道及配件在弯曲应力作用下发生变形，从而导致预留口发生偏移。

在施工过程中，由于施工人员水平和施工技术条件限制，在管道安装后可能会出现位移或爆管现象。这种位移主要是受管道回填材料的不均匀沉降或所在位置受到较大外部压力影响，特别是存在回填土的路段，因回填土压实度达不到要求，产生纵向位移，导致管道失稳，在接口、管道焊接点等最薄弱处产生破裂而漏水。

在施工过程中要加强管理，抓好施工过程中的各个环节。要按要求放置管道，避免由于管道位置偏移造成管件和材料以及接头承插口在外力作用下发生变形。同时，要认真检查开挖断面，对槽底坡度、沟底高程、边坡支护设施、槽底预留保护层厚度进行严格施工并检测，保证施工的质量。管沟回填时，管道周围必须使用符合设计要求的回填材料并紧贴原状土，若有空隙要用相同材料回填，分层回填夯实，压实度要达到设计要求，严格执行回填材料的检查、验收制度。

当施工过程中碰到与现存管线位置冲突或与其他构筑物位置冲突，需通过采取增减弯头或改变管线位置进行调整。在施工前，要对施工现场及其周围环境进行仔细调查，提前开挖探沟，根据探沟开挖情况确定沟槽开挖位置和深度，避免对现有管线造成干扰破坏，做好对地下管线资料的汇总和管理。

管道铺设完成后，需要进行水压试验，检测管线的施工质量。水压试验合格率受施工技术、水压试验条件限制等种种因素影响，存在确定漏损点位置效率和水压试验合格率不高等问题。在试压过程中，用盲板作为管道的堵板，在盲板排气端安装自动排气阀门。要通过逐级加压的方法完成试压工作，加压期间如有压力下降可注水加压，但不得高于试验压力。在主试验开始之前，要对管道接口位置进行检查，查看是否出现渗漏，要防止管道出现移动或者接口出现松动。在注满水以后，还需要对排气阀门进一步的检查，应当确保管道中没有气体的存在，这样才能保证压力试验结果的准确性。

（三）协调方面

项目地处闹市区，点多面广、干扰大、施工时间有严格规定，需要大量的外部协调工作，由于中外的风俗习惯、思维模式有差异，导致协调难度较大。因此项目部选择当地作业队实施该项目，能较好地与政府各部门、业主、设计、当地居民进行沟通交流，最大限度减少外国公司在施工中所遇到的干扰。实施过程中由作业队统一协调，提高项目实施的效率。

施工过程中遇到穿越道路或者岔路口施工时，由于项目处于科伦坡市区，受交通管制或者现场施工条件的影响，施工时间通常受到很大限制，一般情况下都是夜间施工，加上路口管线相对较复杂，各类管线交叉，管道施工占用时间长，施工不能一次性到位等情况。因此在施工穿越道路的管道时，要根据实际情况，采用与现场条件相适应的穿越形式，比如考虑采用定向钻、无开挖施工等新工艺，如果有条件的话，可以通过架设带方式进行处理。

（四）无收益水管理方面

在科伦坡供水管网运行管理阶段，利用建立的GIS系统，结合供水管线和附属设备、用户用水量、管网压力等相关数据，实现供水管网的动态管理和调度。通过GIS系统实现数据的综合和可视化管理，实现数据管理与数据共享，实现供水方案的优化。

鉴于供水管线没有实现100%全部更换，在管网改造工程中，不可避免会存在部分管线有泄漏的可能性，而配水干线和分支供水管线连接处，是管网漏损的主要发生范围。现存管线老化，一些老旧管线漏水点不易确定位置，不少漏点因地理条件、检测技术有限或者漏水量很小等原因，需要重复检测才能确定位置，在找到漏点时，漏水情况已经扩大或已经造成一定经济损失，也影响到后期无收益水管理。

因此，通过运用GIS信息系统，充分利用供水管线和附属设备、用户用水量、管网压力等相关数据，实现管网的动态管理和调度。同时，运用GIS技术为载体，实现供水系统智能信息监测、管网巡检信息的数据自动分析，并可基于数据对应实现各类信息的联动分析，实现便捷、精准的管网系统信息化管理，提高供水事故发生时的应急处置能力和水平。提高系统供水服务水平，降低供水事故发生时的机动反应时间，降低管网漏损率，确保科伦坡供水管网的正常运行，为安全可靠的城市供水提供保障。

（五）管网运行维护方面

在管网运行维护过程中，埋设在地下的供水管网，由于运行时间久远，渗漏的水从地下渗透或因其他隐蔽设施的干扰而不能及时发现，因此供水管网的漏水现象始终是存在的。因此，科学设置管网压力监测点，根据用水情况合理调度，优化管网供水压力，使供水的压力、流量在合理的经济范围内，既能够保证城市发展和居民生活的需要，又能保证供水管网的安全高效运行。供水管网压力与流量的关系是：在用水高峰期，管网压力会降低，而夜间用水量很小时，管网压力最高，根据压力流量的关系，压力越高漏水点的漏水量越大。因此如果通过压力管理把夜间最小流量时富余的压力降低，可以减少管网漏失。

同时，加强供水管网及其附属设施的日常巡视维护保养，建立管网系统定期维护保养制度，以提高供水设施的完好率。在管网的各支管处和用户用水处增设调节阀，既可以方便在检修时使用，也可以起到调节水量和供水压力的作用，管网压力调节可以延长管网设施的使用寿命，降低爆管的频率，降低管网系统发生爆管和漏损时的漏损量和供水能耗。

本项目的施工要求和验收标准高，可能存在重复施工及工期延长等风险，增加项目的不可控成本。在施工过程中，不断总结、汇总项目的重点和难点，同时完善相关解决措施以保证工程的顺利完成，是非常重要的。

参考文献

［1］ 孙卫杰. 旧城区供水管网漏失探析及改造［J］. 中小企业管理与科技，2011（15）：303.

［2］ 徐宇琪. 浅析城市供水管网现状及技术改造［J］. 科技与企业，2014（6）：201，204.

［3］ 赵洪宾. 给水管网系统理论与分析［M］. 北京：中国建筑工业出版社，2003.

［4］ 吴江. 浅析城市供水管网的维护管理工作［J］. 科技创新导报，2014（16）：175.

［5］ 苏崇军，饶兰兰. 城市供水管网现状及技术改造［J］. 城市建设理论研究，2011（29）：1-5.

［6］ 王水生. 浅析城市供水管网漏损原因及控制［J］. 水能经济，2016（10）：151.

海外电力投资企业竞争资讯系统的设计开发与实践

袁　泉　潘姝月/中国电建集团海外投资有限公司

【摘　要】随着现代信息技术在商业管理方面的深入应用，信息情报已成为企业发展的重要资源，为及时掌握海外投资动态、分析投资环境、把握市场机会、防控投资风险，诸多企业开发了竞争资讯系统，以积极应对当今快速变化的外部环境。本文回顾了某企业竞争资讯系统的设计开发与实践过程，总结提炼了竞争资讯系统在实际应用中的突出特点与经验体会，并对系统的未来发展进行了展望。

【关键词】竞争资讯　信息系统　管理　海外投资

随着经济全球化以及信息技术的飞速发展，商业竞争日益激烈，竞争情报已成为资金、技术、人才之后的第四类重要资源，信息收集与分析整理能力已成为企业核心竞争力的重要组成部分。相关研究表明，世界500强企业中，目前已有95%以上都建立了较为完善的竞争情报体系。海外能源电力市场竞争与业务拓展离不开情报的支撑，如何收集、管理与使用信息直接关乎商业的成败。为更好地服务于海外市场开发，跟踪目标国别电力能源市场动态，开发竞争资讯系统，并逐步建设自主独立的信息搜集与分析平台，成为企业施行战略决策、指导市场开发的有效支撑。

一、系统定位与开发目标

竞争资讯系统是以人的智能为主导，利用信息网络，以促进与增强企业竞争力为目标，通过知识管理手段以结合人机共同经验的战略决策支持与咨询系统。系统所产出的竞争资讯产品是企业获取内外部有效信息的重要来源。

建立与业务发展相适应的竞争资讯系统，在激烈市场竞争中及时获取信息情报支持，是企业长期保持核心竞争能力，实现高质量可持续发展的重要路径。

该类系统开发的主要目标有四点：

一是为市场开发、法律、财务资金等部门提供有效的信息共享与经验交流平台。

二是为企业领导者制定重大战略决策提供有效数据支撑。

三是了解先进技术，收集整理国内外标杆企业的成功管理经验、管理模式、经营策略，提供学习借鉴。

四是从宏观层面、对行业领域及企业所面临的机遇与风险提供早期预警。

二、系统情况

竞争资讯系统可分为“四大板块”与“五大区域”。“四大板块”包括：能源电力市场、海外投资环境、海外投资项目和海外风险预警等，从宏观层面到微观视角，广泛覆盖海外能源电力投资相关领域；“五大区域”则结合企业重点开发与经营国别，涉及东南亚、中西亚、欧洲、美洲、大洋洲等五大区域覆盖近50个国别市场。

（一）系统栏目设计

竞争资讯系统主要针对企业所重点关注的业务板块、海外区域及国别市场，将资讯划分为以下栏目：

（1）能源电力市场：分为行业要闻、投融资动态、市场分析，主要收集国际能源电力行业的最新发展趋势、投资项目相关信息；目标国项目投融资信息；目标国电力市场架构、电价机制、电力消纳等行业分析信息。

（2）海外投资环境：分为投资环境、外汇汇率、投资报告、法律法规等栏目，主要收集目标国经济情况、经济发展政策、外资政策、财税政策、电网与电力设施建设情况、风险评级情况等。

（3）海外投资项目：分为招标汇总、典型案例2个栏目。

(4) 海外风险预警：主要收集重点关注国别疫情、经济、政治、社会等方面的风险信息。

(5) 重点国别市场：将上述不同类别信息进行分类归集整理，并形成报告，可以从政策、市场、法律、财税、行业等角度综合了解目标国电力市场情况。

（二）系统运营管理

1. 设计管理架构，强化系统运维与管理

制定并印发系统管理制度性文件，成立竞争资讯信息管理领导小组及工作组，负责竞争资讯系统平台的管理、栏目信息更新及产品发布、信息员队伍建设管理等日常工作，协调统筹系统的运行维护及移动端应用开发。

2. 内外协同分工，优化产品设计与应用

定期召开竞争资讯系统应用研讨会及复盘会议；搭建兼职信息员队伍并优化竞争资讯工作与激励机制；着力注重竞争资讯系统的应用培训，定期邀请外部专家来公司对信息管理人员进行培训交流，并提出进一步完善的建议与意见。

三、主要特点

（一）系统发展步骤化

系统在短期内实现了对国内外各类海外投资与市场信息的有效收集、整理、筛选、发布，已初步形成企业对竞争资讯的归纳与汇总能力；紧密结合公司业务，明确以市场信息搜集分析、为企业战略发展服务的发展方向，逐步开展专业、深入的信息收集工作；设计开发与企业战略发展和业务需要相适应的资讯产品与服务；加强与公司战略和对标等研究工作的协同作用，将资讯管理对企业发展的支撑作用落到实处。

（二）信息服务全面化

系统上线后已实现日度、周度与月度的定向信息编报；对资讯系统内全部信息（含报告与附件内容检索）的关键词检索功能；对国内外数十家对标企业的资讯动态抓取；与公司OA及企业移动通信实现无缝衔接。

（三）运营管理体系化

建立内部管理合作机制，发挥各自专业优势，协同进行系统的日常运维和升级优化工作；建立有效反馈机制，深度开发以满足市场业务需求；在系统条件具备的前提下努力拓展服务范围，开发专题报告与定制化服务；合作建立切实有效的部门信息员制度，对信息员的工作职责进行规定；对表现突出的员工或团队，予以适当奖励与表扬。

四、案例分享

（一）海外风险预警

企业始终秉承“风险管控才是第一位的”战略思想，将“人人树立风险意识”作为企业文化的重要组成部分，有效促进企业风险管理水平与员工风险防范意识的同步提升。为积极应对因新冠疫情这一“黑天鹅”事件所引发的各类风险，竞争资讯系统增设“海外风险预警”栏目，对世界主要疫情国家及投资经营国别风险信息进行准确识别，为企业高层决策提供预警，通过这一实践，充分发挥信息化系统优势，进一步提升了资讯使用效率，实现日常动态更新，满足疫情常态化下公司海外风险预警需要。

基于统计学原理下的信息设计研究主要依据统计学的基本原理以及学科的交叉与融合，将由于信息源多元化而产生的分散、凌乱的信息进行逻辑化、层次化的处理，赋予了信息统计学的特性。为提高信息抓取效率与准确性，建立健全海外风险预警信息源筛选机制，企业内部通过高效合作，共汇总海外风险预警信息源1000余个，梳理关键词40余个。在海量信息源中，通过系统分批次演算其有效频率分布，筛选出15个重点资讯信息源及17个重点国别地区，进行动态抓取，并将相关资讯发布至系统平台供风险预警工作组成员参考以辅助决策。

（二）知识管理工作

所谓知识管理，就是一个有助于知识收集、组织和在公司内部员工之间传播的知识管理技术集合，它的核心是网络技术与知识仓库，能够对异质系统中的知识进行无缝检索，并通过Web界面向用户提供知识。

竞争资讯系统通过关键信息源和关键词搜索机制，以企业全体员工为目标用户，坚持满足企业多层次、多模式的知识服务需求。遵循知识管理的“五化”原则，逐步建立起一个企业内部贯穿战略分析、规划及实施全过程；面向业务各流程、各岗位提供智能知识服务的专属数据库；员工可以通过系统内搜索引擎查阅需要参考的信息，随着系统数据量的不断扩充，实现公司内部的资讯管理和共享，为企业的知识管理工作添砖加瓦。

五、结语

竞争资讯系统应用仍处于初级发展阶段，在系统功能与产品服务方面还存在广阔的优化与提升空间。以资讯信息搜集整理为主要功能的资讯发布平台，综合数据分析能力仍有待提高，应通过系统逐步升级来实现更为精准化的产品与服务。

参考文献

[1] 周九常. 竞争情报及其作用研究 [J]. 河南科技，2011 (3)：14-15.

[2] 田爱珍. 基于统计学原理下的信息设计研究 [D]. 长沙：中南大学，2011.

[3] 王庆红. 大型企业知识管理系统和竞争情报系统建设关键问题评析 [J]. 情报科学，2012 (8)：1247-1253.

征 稿 启 事

各网员单位、联络员：

广大热心作者、读者：

《水利水电施工》是全国水利水电施工技术信息网的网刊，是全国水利水电施工行业内刊载水利水电工程施工前沿技术、创新科技成果、科技情报资讯和工程建设管理经验的综合性技术刊物。本刊宗旨是：总结水利水电工程前沿施工技术，推广应用创新科技成果，促进科技情报交流，推动中国水电施工技术和品牌走向世界。《水利水电施工》编辑部于2008年1月从宜昌迁入北京后，由全国水利水电施工技术信息网和中国电力建设集团有限公司联合主办，并在北京以双月刊出版、发行。截至2019年年底，已累计发行72期（其中正刊48期，增刊和专辑24期）。

自2009年以来，本刊发行数量已增至2000册，发行和交流范围现已扩大到120多个单位，深受行业内广大工程技术人员特别是青年工程技术人员的欢迎和有关部门的认可。为进一步增强刊物的学术性、可读性、价值性，自2017年起，对刊物进行了版式调整，由杂志型调整为丛书型。调整后的刊物继承和保留了原刊物国际流行大16开本，每辑刊载精美彩页6～12页，内文黑白印刷的原貌。本刊真诚欢迎广大读者、作者踊跃投稿；真诚欢迎企业管理人员、行业内知名专家和高级工程技术人员撰写文章，深度解析企业经营与项目管理方略、介绍水利水电前沿施工技术和创新科技成果，同时也热烈欢迎各网员单位、联络员积极为本刊组织和选送优质稿件。

投稿要求和注意事项如下：

（1）文章标题力求简洁、题意确切，言简意赅，字数不超过20字。标题下列作者姓名与所在单位名称。

（2）文章篇幅一般以3000～5000字为宜（特殊情况除外）。论文需论点明确，逻辑严密，文字精练，数据准确；论文内容不得涉及国家秘密或泄露企业商业秘密，文责自负。

（3）文章应附150字以内的摘要，3～5个关键词。

（4）文章体例要求如下：

1）技术类文章，正文采用西式体例，即例“1”“1.1”“1.1.1”，并一律左顶格。如文章层次较多，在“1.1.1”下，条目内容可依次用“（1）”“①”连续编号。

2）管理类文章，正文采用中式体例，文章层级一般不超过4级；即：例“一”“（一）”“1”“（1）”，其他要求不变。

（5）正文采用宋体、五号字、Word文档录入，1.5倍行距，单栏排版。

（6）文章须采用法定计量单位，并符合国家标准《量和单位》的相关规定。

（7）图、表设置应简明、清晰，每篇文章以不超过8幅插图为宜。插图用CAD绘制时，要求线条、文字清楚，图中单位、数字标注规范。

（8）来稿请注明作者姓名、职称、工作单位、邮政编码、联系电话、电子邮箱等信息。

（9）本刊发表的文章均被录入《中国知识资源总库》和《中文科技期刊数据库》。文章一经采用严禁他投或重复投稿。为此，《水利水电施工》编委会办公室慎重敬告作者：为强化对学术不端行为的抑制，中国学术期刊（光盘版）电子杂志社设立了“学术不端文献检测中心”。该中心将采用“学术不端文献检测系统”（简称AMLC）对本刊发表的科技论文和有关文献资料进行全文比对检测。凡未能通过该系统检测的文章，录入《中国知识资源总库》的资格将被自动取消；作者除文责自负、承担与之相关联的民事责任外，还应在本刊载文向社会公众致歉。

（10）发表在企业内部刊物上的优秀文章，欢迎推荐本刊选用。

（11）来稿一经录用，即按2008年国家制定的标准支付稿酬（稿酬只发放到各单位联系人，原则上不直接面对作者，非网员单位作者不支付稿酬）。

来稿请按以下地址和方式联系。

联系地址：北京市海淀区车公庄西路22号A座
投稿单位：《水利水电施工》编委会办公室
邮编：100048
编委会办公室：杜永昌
联系电话：010-58368849
E-mail：kanwu201506@powerchina.cn

全国水利水电施工技术信息网秘书处
《水利水电施工》编委会办公室
2020年12月30日